# 算数のしくみ大事典

坪田耕三
青山学院大学特任教授

新潮社

# 目次

『算数のしくみ大事典』は，小学校の一年生から六年生までに勉強する算数の内容を4つのなかまに分けてのせています。

## 算数の言葉を学ぼう
数は，ものの数量や順序，位置を表している／計算で数量を求める　　7

### 数
数の表し方と数の仲間を学びます。　　8

- ちがうものでも同じ数　　8
  数の大きさは，10個の数字とその位置で決まる
- 十進位取り記数法　　9
  何もないのは0
  頭の位には，0は書きません
- 数の位は，4けたごとに名前が変わる　　10
- 整数，小数，分数は数の仲間　　12
  整数は0，1，2，3，…と無限にある
  自然数は，1と素数と合成数
  数の大小や順番を表す数直線
- 小数にも，整数と同じように位がある　　13
- 整数には，偶数と奇数がある　　14
  倍数は，整数を整数倍した数
  共通な倍数といちばん小さい公倍数
- 約数は，整数をわりきれる整数　　15
  共通な約数といちばん大きい公約数
- 分数には，いろいろな意味がある　　16
  分数が表す5つの意味
- 分数の形で名前が変わる　　17
  真分数と仮分数と帯分数の関係
  仮分数⇄帯分数，整数
- 分数は同じ大きさをいろいろな形で表せる　　18
  わり算のきまりを使って約分する
  通分して，同じ単位にする
- 分数の大きさは，同じ単位の分数にして比べる　　19
  分母のちがう分数を比べる
- 小数と分数の大きさを比べる　　20
- 概数は数の大きさがわかりやすい　　21
  数の範囲を表す言葉
- 概数のつくり方　　22
  概数のもとの数の範囲は？
- 目的に合わせて概算する　　23

### 計算
場面に合わせて，使う計算を考えます。　　24

- どんなときに，どの計算を使うのか　　24
  増えた数と合わせた数を求める，たし算
- たし算の式　　25
  等号とその仲間
  ちがいの数と残りの数を求める，ひき算
- ひき算の式　　26
  1つ分の何倍かの大きさを求める，かけ算
  かけ算の式
- ある数を分けて1つ分を求める，わり算　　27
  わり算の式
  あまりのあるわり算の式
- 答えが10をこえない，整数のたし算　　28
  くり上がりのあるたし算は，分けてたして，あとでたす
- たし算は，同じ位の数どうしでたす　　29
  くり上がりをわすれずに
  たす数が2つより多い数のたし算
- 答えが10より小さい，整数のひき算　　30
  くり下がりのあるひき算は，分けてひいて，あとでたす
- ひき算も，同じ位の数どうしでひく　　31
  くり下がりをわすれずに
  くり下げる位の数が0のひき算
- かけ算は，まず九九を覚える　　32
  0をかける意味
  九九より大きい数のかけ算は，分けてかけて，あとでたす
- かけ算の筆算　　33
- わり算はかけ算の逆の計算　　34
  九九より大きい数のわり算は，分けてわって，あとでたす
  計算する前に，商の見当をつける
- わり算の筆算　　35
  検算して答えをたしかめる
- 小数のたし算とひき算も，同じ位の数どうしで計算する　　36
  小数のたし算のしかた
  小数のひき算のしかた

2

- 小数のたし算とひき算の筆算　37
- 小数のかけ算は,整数になおして計算する　38
  - 小数に整数をかける計算
  - 小数に小数をかける計算
- 小数のかけ算の筆算　39
- 小数のわり算も,整数になおして計算する　40
  - 小数を整数でわる計算
  - 小数を小数でわる計算
- 小数のわり算の筆算　41
  - あまりのある小数のわり算
- 分数の計算も,単位が同じものどうしで計算する　42
  - 分母が同じ分数のたし算とひき算
- 分母がちがう分数のたし算とひき算　43
- 分数のかけ算は,分子どうし,分母どうしをかける　44
  - 分数×整数は,整数どうしの計算と同じ
- 分数×分数は同じ単位どうしでかける　45
- 分数のわり算は,わる数を逆数にしてかける　46
  - 分数÷整数は分母に整数をかける
- 分数÷分数は,わる数の逆数を使う　47
- 分数÷分数の計算の意味を,式を使って説明する　48
- 加減乗除には,計算のきまりがある　50
- 計算をかんたんにする　52

# 大きさの表し方を学ぼう
量は,ものの大きさを表している／量は,測定して求める　53

## 量
量の表し方や単位について学びます。　54

- 量を数で表すと,人に伝えたり計算したりできる　54
- 単位の考え〜量を比べる　55
- 世界で使える単位のルール：メートル法　56
  - いろいろな単位がメートル法で表されている
- 長さの表し方　58
- 長さの単位とその関係　59
- 長さを表す言葉　60
- 図形の長さを表す言葉　61
- 広さ（面積）の意味　62
  - 面積の表し方
- 面積の単位とその関係　63
- 図形の面積を求める　64
  - 長方形の面積を求める
- 正方形の面積を求める　65
  - 複合図形の面積を求める
- 三角形や四角形の面積を求める　66
  - 平行四辺形の面積を求める
- 三角形の面積を求める　67
- 台形の面積を求める　68
- ひし形の面積を求める　69
- 円の面積を求める　72
- おうぎ形の面積を求める　73

- かさ・体積を表す　74
  - かさの表し方
  - 体積の表し方
- かさの単位とその関係　75
- 体積の単位とその関係　76
- 図形の体積を求める　77
  - 直方体の体積を求める
  - 立方体の体積を求める
- 柱体の体積を求める　78
- 重さの表し方　80
  - 重さの単位とその関係
- 時刻を表す　82
  - 時間を表す
  - 時間の単位とその関係
- 角の大きさの表し方　84
  - 角の特別な名前
- お金（通貨）の話　85
- 単位量あたりの大きさを表す　86
  - 一方の量をそろえる
  - 2つの量の割合を表す
- 速さの表し方　87
  - 速さの単位とその関係
- 速さの求め方　88
- 人口密度（こみぐあい）を求める　89
  - 平均を求める

3

## 測定
ものの大きさは，道具などを使って調べます。 90

- 測る道具を正しく使う　90
- 量を計算する　92
  単位をそろえる

- 速さを求める計算　93
  時刻や時間を求める計算
- およその大きさを求める概測　94
  およその面積を求める
  およその長さを調べる（歩測）

## 形の調べ方を学ぼう
図形は，ものの形を表している／図形の性質を使って図形をかく　95

## 図形
形のかき方や調べ方を学びます。 96

- 図形で使う言葉　96
- 図形で使う記号　97
- 平らな面にかかれた形・平面図形　98
  直線で囲まれた形・多角形
- 三角形を辺の長さや角の大きさで調べる　100
  特別な三角形の仲間
- 四角形を辺の長さや角の大きさで調べる　102
  特別な四角形の仲間
- 多角形の内角の和　107
  三角形の内角の和
  三角形の角度を求める
- 四角形の内角の和　108
- まん丸な形が円　109
- 円の長さの関係　110
  円を切りとった形
- 厚さがある図形・立体図形　111
  柱の形をした図形
- 角柱　112
- 正多角柱　113
  円柱
- 球　114

- 四角形を調べる　117
- 四角形の対角線を調べる　118
- 立体図形を調べる　119
- 立体図形を調べる観点　120
- 合同な図形　121
  ずらす，まわす，うらがえす
- 対称な図形　122
  線対称
- 点対称　123
- 拡大図と縮図　124
- 位置の表し方　125
  平面上の点の位置
  空間にある点の位置

## 作図する
図形の性質を使って，作図します。 126

- 三角定規を使う　126
- コンパスを使う　127
- 分度器を使う　128
- 三角形をかく　130
- 四角形をかく　132
- 円をかく　135
- 多角形をかく　136
- 合同な図形をかく　137
- 合同な四角形，五角形をかく　139
- 拡大図と縮図をかく　140
- 対称な図形をかく　142
- 立体図形の作図　143

## 図形の調べ方
辺・頂点・角や，位置関係などを調べます。 115

- 直線（辺）の位置関係を調べる　115
- 三角形を調べる　116

## 問題の解き方を学ぼう
いろいろな関係を表す／数量の関係を調べる／式を使って説明する　145

### 数量関係
算数で学ぶ,特別な数量関係があります。146

- 割合は,倍を表す数　　　　　　　　　146
  割合を求める
- 単位量あたりの大きさも割合　　　　　147
  まちがいやすい割合の問題
- 百分率　　　　　　　　　　　　　　148
  歩合
  百分率,歩合の関係
  百分率,歩合を求める問題
- 2つ以上の関係を表す,比　　　　　　150
  比の表し方
  比の大きさを比べる
- 比を利用する　　　　　　　　　　　151
- 比例　　　　　　　　　　　　　　　152
  比例のグラフ
- 反比例　　　　　　　　　　　　　　153
  反比例のグラフ

### 数量の関係を調べる
表やグラフ,図を使って数量関係を調べます。154

- 表で数量を整理する　　　　　　　　154
- 範囲を区切って整理する　　　　　　155
- グラフでわかりやすく表す　　　　　156
  大小を比べるグラフ
  いろいろな棒グラフ
- 変わっていくものを表す折れ線グラフ　157
- 割合を表す帯グラフと円グラフ　　　158
  グラフから読み取る
- 散らばりを調べる柱状グラフ　　　　159
- 生活の中にあるグラフ　　　　　　　160
- 図に表して問題を解く　　　　　　　161
- かけ算は面積図　　　　　　　　　　162
- 場合の数を調べる　　　　　　　　　163
  順番があるものを調べる
  組み合わせを調べる

### 式を使って説明する
問題の解き方を,式を使って説明します。164

- 言葉,○,□,文字を使う　　　　　　164
  いつでも使える式に表す
- 図や式を使って,自分の考えを表す　166
- 問題を解く　　　　　　　　　　　　167
- いろいろな文章題を解く　　　　　　168
  和差算
  和一定
- 差一定　　　　　　　　　　　　　　169
- 積一定　　　　　　　　　　　　　　170
  商一定
- 植木算　　　　　　　　　　　　　　171
- 消去算　　　　　　　　　　　　　　172
- 鶴亀算　　　　　　　　　　　　　　173
- 還元算①　　　　　　　　　　　　　174
  還元算②
- 方陣算①　　　　　　　　　　　　　175
- 方陣算②　　　　　　　　　　　　　176
- 数列算　　　　　　　　　　　　　　177
  周期算
- 平均算　　　　　　　　　　　　　　178
- 旅人算①　　　　　　　　　　　　　179
- 旅人算②　　　　　　　　　　　　　180
- 流水算　　　　　　　　　　　　　　181
- 損益算　　　　　　　　　　　　　　182
- 仕事算　　　　　　　　　　　　　　183
- 説明①　　　　　　　　　　　　　　184
  説明②
- 説明③　　　　　　　　　　　　　　185

5

## ひろがる算数

知っておくと役に立つことや，中学校や高校で学ぶような少し難しいけれど，とてもおもしろい算数の話をのせています。

| | |
|---|---|
| 数のいい方は日本語がわかりやすい！ | 11 |
| 3つの小数：有限小数，無限小数，循環小数 | 13 |
| 漢字で表す小さい数の単位 | 20 |
| 外国のおつりは，数えたし | 31 |
| BODMAS | 50 |
| メートル法のはじまり | 57 |
| 長さと重さのもとになるもの，メートル原器とキログラム原器 | |
| アメリカでは，ヤード・ポンド法を使う | 58 |
| 身のまわりにある長さの単位 | 59 |
| 昔の長さの単位 | 60 |
| 面積と周りの長さ | 64 |
| 面積の求め方を式で説明する | 67 |
| いろいろな多角形の面積を求める | 70 |
| 面積は，「たて」と「横」の長さをかける | 71 |
| もう1つの円の面積公式 | 72 |
| 身のまわりにあるかさ，体積の単位 | 75 |
| cm³とccは同じ | 76 |
| 容積と内法とは？ | 79 |
| 漢字の単位 | 80 |
| 重さのいろいろなお話 | 81 |
| 昔の時刻と世界の時刻 | 83 |
| 図形との関係 | 84 |
| おつりのもらい方の工夫 | 85 |
| 短針だけでも，時刻がわかる | 93 |
| 概算でもとにする大きさ | 94 |
| 図形を調べる観点 | 97 |
| 多角形の英語の名前 | 99 |
| 角の大きさで三角形を仲間分け | 101 |
| 特別な台形と昔の名前 | 104 |
| ひし形の対角線を変えると，凧形になる | 105 |
| 正多角形ではありません | 106 |
| きまりを見つける | 108 |
| 円と楕円とスーパー楕円 | 109 |
| 算数の角柱は直角柱 | 112 |
| 四角柱の仲間 | 113 |
| 底面が1つの立体，錐体 | 114 |
| 角柱の頂点の数・辺の数・面の数の関係 | 119 |
| 合同な図形，拡大図，縮図は相似な図形 | 124 |
| コンパスのもとは，ディバイダ | 127 |
| 全円分度器 | 128 |
| 三角定規のひみつ | 129 |
| コンパスで長さの等しい辺がかけるわけ | 130 |
| ジオボードで二等辺三角形をつくる | 131 |
| 1本のテープで四角形をつくる | 134 |
| 同心円を使って，四角形を作図する | 135 |
| 一辺が5cmの正五角形をかく | 136 |
| 辺と角は，どれでもいいわけではない | 139 |
| 拡大図と縮図の割合に注意しましょう | 140 |
| 相似の中心から作図する | 141 |
| 線対称な図形の立体版，面対称 | 142 |
| 切らずに考える | 144 |
| 小さくても大切な，割合の単位 ppm | 149 |
| グラフのコンクールにチャレンジ！ | 159 |
| グラフにだまされない！ | 160 |
| いろいろな関係を表す，ベン図 | 162 |

| | |
|---|---|
| 教科書の内容が出ているところ INDEX | 186 |
| 保護者の方へ | 190 |

## この本の使い方

『算数のしくみ大事典』は，はじめから順に読んでも，目次や186ページ「教科書の内容が出ているところ」を見て，読んでみたいところから読んでもいいです。読んでいてわからないことが出てきたら，そのページの前や後ろのページを読んでみてください。
まだ習っていないことや難しいこともののっていますが，上の学年になったり，何回も読むうちにだんだんわかるようになっていきます。

# 算数の言葉を学ぼう

## 数と計算　NUMBER AND CALCULATION

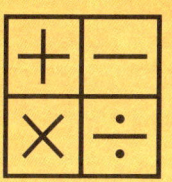

### 数は，ものの数量や順序，位置を表している

数は，いろいろなものがいくつあるか，量がどのくらいあるかを表します。数を使うと，ものの数量や順序，位置をくわしく人に伝えたり，量をもとに考えたりすることができます。

●ものの数量を表す

りんごが何個あるか，わかる。

●割合を表す

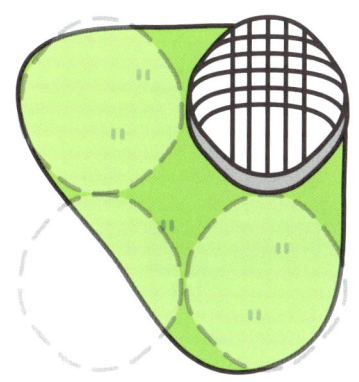

牧場の広さは東京ドームの約3.5倍

もとにする大きさのいくつ分か，わかる。

●ものの順序や位置を表す

自分が何位だったか，いえる。

### 計算で数量を求める

計算とは，数量を求める方法です。算数では，たし算，ひき算，かけ算，わり算の計算方法で数量を求めます。

●たし算

[式]
25 + 46 = 71

[筆算]
```
   25
 + 46
 ----
   71
```

●ひき算

[式]
23 − 7 = 16

[筆算]
```
   23
 −  7
 ----
   16
```

●かけ算

[式]
15 × 3 = 45

[筆算]
```
   15
 ×  3
 ----
   45
```

●わり算

[式]
345 ÷ 57 = 6　あまり3

[筆算]
```
       6
   ┌─────
57 )345
     342
     ───
       3
```

4つの計算ができればいろいろなことができるね。

# 数

## 数の表し方と数の仲間を学びます。

### ちがうものでも同じ数

numbers

数は，数えるものの色や形，大きさなどに関係ありません。ちがうものでも，数で同じように表せるから，量を比べることができます。

サルの数も，バナナの数も，イスの数も，3と表します。
サルとバナナとイスが，同じ数ずつあるとわかります。

もし，数がなかったら，どんなふうに表すかな？

### 数の大きさは，10個の数字とその位置で決まる

数の表し方
number systems

数の大きさは，0〜9の数字とその位置で表します。
数字の位置のことを**位**といいます。

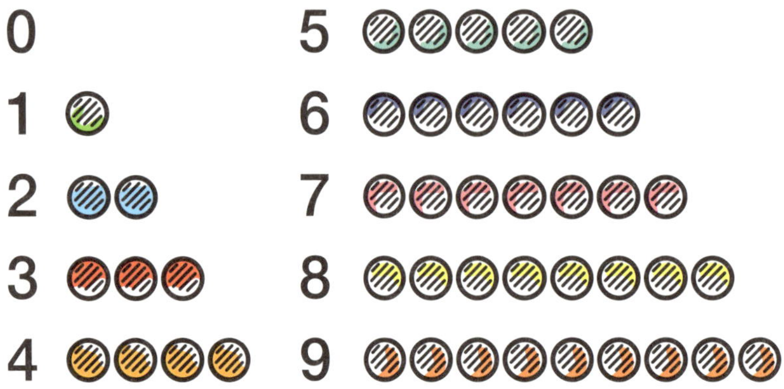

| 0 |  | 5 | ○○○○○ |
| 1 | ○ | 6 | ○○○○○○ |
| 2 | ○○ | 7 | ○○○○○○○ |
| 3 | ○○○ | 8 | ○○○○○○○○ |
| 4 | ○○○○ | 9 | ○○○○○○○○○ |

日本中，世界中どこでも，使う数字は同じです。数字は，どこに行っても通じる"言葉"です。

同じ数字でも，書く位置（位）によって，表している大きさがちがいます。

| 十の位 | 一の位 |
|---|---|
|  | 2 |

1が2個

| 十の位 | 一の位 |
|---|---|
| 2 | 1 |

10が2個

## 十進位記数法

数は、1つの位に10個集まると、1つ左の位に1として表します。このような数の表し方を**十進位取り記数法**といいます。

位取り記数法
positional numeration system

> 数字を書くときのきまりを**記数法**、数を読むときのきまりを**命数法**といいます。

**算数の言葉を学ぼう**

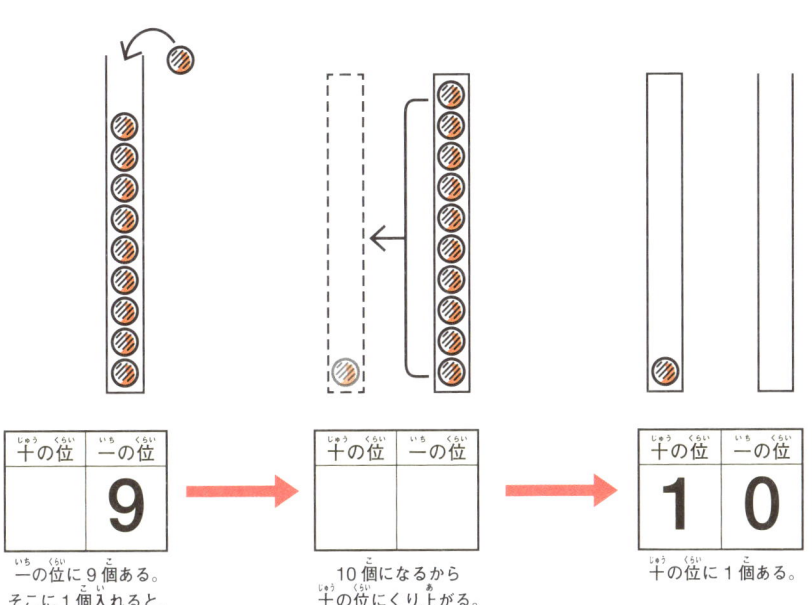

## 何もないのは0

0 zero

ものが何もない場合は、0と書いて「れい」といいます。2けたより大きい数で、一の位や間の位に入る数がない場合は0を書きます。

## 頭の位には、0は書きません

| 百の位 | 十の位 | 一の位 |
|---|---|---|
|  | 6 | 0 |

| 百の位 | 十の位 | 一の位 |
|---|---|---|
| 3 | 0 | 5 |

| 百の位 | 十の位 | 一の位 |
|---|---|---|
| ✗ | 7 | 3 |

## 0は他の数と同じ仲間として使える

たとえば、箱の中にボールが何個あるかを答えるとき、「1」と書いてあれば「1個ある」と答え、「0」とあれば「0個ある」と同じように答えることができます。

   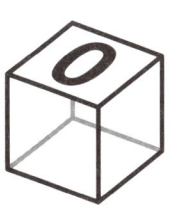

> 0がないと、箱に何も入っていないのか、数の書きわすれなのか、区別がつかないね。

9

# 数の位は，4けたごとに名前が変わる

一の位から一千兆の位は，下の表のように並んでいます。
数の位は，一，十，百，千，一万，十万，百万，千万…と，4けたのまとまりに新しい位の名前がつくというしくみになっています。

> このように，4けたで区切る読み方(命数法)を万進法といいます。

この数は，一千兆

この数は，三十兆 八千二百五十七億 四十三万 二千五百

千兆より大きい数は……。

| 千百十一 | 千百十一 | 千百十一 | 千百十一 | 千百十一 | 千百十一 | 千百十一 |
|---|---|---|---|---|---|---|
| 無量大数 | 不可思議 | 那由他 | 阿僧祇 | 恒河沙 | 極 | 載 |

| 千百十一 | 千百十一 | 千百十一 | 千百十一 | 千百十一 | 千百十一 | 千百十一 |
|---|---|---|---|---|---|---|
| 正 | 澗 | 溝 | 穣 | 秄 | 垓 | 京 |

> 位の名前がついているのは「千無量大数」までですが，数は限りなくあります。

## 3けたで区切る数の表し方

お金や人数など，大きい数を表すときに，3けたごとに「,」を入れます。
これは，英語の読み方に合わせた表し方です。一から十億の数は，英語では，右のように表します。

| 一 | 1 | one | (1個) |
| 十 | 10 | ten | (10個) |
| 百 | 100 | one hundred | (百が 1個) |
| 千 | 1,000 | one thousand | (千が 1個) |
| 一万 | 10,000 | ten thousand | (千が 10個) |
| 十万 | 100,000 | one hundred thousand | (千が 100個) |
| 百万 | 1,000,000 | one million | (百万が 1個) |
| 一千万 | 10,000,000 | ten million | (百万が 10個) |
| 一億 | 100,000,000 | one hundred million | (百万が 100個) |
| 十億 | 1,000,000,000 | one billion | (十億が 1個) |

> このように，3けたで区切る読み方(命数法)を千進法といいます。

# 数のいい方は日本語がわかりやすい！

**ひろがる算数**

算数の言葉を学ぼう

10より大きい数を日本語では，十一，十二，十三，十四，…と，十とあといくつというようにいいます。20より大きい数は二十とあといくつ，100より大きい数は百とあといくつ。英語では，どんないい方をするのでしょう。

| 0 | れい | zero | 10 | じゅう | ten | 20 | にじゅう | twenty |
|---|---|---|---|---|---|---|---|---|
| 1 | いち | one | 11 | じゅういち | eleven | 21 | にじゅういち | twenty one |
| 2 | に | two | 12 | じゅうに | twelve | 22 | にじゅうに | twenty two |
| 3 | さん | three | 13 | じゅうさん | thirteen | 23 | にじゅうさん | twenty three |
| 4 | し | four | 14 | じゅうし | fourteen | 24 | にじゅうし | twenty four |
| 5 | ご | five | 15 | じゅうご | fifteen | 25 | にじゅうご | twenty five |
| 6 | ろく | six | 16 | じゅうろく | sixteen | ⋮ | | |
| 7 | しち | seven | 17 | じゅうしち | seventeen | 100 | ひゃく | one hundred |
| 8 | はち | eight | 18 | じゅうはち | eighteen | 1000 | せん | one thousand |
| 9 | く | nine | 19 | じゅうく | nineteen | 10000 | いちまん | ten thousand |

もし，英語のいい方が日本語と同じだったら，11は「ten one」，12は「ten two」というようになります。実際は，英語の11〜20のいい方は，英語の1〜10に似ているけれどちがう言葉になっています。日本語では，10以上の数はすべて，大きいまとまりの数とあといくつといういい方です。実は，フランス語やドイツ語も，英語のように，区切りはちがいますが，11からの数は一けたの数と似ていて新しい言葉を覚えないといけません。

【フランス語の数のいい方】

| 0 | zéro | 10 | dix | 20 | vingt |
|---|---|---|---|---|---|
| 1 | un | 11 | onze | 21 | vingt et un |
| 2 | deux | 12 | douze | 22 | vingt-deux |
| 3 | trois | 13 | treize | 23 | vingt-trois |
| 4 | quatre | 14 | quatorze | 24 | vingt-quatre |
| 5 | cinq | 15 | quinze | 25 | vingt-cinq |
| 6 | six | 16 | seize | ⋮ | |
| 7 | sept | 17 | dix-sept | 100 | cent |
| 8 | huit | 18 | dix-huit | 1000 | mille |
| 9 | neuf | 19 | dix-neuf | 10000 | dix-mille |

日本語のいい方は，十進位取り記数法のきまりにぴったり合ったいい方になっていて，ほかの言葉と比べて，覚える言葉が少ないからとても便利なのです。

英語とフランス語のいい方を比べてみると，似たようなところがあっておもしろいね。

## 整数, 小数, 分数は数の仲間

算数で学ぶ数には, 0, 1, 2, 3, …のような整数と, 0.1, 2.3のような小数と, $\frac{2}{3}$, $\frac{4}{5}$のような分数があります。

●整数

2個
数量を表す。

3番目
順番を表す。

●小数

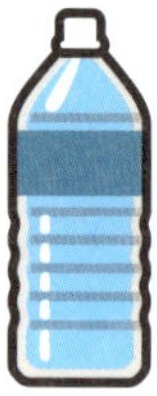

1.8L
1より小さい数量まで表す。

●分数

$\frac{3}{4}$
1より小さい数量まで表す。

## 整数は0, 1, 2, 3, …と無限にある

整数
integers

0, 1, 2, 3, …の数は, **無限**にあります。また, 0を含まない整数1, 2, 3, …のことを**自然数**といいます。

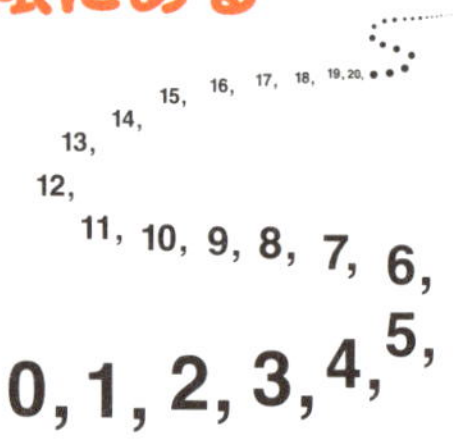

15, 16, 17, 18, 19, 20,
13, 14,
12,
11, 10, 9, 8, 7, 6,
0, 1, 2, 3, 4, 5,

> …は, 無限に続くことを表しています。

## 自然数は, 1と素数と合成数

素数 prime numbers
合成数 composite numbers

1とその数以外に約数のない数を**素数**といいます。素数は, 2, 3, 5, 7, 11, 13, …で, 無限にあります。1は素数の仲間には入れません。1をのぞいた素数以外の数は**合成数**といいます。

## 数の大小や順番を表す数直線

数直線 number lines

数を数直線に表すと, 数の大小や順番がわかりやすくなります。数直線は, 無限に続いている数の線です。0から始めて, 右にいくほど数が大きくなります。

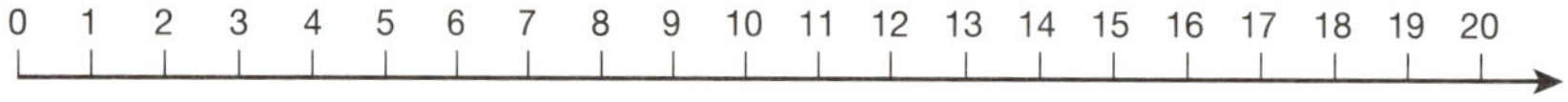

0 1 2 3 4 5 6 7 8 9 10 11 12 13 14 15 16 17 18 19 20 →

> 数直線を矢印でかくと, 数が無限に続いていることをイメージしやすいね。

小数 decimals

# 小数にも、整数と同じように位がある

小数は、1より小さい数まで、小数点（.）を使って表します。小数にも、整数と同じように位があり、位の数が集まってできています。小数も無限にあります。

1.362 はどんな数でしょう。

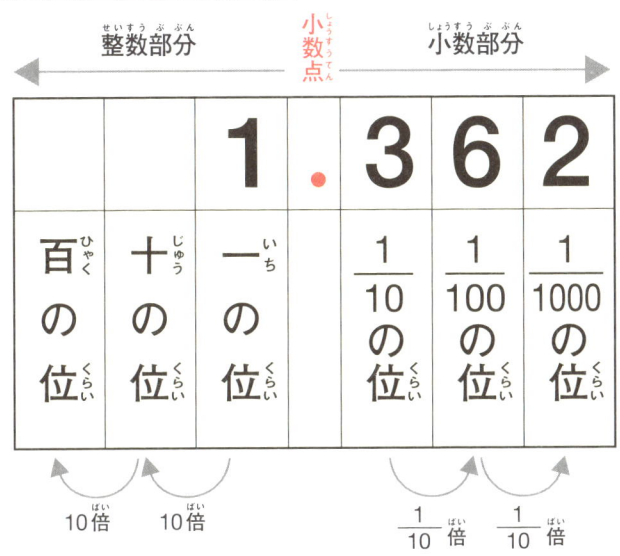

1362 は 1000 が 1 個, 100 が 3 個, 10 が 6 個, 1 が 2 個 ある。

1362 = 1000 × 1 + 100 × 3 + 10 × 6 + 1 × 2

1.362 は 1 が 1 個, 0.1 が 3 個, 0.01 が 6 個, 0.001 が 2 個 ある。

1.362 = 1 × 1 + 0.1 × 3 + 0.01 × 6 + 0.001 × 2

## 3つの小数：有限小数, 無限小数, 循環小数

**ひろがる算数**

円周率は、3.14159…と無限に続く数です。このように無限に続く小数を無限小数（限りがない小数）といいます。逆に、0.325のような数を有限小数（限りがある小数）といいます。また、0.333…のように、無限に同じ数がくり返される小数のことを循環小数といいます。

小数 ┬ 無限小数 ──→ そのうち循環小数
　　│ 　3.14159…（円周率）　0.333…（= 1 ÷ 3）
　　│ 　　　　　　　　　　　0.1818…（= 2 ÷ 11）
　　└ 有限小数
　　　　0.1, 0.352

---

算数の言葉を学ぼう

小数も十進位取り記数法で表します。1つの位に10集まると、1つ左の位に1増えます。

循環小数は、くり返す数字のはじめとおわりに・をつけて表すこともあります。

0.3̇ = 0.333…

0.1̇8̇ =
0.181818…

0.14582̇ =
0.1458214582
…

## 整数には，偶数と奇数がある

偶数 even numbers
奇数 odd numbers

整数は，偶数と奇数の2つに分けられます。
整数を2でわると，あまりが0になる数を偶数，あまりが1になる数を奇数といいます。

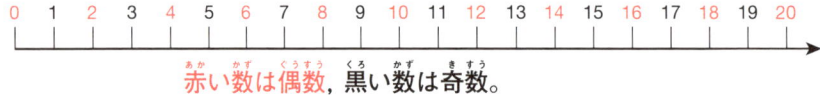

赤い数は偶数，黒い数は奇数。

> 整数は，0と自然数，偶数と奇数など，いろいろな仲間分けができます。

## 倍数は，整数を整数倍した数

倍数 multiples

ある整数を整数倍してできる数を，もとの数の倍数といいます。
倍数も無限にあります。

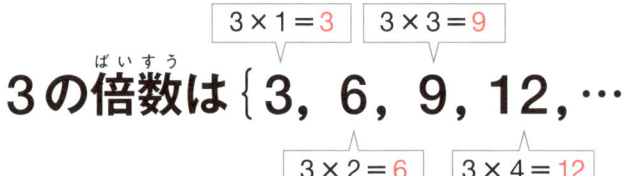

3の倍数は {3, 6, 9, 12, …}

> { }は，数の集まりを表しています。

## 共通な倍数といちばん小さい公倍数

いくつかの整数に共通な倍数を，それらの整数の公倍数といい，無数にあります。公倍数のうち，いちばん小さい公倍数は1つに決まるので最小公倍数といいます。

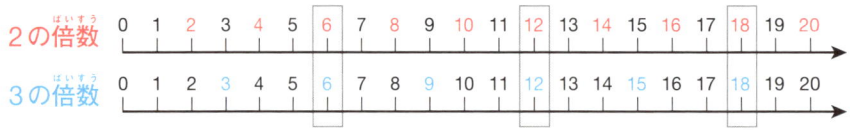

2と3の公倍数
{6, 12, 18, …}
2と3の最小公倍数
{6}

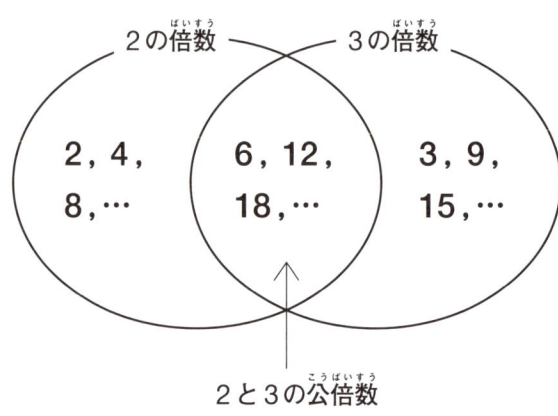

> 2つの数の公倍数は，最小公倍数の倍数です。

14

## 約数は，整数をわりきれる整数

約数
divisors

ある整数をわりきることのできる整数を，もとの数の約数といいます。

| 12 ÷ 1 = 12 | 12 ÷ 3 = 4 | 12 ÷ 6 = 2 |

12の約数は { 1, 2, 3, 4, 6, 12 }

| 12 ÷ 2 = 6 | 12 ÷ 4 = 3 | 12 ÷ 12 = 1 |

> 約数を見つけるときは，わり算の答え（商）が小数になる場合はわりきれないと考えます。

## 共通な約数といちばん大きい公約数

いくつかの整数に共通な約数を，それらの整数の公約数といいます。公約数のうち，いちばん大きい公約数は1つに決まるので最大公約数といいます。いちばん小さい公約数はいつでも1です。

12の約数
{1, 2, 3, 4, 6, 12}
18の約数
{1, 2, 3, 6, 9, 18}
12と18の公約数
{1, 2, 3, 6}
12と18の最大公約数
{6}

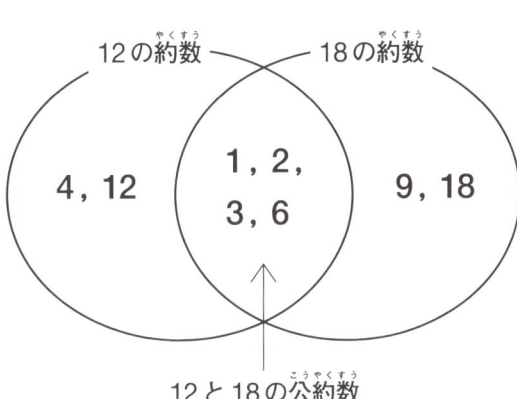

> 倍数と約数とは，整数どうしの関係のことなんだね。

### 公約数の見つけ方

次のように数を調べると，公約数を早く正しく見つけられます。

① 小さい方の数の約数を見つける。
　12の約数 {1, 2, 3, 4, 6, 12}

② 12の約数で18をわってみる。

③ わり算の答え（商）が整数になれば，わった数が公約数。
　18 ÷ 1 = 18　　18 ÷ 2 = 9　　18 ÷ 3 = 6
　18 ÷ 4 = 4.5　　18 ÷ 6 = 3　　18 ÷ 12 = 1.5

　12と18の公約数 {1, 2, 3, 6}

算数の言葉を学ぼう

## 分数には，いろいろな意味がある

分数 fractions

分数は，あるものを等分したいくつ分かを表したり，1より小さい数まで表したりする数です。1つのものを3等分したうちの2つ分は $\frac{2}{3}$ と書いて，もとの大きさの3分の2といいます。

$\frac{2}{3}$ ← 分子
　　 ← 分母

分子が1の分数を単位分数といいます。

$\frac{1}{2}, \frac{1}{3}, \frac{1}{4}, \frac{1}{13}, \frac{1}{24}, \frac{1}{163}$

> 等分は，同じ大きさに分けることです。

> 分数は，単位分数のいくつ分という大きさを表しているんだね。
> $\frac{2}{3}$ は $\frac{1}{3}$ の2つ分，
> $\frac{7}{15}$ は $\frac{1}{15}$ の7つ分だね。

## 分数が表す5つの意味

算数で学ぶ分数には，いろいろな意味があります。

① ものを等分したときの大きさ（分割分数）

　ケーキを4等分したときの3つ分は $\frac{3}{4}$

② 測定した数量の大きさ（量分数）

　水が1Lと $\frac{3}{4}$ Lある。

③ 1を等分したもののいくつ分かの大きさ（数としての分数）

$\frac{3}{4}$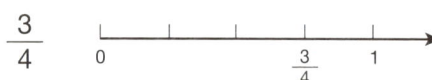

④ 割合（一方を1としたときのもう一方の大きさを表した数）（割合分数）

> Aさんは本を16ページ，Bさんは12ページ読みました。Bさんの読んだページは，Aさんの読んだページのどのくらいにあたるでしょう。

$12 \div 16 = \frac{3}{4}$

> 分子と分母の間の線は，括線といいます。括線の括は，「括る」と読みます。括弧（）の括と同じ文字です。

⑤ 整数のわり算の商（商分数）

$3 \div 4 = \frac{3}{4}$

> 英語では，$\frac{2}{3}$ を two over three と読みます。日本語とは逆に，「分子 over（括線）分母」の順で上から読みます。

## 分数の形で名前が変わる

真分数　proper fractions
仮分数　improper fractions
帯分数　mixed numbers

分数は，整数部分や，分母と分子の大きさによって，名前が変わります。

● **真分数**
分子が分母より小さい。
1より小さい。

$$\frac{1}{2}, \frac{3}{8}, \frac{12}{23}$$

● **仮分数**
分子が分母と等しいか，
分子が分母より大きい。
1に等しいか，1より大きい。

$$\frac{36}{11}, \frac{5}{2}, \frac{9}{4}$$

● **帯分数**
整数と真分数の和。
1より大きい。

$$2\frac{3}{5}, 5\frac{7}{13}, 13\frac{12}{19}$$

## 真分数と仮分数と帯分数の関係

分母が同じ真分数，仮分数，帯分数を数直線に表すと，次のようになります。

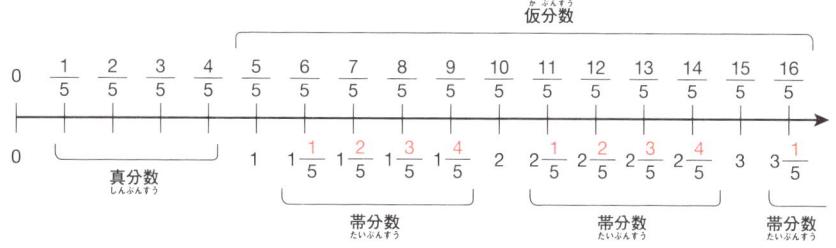

仮分数は単位分数がいくつ分かがわかりやすいので，計算に使いやすく，帯分数は数としての大きさがわかりやすいです。

## 仮分数 ⇄ 帯分数，整数

仮分数は帯分数か整数で，帯分数は仮分数で表すことができます。

● **帯分数 $2\frac{3}{4}$ を仮分数で表す**

$2\frac{3}{4}$ の2は $\frac{1}{4}$ の (4×2) 個分の数。$2\frac{3}{4}$ の $\frac{3}{4}$ は $\frac{1}{4}$ の3個分の数。

だから，$2\frac{3}{4}$ は $\frac{1}{4}$ の (4×2＋3) 個分の数です。

$$2\frac{3}{4} = \frac{11}{4}$$

$$2\frac{3}{4} = \left(\frac{4}{4} + \frac{4}{4}\right) + \frac{3}{4}$$

● **仮分数 $\frac{13}{4}$ を帯分数で表す**

$1 = \frac{4}{4}$ だから，$\frac{13}{4}$ の中に $\frac{4}{4}$ が何個あるかを考える。

13÷4＝3あまり1だから，$\frac{13}{4}$ は 1が3個と，$\frac{1}{4}$ が1個を合わせた数です。

$$\frac{13}{4} = 3\frac{1}{4}$$

$$\frac{13}{4} = \frac{4}{4} + \frac{4}{4} + \frac{4}{4} + \frac{1}{4}$$

## 分数は同じ大きさをいろいろな形で表せる

約分 simplifying fractions
通分 common denominators

分数は，分子と分母に同じ数をかけても，また，同じ数でわっても分数の大きさは変わりません。

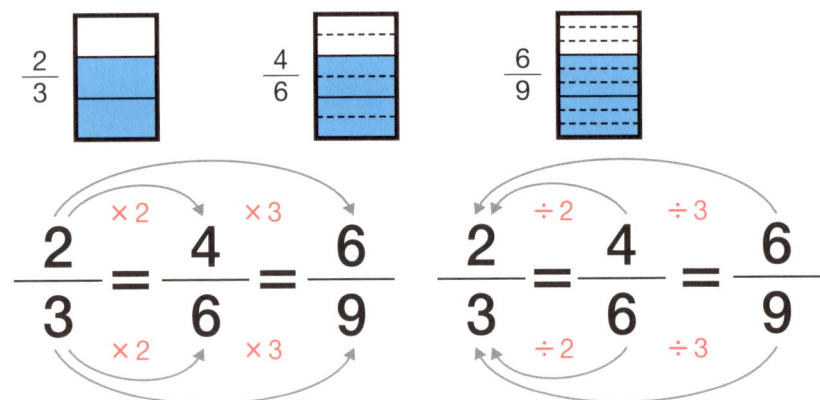

$$\frac{2}{3} = \frac{4}{6} = \frac{6}{9} \qquad \frac{2}{3} = \frac{4}{6} = \frac{6}{9}$$

## わり算のきまりを使って約分する

わり算のきまりを使って，分数をできるだけ簡単な分数にすることを約分といいます。

$$\frac{12}{18} = \frac{2}{3}$$

分数の分母と分子をそれらの最大公約数でわって，分母の小さい分数にする。

> できるだけ簡単な分数にするとは，分母と分子をできるだけ小さい数にすることです。$\frac{2}{3}$ と $\frac{12}{18}$ は同じ数ですが，$\frac{2}{3}$ のほうが分母と分子が小さい数です。

## 通分して，同じ単位にする

分母のちがう分数の大きさを比べるときに，分母をそろえることを通分といいます。通分とは，同じ単位の分数にするということです。

> 約分すると，分数の大きさがわかりやすくなります。

分母のちがう分数を通分するときは，もとの分母の最小公倍数を共通の分母にするとよい。

$\frac{5}{12}$ と $\frac{7}{18}$ を通分する → 12と18の最小公倍数を分母にする

$$\frac{5}{12} = \frac{15}{36} \qquad \frac{7}{18} = \frac{14}{36}$$

> 通分すると，分数を比べるときに，わかりやすくなります。

## 分数の大きさは，同じ単位の分数にして比べる

**分母が同じ分数**は，分子の大きさで比べます。

$\dfrac{2}{5}$ と $\dfrac{4}{5}$ を比べる　　　　　分子の大きさが 2 < 4 だから

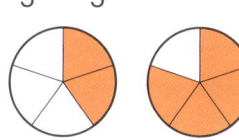

$$\dfrac{2}{5} < \dfrac{4}{5}$$

**分母が同じ仮分数と帯分数**は，仮分数か帯分数のどちらかにそろえて分子の大きさで比べます。

$2\dfrac{2}{3}$ と $\dfrac{7}{3}$ を比べる

$2\dfrac{2}{3} = \dfrac{8}{3}$ ◁ 帯分数を仮分数になおす

$$2\dfrac{2}{3} > \dfrac{7}{3}$$

## 分母のちがう分数を比べる

分母のちがう分数は，大きさの比べかたがいくつかあります。

① 分母がちがい，分子が同じ分数では，分母が小さい方が大きい。

$\dfrac{1}{3}$ と $\dfrac{1}{4}$ を比べる

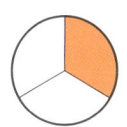 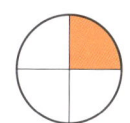

$$\dfrac{1}{3} > \dfrac{1}{4}$$

② 仮分数や帯分数では，整数部分の大きい方が大きい。

$\dfrac{4}{3}$ と $\dfrac{9}{4}$ を比べる

$\dfrac{4}{3} = 1\dfrac{1}{3}$　　$\dfrac{9}{4} = 2\dfrac{1}{4}$

仮分数を帯分数になおす

$$\dfrac{4}{3} < \dfrac{9}{4}$$

③ 分母も分子もちがう分数は，同じ単位にして比べる。

$\dfrac{3}{5}$ と $\dfrac{2}{7}$ を比べる

● 通分して比べる

$\dfrac{3}{5} = \dfrac{3 \times 7}{5 \times 7} = \dfrac{21}{35}$　　$\dfrac{2}{7} = \dfrac{2 \times 5}{7 \times 5} = \dfrac{10}{35}$

2つの分母の最小公倍数35で通分

$$\dfrac{3}{5} > \dfrac{2}{7}$$

● 小数で比べる

$\dfrac{3}{5} = 0.6$　　$\dfrac{2}{7} = 0.28\cdots$

$$\dfrac{3}{5} > \dfrac{2}{7}$$

---

算数の言葉を学ぼう

分母が同じだから同じ単位で比べているんだね。

「半分」をもとに比べる場合もあります。$\dfrac{3}{5}$ は半分より大。$\dfrac{2}{7}$ は半分より小。だから，$\dfrac{3}{5} > \dfrac{2}{7}$

## 小数と分数の大きさを比べる

分数はわり算の商を表しているので，計算して小数で表すことができます。分数と小数の大きさを比べるときは，分数を小数になおして比べるとわかりやすいです。

> $0.5$ と $\dfrac{2}{3}$ はどちらが大きいでしょう。

$\dfrac{2}{3} = 2 \div 3 = 0.666\cdots$ なので，$\dfrac{2}{3}$ のほうが大きい。　　答え　$0.5 < \dfrac{2}{3}$

### 循環小数を分数にする

$0.666\cdots$（$0.\dot{6}$）を分数にするときは，くり返す部分を分子にして，同じけた数だけ9を並べた分母をつくります。

$0.\dot{6} = \dfrac{6}{9} = \dfrac{2}{3}$　　$0.\dot{1}\dot{8} = \dfrac{18}{99} = \dfrac{2}{11}$

---

### 漢字で表す小さい数の単位　　ひろがる算数

小数の単位には，日本の昔の単位で，漢字で表すものがあります。
「分，厘，毛」は割合の学習でも使います。ほかにも，ことわざなどで使っているものもあります。

| 0. | 0 | 0 | 0 | 0 | 0 | 0 | 0 | 0 | 0 | 0 | 0 | 0 | 0 | 0 | 1 |
|---|---|---|---|---|---|---|---|---|---|---|---|---|---|---|---|
|  | 分 | 厘 | 毛 | 糸 | 忽 | 微 | 繊 | 沙 | 塵 | 埃 | 渺 | 漠 | 模糊 | 逡巡 | 須臾 | 瞬息 |

【ことわざに出てくる小さい数の単位】

#### 一寸の虫にも五分の魂
一寸は長さを表していて，約3.03 cmです。3 cmくらいの小さな虫でも，全体を10とみれば，その半分の大きさぐらいの考えや気持ちをもっている，小さいからといって軽んじてはいけない，ということを意味しています。

#### 盗人にも三分の理
泥棒でも，10のうち3つくらい，どうして盗んだかという理由をつけられるということから，どんなことにも理由をつけようと思えば，つけられるということを意味しています。

---

小数と分数の大きさを比べるときは，どちらかにそろえて表します。

## 概数は数の大きさがわかりやすい

概数　round numbers

およその数のことを概数といいます。概数は，数の大きさをわかりやすく表すために使われる，便利な数の表し方です。

① くわしい数がわかっていても，
  だいたいの大きさが伝わればよい場合

  サッカーの試合の入場者数が
  約23000人であると伝える

「スタンドを22975人のファンが埋め尽くしました。」

> 22975人というよりも，約23000人といった方が大きさが伝わりやすいのです。

② グラフなどを表す場合

  都市の人口を棒グラフを
  用いて比べる

> 52381人のままでは，棒グラフが大きくなりすぎてしまうよ。

③ 正確な数が調べられない場合

  今の日本の総人口を表す

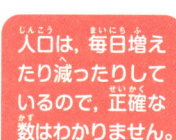

> 人口は，毎日増えたり減ったりしているので，正確な数はわかりません。

④ 計算の見積もりをする場合

  81521÷182　←　80000÷200とみて
  　　　　　　　　およその答えを見積もる

## 数の範囲を表す言葉

「5より小さい整数」といえば，0，1，2，3，4です。この「より」という言葉は，数の範囲を表しています。算数の概数では，数の範囲を表す言葉をよく使います。言葉の意味を正しく覚えましょう。

| 未満 | ある数より小さいことを表す | 3未満　含まない　0 1 2 3 4 5 |
|---|---|---|
| 以下 | ある数と等しいか，小さいことを表す | 3以下　含む　0 1 2 3 4 5 |
| 以上 | ある数と等しいか，大きいことを表す | 3以上　含む　0 1 2 3 4 5 |
| (超) | ある数より大きいことを表す | 3超　含まない　0 1 2 3 4 5 |

「超」は算数の学習には出てきませんが，生活の中でよく聞かれる言葉です。地震の震度などを示す，「強」や「弱」という言葉もあります。「5強」は5より大きい数，「5弱」は5より小さい数を表します。

算数の言葉を学ぼう

21

# 概数のつくり方

概数をつくる方法には，**四捨五入**，**切り捨て**，**切り上げ**があります。
概数をつくることを，**数をまるめる**ともいいます。

### ●四捨五入

概数で表したい位の1つ下の数が4以下（0，1，2，3，4）のとき
数を**切り捨てる**。
概数で表したい位の1つ下の数が5以上（5，6，7，8，9）のとき
数を**切り上げる**。

---

【13457を四捨五入して上から2けたの概数で表す】
上から3けたの数4に着目して，四捨五入する。

13457 ⇒ 約13000

【13457を十の位で四捨五入して概数で表す】
十の位の数5に着目して，四捨五入する。

13457 ⇒ 約13500

【13457を四捨五入して百の位までの概数で表す】
十の位の数5に着目して，四捨五入する。

13457 ⇒ 約13500

---

> ふつうは小数部分の最後の0は書きません。特別に概数では0.80のように，概数で表していることを伝えるために，0を書く場合があります。

### ●切り捨て

概数で表したい位までを残して，それより下の位の数を0とする。

---

【5317，2498を十の位で切り捨てて概数で表す】

5317 ⇒ 約5300    2498 ⇒ 約2400

---

### ●切り上げ

概数で表したい位より下の数が0でないかぎり，求める位の数を1大きくする。

---

【5317，3205を十の位で切り上げて概数で表す】

5317 ⇒ 約5400    3205 ⇒ 約3200

---

## 概数のもとの数の範囲は？

概数で表された数のもとの数は，次のような範囲にあります。

四捨五入して百の位までの概数にしたとき800になる数は，
750以上850未満の範囲にある。

十の位の数を四捨五入する。

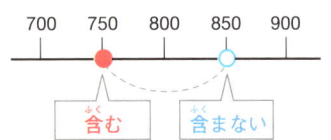

5, 6, 7, 8, 9 は切り上げ    0, 1, 2, 3, 4 は切り捨て

# 目的に合わせて概算する

計算する場面に合わせて，数を多めに見積もるか，少なめに見積もるかを決めます。

## ①買い物のときに，合計金額を調べる場面

> 2000円の買い物で福引券がもらえます。1袋350円のリンゴ，お肉435円分，1345円のお米を買います。福引券はもらえるでしょうか。

買い物の合計金額が2000円より多ければ良いので，品物の代金を少なく見積もって計算する。350円，435円，1345円の100円未満を切り捨てて百の位までの概数にする。

350円 → 300円

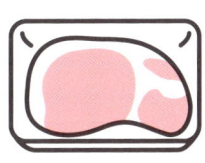
435円 → 400円

1345円 → 1300円

300 ＋ 400 ＋ 1300 ＝ 2000（円）
少なく見積もって2000円なので，福引券はもらえる。

数を少なく見積もるのは，ある数より多くなればよい場面です。

## ②家具が部屋に入るかどうかを調べる場面

> 下の図のような部屋があります。幅が76cmの本棚と128cmの机は，長い方の壁に並べられるでしょうか。

本棚と机の幅の合計が，壁の長さより少なければ良いので，それぞれの長さを多く見積もる。

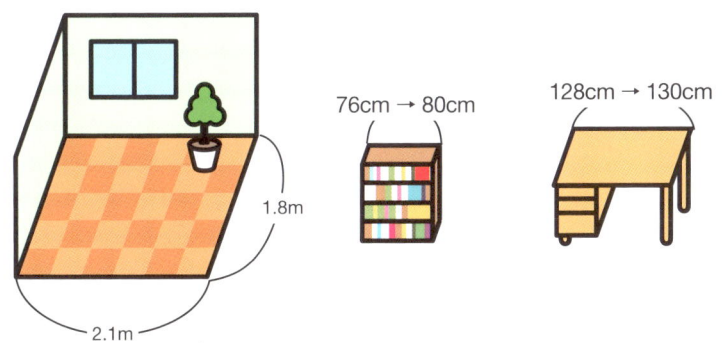

80 ＋ 130 ＝ 210（cm）＝ 2.1（m）
多く見積もって2.1mなので，本棚と机は長い方の壁に並べられる。

数を多く見積もるのは，ある数より少なくなればよい場面です。

算数の言葉を学ぼう

# 計算

## 場面に合わせて、使う計算を考えます。

### どんなときに、どの計算を使うのか

算数で学ぶ計算には、たし算、ひき算、かけ算、わり算とそれらがまじった計算があります。計算の意味がわかれば、求めるものに合わせて、どの計算を使うのかを決められるようになります。

● 公園で子どもが3人遊んでいました。あとから、5人やってきました。

| 公園に子どもは何人いるでしょう。 | 先にいた人とあとから来た人では、どちらが多いでしょう。 |

合計を求めるから たし算 を使う。　　ちがいを求めるから ひき算 を使う。

> 計算にはいろいろなきまりがあります。計算のきまりを使うと、速く正しく答えを求めることができます。

### 増えた数と合わせた数を求める、たし算

たし算　addition

2つ以上の数を合わせたり、1つの数にもう1つの数を加えたりする計算を たし算 といいます。たし算は、次のときに使います。

● 電線にスズメが3羽とまっています。
1羽のスズメが飛んできました。
スズメは全部で、何羽になったでしょう。

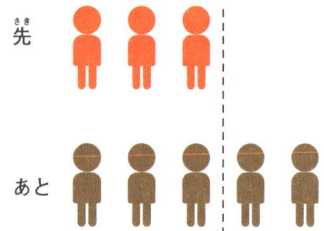

● アメが4個入ったビンと
5個入ったビンがあります。
アメは全部で、何個あるでしょう。

● 達雄君は、バス停に並んでいて、
後ろから2番目にいます。
あとから3人来ました。
達雄君は後ろから何番目になったでしょう。

> たし算のことを加法、たし算の答えのことを和といいます。

> たし算では、順序を表す数を使うこともあるんだね。

## たし算の式

たし算は、＋と、＝の記号を使って、式に表します。

> アメが4個入ったビンと、5個入ったビンがあります。
> アメは全部で何個あるでしょう。

 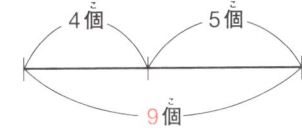

$4 + 5 = 9$

## 等号とその仲間

＝は、等号といいます。＝の左右が等しいことを表します。

$1 + 2 = 3$

＜，＞は、不等号といいます。
＜は右側が大きく，＞は左側が大きいことを表します。

$3 < 4$　　$1 + 2 < 4$　　$5 > 2$　　$2 + 3 > 4$

ほかにも、およその大きさを表す≒、等しくないことを表す≠などがあります。

$10 \div 3 \fallingdotseq 3.3$　　$3 + 4 \neq 6$

> 3＜4は、3小なり4と読みます。
> 5＞2は、5大なり2と読みます。
> ≒はおよそ、≠は等しくないと読みます。

## ちがいの数と残りの数を求める、ひき算

ひき算 subtraction

1つの数からいくつか取った残りの数を求めたり、
2つの数のちがいを求めたりする計算をひき算といいます。

- おにぎりが、5個ありました。
  文子さんが2個食べました。
  残ったおにぎりは何個になったでしょう。

- ジュースが3パック、クッキーが5個あります。
  ジュースとクッキーを1個ずつセットにすると、
  どちらがいくつ足りないでしょう。

- 達雄君は、バス停に並んでいて、
  前から7番目にいます。
  バスが来て、3人だけ
  乗っていきました。
  達雄君は前から何番目に
  なったでしょう。

> ひき算のことを減法、ひき算の答えのことを差といいます。

> ひき算でも、順序を表す数を使う場合があるんだね。

算数の言葉を学ぼう

## ひき算の式

ひき算は，－と，＝の記号を使って，式に表します。

> アメが9個入ったビンがあります。
> ビンから4個出すと，残りのアメは何個でしょう。

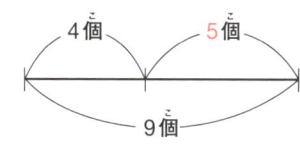

$$9 - 4 = 5$$

## 1つ分の何倍かの大きさを求める，かけ算

かけ算
multiplication

1つ分の大きさが決まっているとき，そのいくつ分かにあたる大きさを求めたり，1つの大きさの何倍かにあたる大きさを求めたりする計算をかけ算といいます。

> かけ算のことを乗法，かけ算の答えのことを積といいます。

- 右の図のように，チョコレートが箱に入っています。
  チョコレートは全部で何個あるでしょう。

- クッキーが4枚ずつ入った袋が3つあります。
  クッキーは全部で何枚あるでしょう。

- 善美さんは毎日，本を20ページ読みます。
  姉の直美さんは，善美さんの3倍，本を読んでいます。
  直美さんは毎日何ページ読んでいるでしょう。

倍の大きさを求めるときは，かけ算を使うんだね。

## かけ算の式

かけ算は，×と，＝の記号を使って，式に表します。

$$（1つ分）\times（いくつ分）=（全体の数）$$

> 鉛筆が1箱に12本入っています。箱は8箱あります。
> 鉛筆は全部で何本あるでしょう。

全部の鉛筆の数を■本とする。

$$12 \times 8 = 96$$

# ある数を分けて1つ分を求める, わり算

わり算
division

ある数をいくつかに等分して1つ分の大きさを求めたり, ある数を同じ数ずつ分けるといくつに分けられるかを求めたりする計算を **わり算** といいます。

> わり算のことを除法, わり算の答えのことを商といいます。

- クッキーが12枚あります。
  3人に同じ数ずつ分けると,
  1人分は何枚になるでしょう。

- クッキーが12枚あります。
  3枚ずつ袋に入れると, クッキーの入った袋は
  何袋できるでしょう。

- 正彦さんは, 先月, 本を120ページ読みました。
  兄の幸彦さんは, 150ページ読みました。
  幸彦さんは, 正彦さんの何倍, 本を読んだでしょう。

> 何倍かを求めるときは, わり算を使うんだね。

## わり算の式

わり算は, ÷と, ＝の記号を使って, 式に表します。

（全体の数）÷（いくつ分）＝（1つ分）

せんべいが36枚あります。
これを4人で分けると,
1人分は何枚になるでしょう。

（全体の数）÷（1つ分）＝（いくつ分）

せんべいが36枚あります。
これを4枚ずつ分けると,
何人に分けられるでしょう。

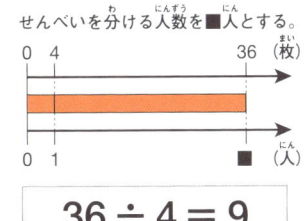

$36 \div 4 = 9$

$36 \div 4 = 9$

> 4人で分けるわり算を等分除, 4枚ずつ分けるわり算を包含除といいます。

## あまりのあるわり算の式

あまりが出るわり算は, 次のように式に表します。

みかんが25個あります。3人で同じ数ずつ分けると,
1人分は何個で, あまりは何個でしょう。

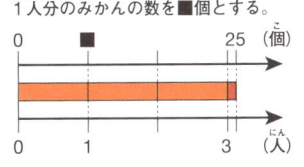

$25 \div 3 = 8$ あまり $1$

27

# 答えが 10 をこえない, 整数のたし算

整数のたし算では, (1 けた) + (1 けた) で答えが 10 をこえない計算は, 全部で 64 種類です。

| 0＋0 | 1＋0 | 1＋1 | 2＋1 | 2＋2 | 3＋2 |
|---|---|---|---|---|---|
| 0＋1 | 2＋0 | 1＋2 | 3＋1 | 2＋3 | 4＋2 |
| 0＋2 | 3＋0 | 1＋3 | 4＋1 | 2＋4 | 5＋2 |
| 0＋3 | 4＋0 | 1＋4 | 5＋1 | 2＋5 | 6＋2 |
| 0＋4 | 5＋0 | 1＋5 | 6＋1 | 2＋6 | 7＋2 |
| 0＋5 | 6＋0 | 1＋6 | 7＋1 | 2＋7 | 8＋2 |
| 0＋6 | 7＋0 | 1＋7 | 8＋1 | 2＋8 | |
| 0＋7 | 8＋0 | 1＋8 | 9＋1 | | |
| 0＋8 | 9＋0 | 1＋9 | | | |
| 0＋9 | | | | | |
| 3＋3 | 4＋3 | 4＋4 | 5＋4 | 5＋5 | |
| 3＋4 | 5＋3 | 4＋5 | 6＋4 | | |
| 3＋5 | 6＋3 | 4＋6 | | | |
| 3＋6 | 7＋3 | | | | |
| 3＋7 | | | | | |

64種類のたし算は, ●の図のカードを作って, 暗記しよう。すべて覚えると, 数のセンスが身につくよ。

●の図のカード

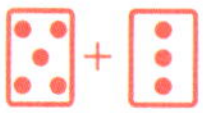

のように使いましょう。

# くり上がりのあるたし算は, 分けてたして, あとでたす

くり上がりのあるたし算は, たす数か, たされる数のどちらかを分けてから, 10 をつくります。

8＋5の計算をしましょう。

5から2を持ってきて8を10にする

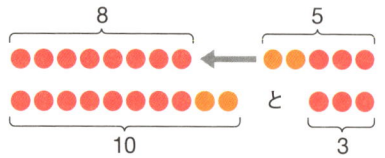

式に表すと

8 ＋ 5 ＝ 13
↓　↓　↑
| 8 | ＋ | 2 | ＝ | 10 |
| と |  | と |  | と |
| 0 | ＋ | 3 | ＝ | 3 |

5を2と3に分けて
8と2をたして10,
10と3をたして13。

8から5を持ってきて5を10にする

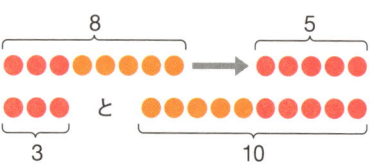

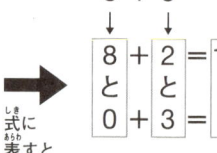

式に表すと

8 ＋ 5 ＝ 13
↓　↓　↑
| 5 | ＋ | 5 | ＝ | 10 |
| と |  | と |  | と |
| 3 | ＋ | 0 | ＝ | 3 |

8を5と3に分けて
5と5をたして10,
10と3をたして13。

## たし算は，同じ位の数どうしでたす

たし算は，同じ位の数どうしをたして計算します。
だから，筆算では位をそろえて数字を書きます。

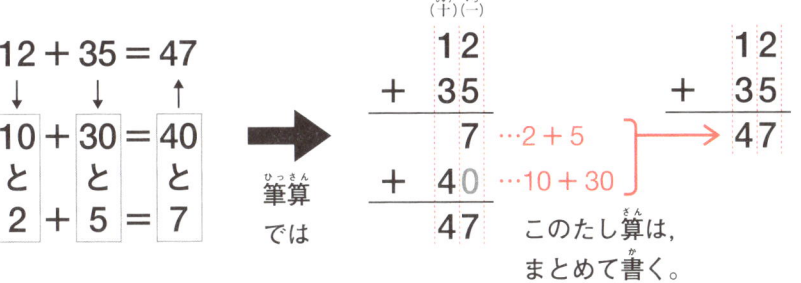

> くり上がりのないたし算は，けた数が増えても，和が10以下の計算だけで求めることができます。

## くり上がりをわすれずに

くり上がりのあるたし算の筆算では，くり上がった数を上の位に小さく書いておくとわすれません。

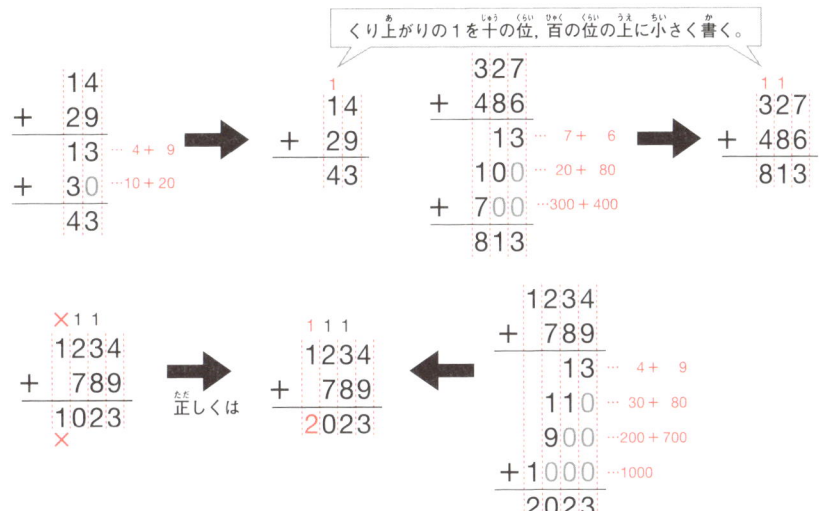

> いちばん大きい位のくり上がりの数をたし忘れてしまうことが多いので，気をつけよう。

## たす数が2つより多い数のたし算

たす数が3つ，4つ，…と，どれだけ増えても，同じように計算できます。
数が大きい計算では，くり上がる数を忘れないようにしましょう。

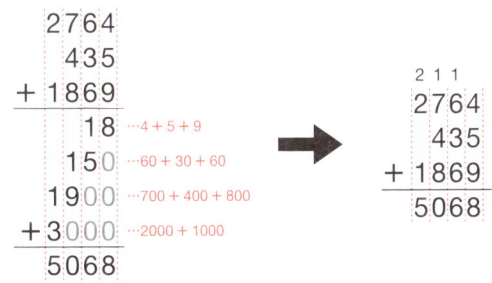

# 答えが10より小さい, 整数のひき算

整数のひき算では, (1けた) − (1けた) で, 答えが10より小さい計算は全部で45種類です。

| 2−1 | 3−1<br>3−2 | 4−1<br>4−2<br>4−3 | 5−1<br>5−2<br>5−3<br>5−4 | 6−1<br>6−2<br>6−3<br>6−4<br>6−5 |
|---|---|---|---|---|
| 10−1<br>10−2<br>10−3<br>10−4<br>10−5<br>10−6<br>10−7<br>10−8<br>10−9 | 9−1<br>9−2<br>9−3<br>9−4<br>9−5<br>9−6<br>9−7<br>9−8 | 8−1<br>8−2<br>8−3<br>8−4<br>8−5<br>8−6<br>8−7 | 7−1<br>7−2<br>7−3<br>7−4<br>7−5<br>7−6 | |

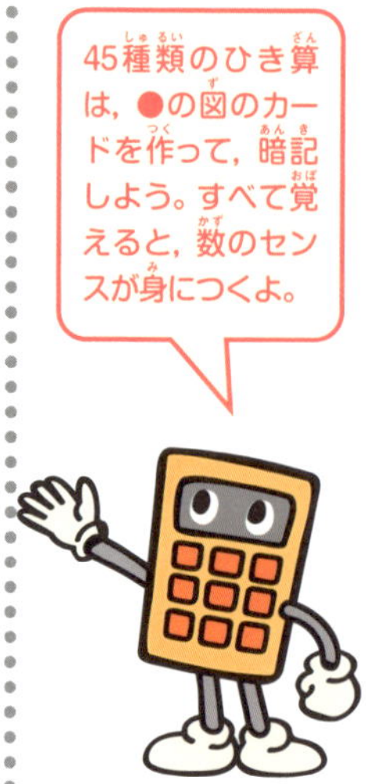

> 45種類のひき算は, ●の図のカードを作って, 暗記しよう。すべて覚えると, 数のセンスが身につくよ。

●の図のカード

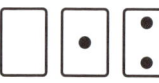

のように使いましょう。

# くり下がりのあるひき算は, 分けてひいて, あとでたす

くり下がりのあるひき算は, ひく数とひかれる数をそれぞれ2つに分けて計算します。

> 14−6の計算をしましょう。

14から4をひいて残った10からさらに2をひく

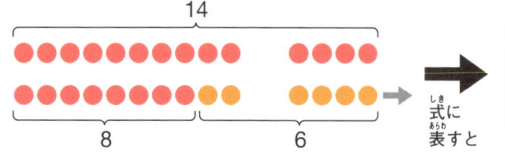 → 式に表すと

14 − 6 = 8
↓　↓　↑
10 − 2 = 8
と　と　と
4 − 4 = 0

14を10と4に分けて6を2と4に分けてひく。8と0をたして8。

14の10から6をひいて残った4と4をたす

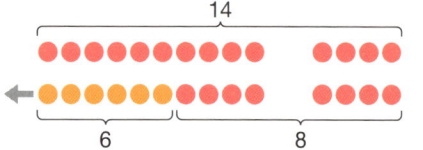 → 式に表すと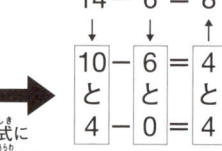

14を10と4に分けて6を6と0に分けてひく。4と4をたして8。

## ひき算も，同じ位の数どうしでひく

ひき算も，同じ位の数どうしをひいて計算するので，筆算では位をそろえて数字を書きます。

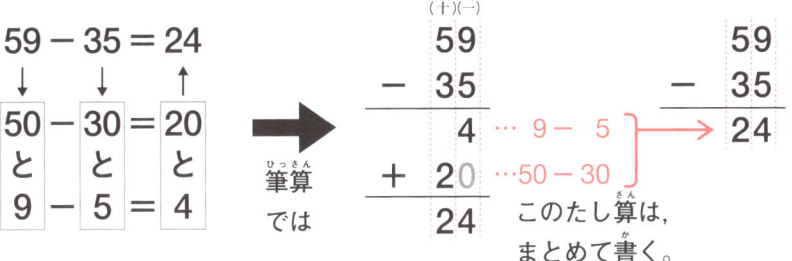

> くり下がりのないひき算は，けた数が増えても，差が10以下の計算だけで求めることができます。

## くり下がりをわすれずに

くり下がりのあるひき算は，くり下がりの数を小さく書いておきます。

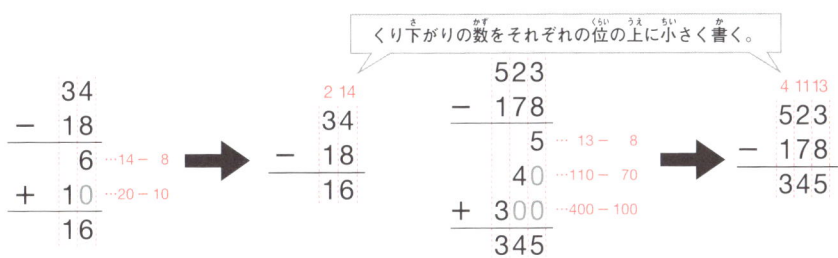

## くり下げる位の数が0のひき算

くり下がりのあるひき算で，1つ上の位の数が0のときは，2つ上の位からくり下がります。そのとき，1つ上の位の数は9になります。

| 百の位からくり下がる | 百の位からくり下がる | 千の位からくり下がる |
|---|---|---|
| 9 15<br>105<br>− 37<br>―――<br>68 | 2 9 14<br>304<br>− 128<br>―――<br>176 | 3 9 9 12<br>4002<br>− 237<br>―――<br>3765 |

> 1つ上の位の数も，2つ上の位の数も0のときは，さらに上の位からくり下げるんだね。

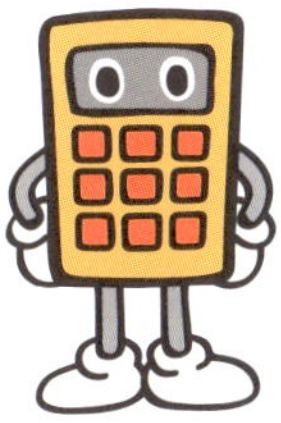

---

### 外国のおつりは，数えたし　　**ひろがる算数**

おつりを渡すときに，**数えたし**というたし算のしかたをする国があります。

①客が300円の雑誌を買って1000円出す。

②店の人は300円の雑誌に，合わせて1000円になるまで，100円玉を1枚，2枚，…と出す。

③7枚まで出したら，その700円を客に渡す。

算数の言葉を学ぼう

## かけ算は，まず九九を覚える

1けたどうしをかける計算の覚え方を**かけ算九九**といいます。
かけ算は九九を使って答えを求めます。

かけられる数 × かける数 ＝ 答え

九九表

| | 1 | 2 | 3 | 4 | 5 | 6 | 7 | 8 | 9 |
|---|---|---|---|---|---|---|---|---|---|
| 1 | 1 | 2 | 3 | 4 | 5 | 6 | 7 | 8 | 9 |
| 2 | 2 | 4 | 6 | 8 | 10 | 12 | 14 | 16 | 18 |
| 3 | 3 | 6 | 9 | 12 | 15 | 18 | 21 | 24 | 27 |
| 4 | 4 | 8 | 12 | 16 | 20 | 24 | 28 | 32 | 36 |
| 5 | 5 | 10 | 15 | 20 | 25 | 30 | 35 | 40 | 45 |
| 6 | 6 | 12 | 18 | 24 | 30 | 36 | 42 | 48 | 54 |
| 7 | 7 | 14 | 21 | 28 | 35 | 42 | 49 | 56 | 63 |
| 8 | 8 | 16 | 24 | 32 | 40 | 48 | 56 | 64 | 72 |
| 9 | 9 | 18 | 27 | 36 | 45 | 54 | 63 | 72 | 81 |

3 × 5 ＝ 15
8 × 4 ＝ 32

1けたどうしのかけ算を知っていれば，2けたのかけ算になっても自分で答えを見つけられるよ。

## 0をかける意味

整数に0をかけても，0に整数をかけても，答えは0です。
（整数）× 0 ＝ 0 ×（整数）＝ 0

## 九九より大きい数のかけ算は，分けてかけて，あとでたす

九九より大きい数のかけ算は，かけられる数とかける数の位を分けて計算します。

24 × 3 の計算をしましょう。

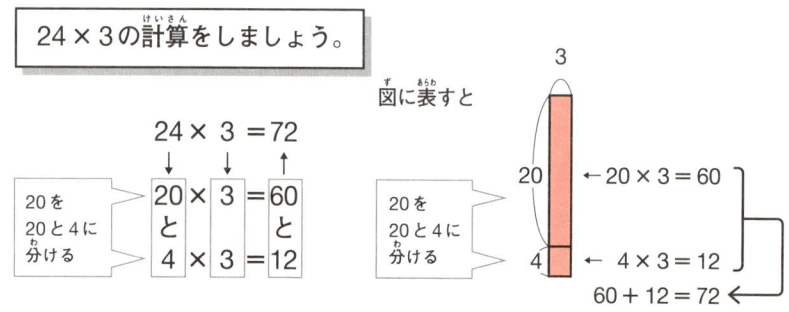

## かけ算の筆算

かけ算の筆算も、位をそろえて数字を書きます。

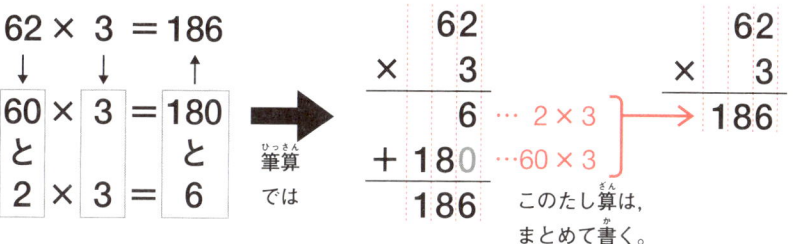

かける数が1けたより大きい数になっても同じように計算できます。

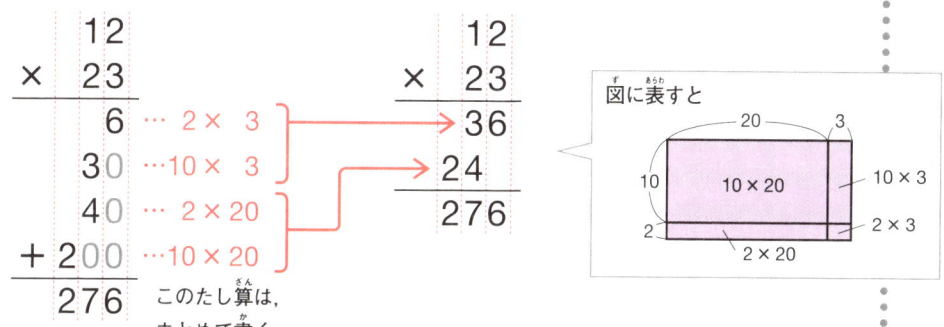

かけられる数、かける数が大きくなっても、同じように計算できます。

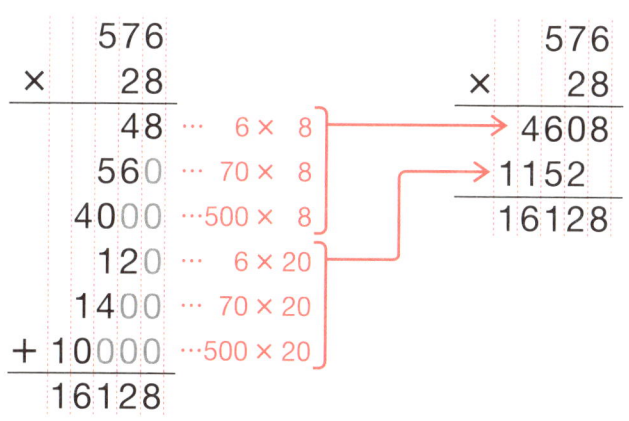

> 算数の言葉を学ぼう

> 分けてかけた数をたすときに、くり上がった数を忘れないようにしましょう。
> はじめのうちは、左の長い筆算のように分けて書いてもいいです。

## わり算はかけ算の逆の計算

わり算は、かけ算の逆の計算です。かけ算九九を使って答えを求めます。わりきれないときは、あまりも求めます。

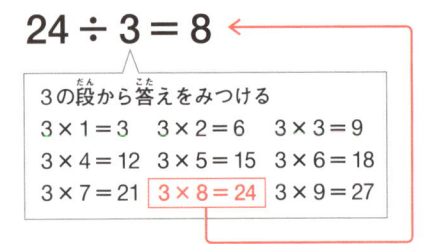

$24 \div 3 = 8$

3の段から答えをみつける
$3 \times 1 = 3$　$3 \times 2 = 6$　$3 \times 3 = 9$
$3 \times 4 = 12$　$3 \times 5 = 15$　$3 \times 6 = 18$
$3 \times 7 = 21$　$\boxed{3 \times 8 = 24}$　$3 \times 9 = 27$

$31 \div 4 = 7$ あまり 3

4の段から答えをみつける
$4 \times 1 = 4$　$4 \times 2 = 8$　$4 \times 3 = 12$
$4 \times 4 = 16$　$4 \times 5 = 20$　$4 \times 6 = 24$
$\boxed{4 \times 7 = 28}$　$4 \times 8 = 32$　$4 \times 9 = 36$

わられる数が九九の答えより大きいので $31 - 28 = 3$

> $31 \div 4 = 7$ あまり 3
> $-28$
> $\quad 3$
>
> このように書いて計算するといいよ。

## 九九より大きい数のわり算は、分けてわって、あとでたす

九九の答えより大きい数のわり算は、わられる数の位を分けて計算します。

48÷3の計算をしましょう。

$48 \div 3 = 16$
↓　↓　↑
$30 \div 3 = 10$
と　　　と
$18 \div 3 = 6$

筆算では

```
       16
    ┌─────
  3 ) 48
       30
     ────
       18
       18
     ────
        0
```
$30 \div 3$　$18 \div 3$

## 計算する前に、商の見当をつける

わる数が2けたより大きい場合、仮の商をたてて、数を1つずつ小さくしていきます。

```
      6  ← 13×6=78 ✗
  13)61
```
→
```
      5  ← 13×5=65 ✗
  13)61
```
→
```
      4
  13)61
     52
     ──
      9
```

> 計算する前に、答えの見当をつけることは大切なことです。特に、大きな数のわり算や小数のわり算では、筆算の前に暗算で商の見当をつけましょう。

34

## わり算の筆算

わり算の筆算は，わられる数と商の位をそろえて書きます。

十の位の商をたてる
一の位の商をたてる

```
   24   ←商 72÷3＝24
3)72
  60    ←わる数と商をかける   （わられる数からかけた数をひく）
  12    ←わられる数からおろす
  12    ←わる数と商をかける   （わられる数からかけた数をひく）
   0
```

十の位の商をたてる
一の位の商をたてる

```
     32   ←商 384÷12＝32
12)386
   360    ←わる数と商をかける   （わられる数からかけた数をひく）
    26    ←わられる数からおろす
    24    ←わる数と商をかける   （わられる数からかけた数をひく）
     2    ←あまり
```

たてる
↓
かける
↓
ひく
↓
おろす

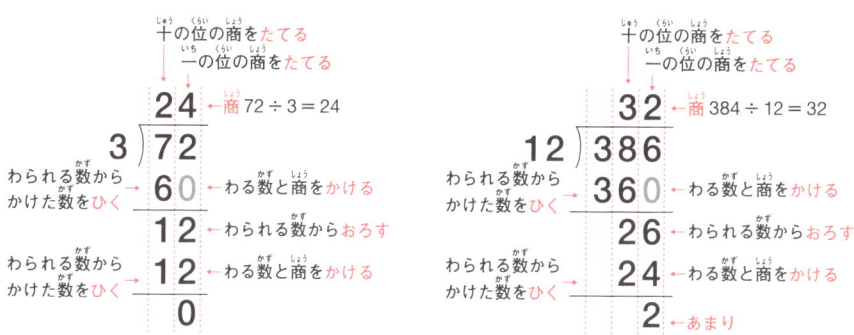

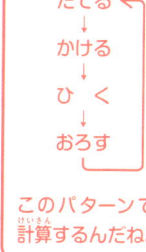

このパターンで，計算するんだね。

## 検算して答えをたしかめる

わり算の答えをたしかめる式 わる数×商＋あまり＝わられる数

45÷6＝7あまり3 ➡ 6×7＋3＝45

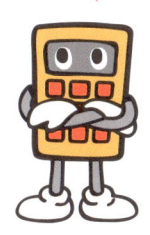

わられる数，わる数が大きくなっても，同じように計算できます。

### あまりをどうするか

あまりが出るわり算では，場面によって，あまりをそのままにしたり，商を1切り上げたり，あまりを切り捨てたりします。

32個のリンゴを6個ずつ箱に入れます。

- 6個入りの箱は何箱できて，リンゴは何個あまるでしょう。
  32÷6＝5あまり2
  6個入りの箱が5箱できてリンゴは2個あまる

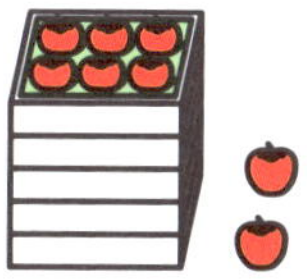

- リンゴをすべて箱に入れると，箱は何箱必要でしょう。
  32÷6＝5あまり2
  6個入りの箱が5箱できて，あまったリンゴも1箱に入れるので6箱

- 6個入りの箱は何箱できるでしょう。
  32÷6＝5あまり2
  6個入りの箱が5箱できる

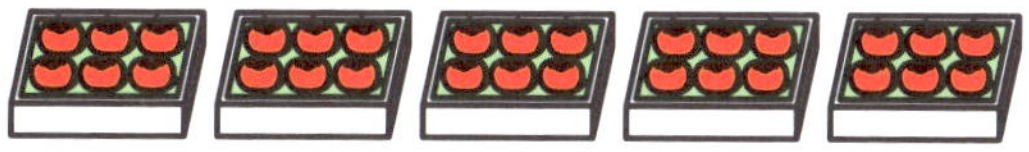

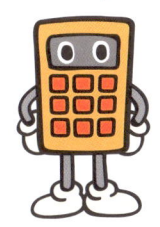

計算だけなら，あまりの数が出たところで終わりだけど，生活の中ではあまったものをどうするかは大切な問題だね。

32個のリンゴを6人に配ります。
あまりが出たら，さらに1個ずつ配ります。
何人が何個りんごをもらったでしょう。

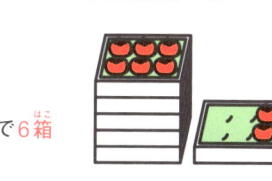

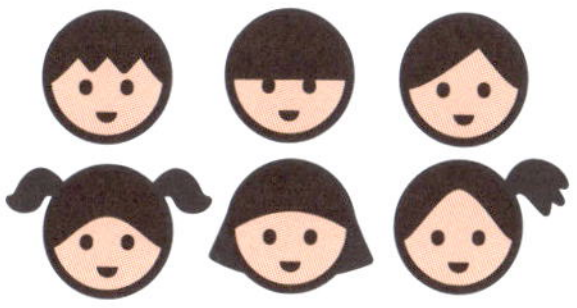

32÷6＝5あまり2
あまりの2個もわけるので，4人が5個で，2人が6個もらう

# 小数のたし算とひき算も，同じ位の数どうしで計算する

小数のたし算とひき算は，整数のたし算とひき算と同じように計算します。

## 小数のたし算のしかた

> 1.4mのリボンと2.3mのリボンを買います。
> リボンは全部で何mでしょう。

[式] 1.4 + 2.3

- 0.1がいくつあるかで考える。
  1.4は0.1が14個，2.3は0.1が23個ある。
  14 + 23 = 37　← この37は0.1が37個なので3.7
  1.4 + 2.3 = 3.7

- 整数のたし算と同じように，
  位を分けてたして，あとでたす。
  1.4 + 2.3 = 3.7

  | 1 | + | 2 | = | 3 |
  | と | | と | | と |
  | 0.4 | + | 0.3 | = | 0.7 |

  けた数がちがっても同じしくみ
  3.7 + 1.68 = 5.38

  | 3 | + | 1 | = | 4 |
  | と | | と | | と |
  | 0.7 | + | 0.6 | = | 1.3 |
  | と | | と | | と |
  | 0 | + | 0.08 | = | 0.08 |

## 小数のひき算のしかた

> 4.8mのリボンから，3.5mを切りとりました。
> 残りの長さは何mでしょう。

[式] 4.8 − 3.5

- 0.1がいくつあるかで考える。
  4.8は0.1が48個，3.5は0.1が35個ある。
  48 − 35 = 13　← この13は0.1が13個なので1.3
  4.8 − 3.5 = 1.3

- 整数のひき算と同じように，
  位を分けてひいて，あとでたす。
  4.8 − 3.5 = 1.3

  | 4 | − | 3 | = | 1 |
  | と | | と | | と |
  | 0.8 | − | 0.5 | = | 0.3 |

  けた数がちがっても同じしくみ
  3.65 − 2.4 = 1.25

  | 3 | − | 2 | = | 1 |
  | と | | と | | と |
  | 0.6 | − | 0.4 | = | 0.2 |
  | と | | と | | と |
  | 0.05 | − | 0 | = | 0.05 |

小数の計算でも，たし算は分けてたしてあとでたす，ひき算は分けてひいてあとでたす。小数も整数と同じように計算できるよ！

# 小数のたし算とひき算の筆算

小数のたし算とひき算も、整数と同じように筆算で計算できます。

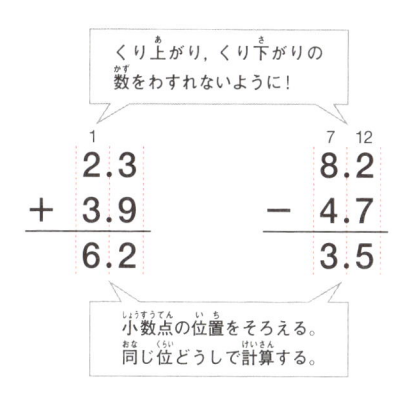

```
  1
  2.3          8.2
+ 3.9        - 4.7
─────        ─────
  6.2          3.5
```

くり上がり、くり下がりの数をわすれないように！

小数点の位置をそろえる。
同じ位どうしで計算する。

> 整数の計算と同じように、位をそろえて数字を書きます。

## 算数の言葉を学ぼう

## 小数のたし算、ひき算は、小数部分の位に注意

筆算は、右はしをそろえるのではなく、小数点の位置をそろえます。

```
    5              5
+ 3.6     →    + 3.6
─────          ─────
  4.1            8.6
   ✗
```

小数点の位置をそろえて書く。

ひかれる数に小数部分がなくても、整数からくり下げて計算します。

```
    7            7.0
-  2.3    →   -  2.3
─────         ─────
   5.3            4.7
    ✗
```

小数点の位置をそろえて書く。

計算の答えの小数は、小数点以下の0は書きません。

```
  1              1
  6.2            6.2
+ 0.8      →   + 0.8
─────          ─────
  7.0            7.0
   ✗
```

小数点以下が0のときは、小数点と0を書かない。

> 小数の筆算で、小数点の位置をそろえて書くのは、位をそろえているということなんだね。

37

## 小数のかけ算は、整数になおして計算する

小数のかけ算は、小数を整数になおして計算します。

> 小数のかけ算も、整数のかけ算と同じように計算できます。

### 小数に整数をかける計算

> 1.8mのリボンが4本あります。全部で何mでしょう。

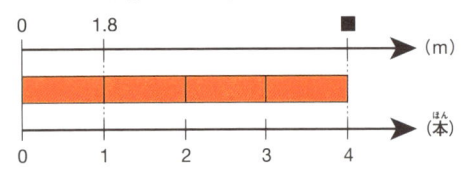

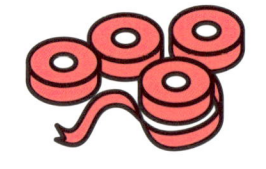

全部のリボンの長さを■mとする。

[式] 1.8 × 4
[計算] 1.8を10倍して整数になおして計算します。

$$1.8 \times 4 = 7.2$$

↓10倍　　　↑$\frac{1}{10}$倍

$$18 \times 4 = 72$$

> かけられる数を10倍したので積を$\frac{1}{10}$倍にする。

### 小数に小数をかける計算

> 1mの重さが1.3kgの棒が2.5mあります。全部で何kgでしょう。

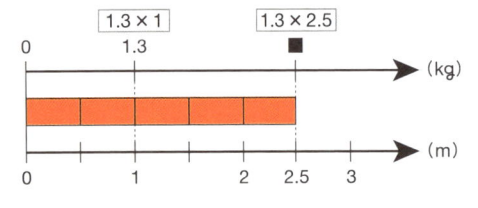

全部の棒の重さを■kgとする。

[式] 1.3 × 2.5
[計算] 1.3と2.5をそれぞれ10倍して整数になおして計算します。

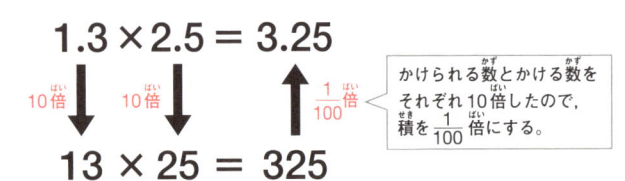

$$1.3 \times 2.5 = 3.25$$

↓10倍　↓10倍　　↑$\frac{1}{100}$倍

$$13 \times 25 = 325$$

> かけられる数とかける数をそれぞれ10倍したので、積を$\frac{1}{100}$倍にする。

## 小数のかけ算の筆算

小数のかけ算の筆算は，小数を整数として計算し，出てきた答えをもとの小数の大きさで表します。

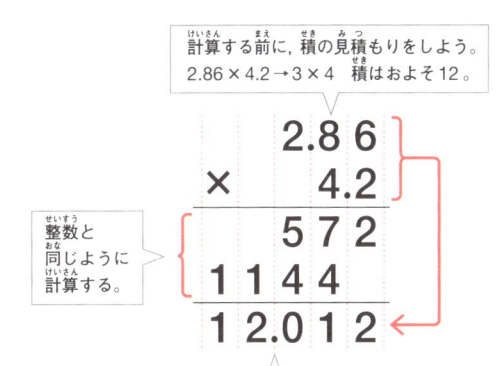

計算する前に，積の見積もりをしよう。
2.86 × 4.2 → 3 × 4  積はおよそ12。

整数と同じように計算する。

```
    2.8 6
 ×    4.2
  ─────────
    5 7 2
  1 1 4 4
  ─────────
  1 2.0 1 2
```

積の小数点は，小数部分のけた数がかけられる数とかける数の小数部分のけた数の和になるようにうつ。

## 小数点のうち方

小数のかけ算では，積の小数部分のけた数が，かけられる数とかける数の小数部分のけた数の和になるように，小数点をうちます。

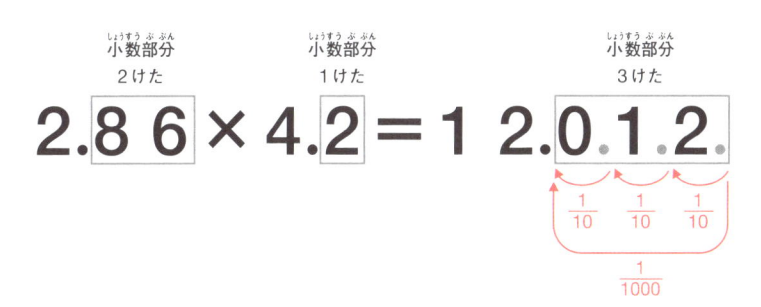

小数部分 2けた     小数部分 1けた     小数部分 3けた

$$2.86 \times 4.2 = 12.012$$

各桁 $\frac{1}{10}$，$\frac{1}{10}$，$\frac{1}{10}$
合計 $\frac{1}{1000}$

2.86 × 4.2 を 286 × 42 として計算します。
286 × 42 = 12012
286は2.86を100倍，42は4.2を10倍したので，
答えの12012は，100 × 10 = 1000（倍）した数になっている。
だから，小数部分が3けたになるように小数点をうつ。

> かけ算で，小数部分のけた数が多いときは，答えの小数部分のけた数をきちんと数えてたしかめた方がいいね。

算数の言葉を学ぼう

39

## 小数のわり算も，整数になおして計算する

小数をわる計算は，整数になおして計算します。

## 小数を整数でわる計算

> 1.48mのリボンを4本に分けます。1本の長さは何mでしょう。

1本分のリボンの長さを■mとする。

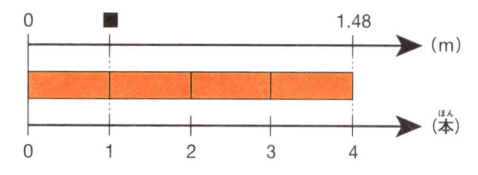

[式]　1.48 ÷ 4
[計算]　1.48を100倍して整数になおして計算します。

$$1.48 \div 4 = 0.37$$

$$148 \div 4 = 37$$

1.48→148：100倍
4→4
0.37→37：$\frac{1}{100}$倍

わられる数を100倍したので商を$\frac{1}{100}$倍にする。

## 小数を小数でわる計算

小数でわる計算は，「わり算では，わられる数，わる数に同じ数をかけても，同じ数でわっても商は変わらない」というわり算のきまりを使って計算します。

> 重さが3.5kgの棒があります。長さは2.5mです。
> この棒の1mの重さは何kgでしょう。

1mの棒の重さを■kgとする。

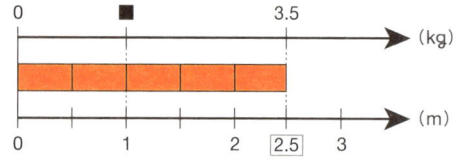

もしも，■がわかっていたら，
■ × 2.5 = 3.5
になるので，
■ = 3.5 ÷ 2.5
の計算になります。

[式]　3.5 ÷ 2.5
[計算]　3.5と2.5をそれぞれ10倍して整数になおして計算します。

$$3.5 \div 2.5 = 1.4$$

$$35 \div 25 = 1.4$$

わられる数とわる数をそれぞれ，10倍したので商はそのまま。

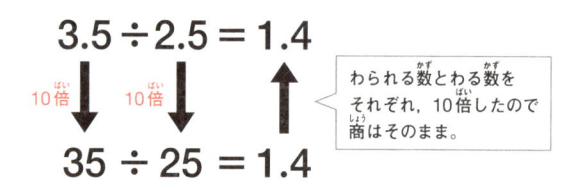

わられる数とわる数の両方を同じ数だけ倍にしたから，商の大きさが変わらないんだね。

## 小数のわり算の筆算

小数のわり算の筆算は，わられる数とわる数の小数点を動かしてから，整数のわり算と同じように計算します。

```
2.5 ) 3.5        3.25 ) 6.5       1.5 ) 1.2
   ↓                ↓                ↓

        1.4               2                0.8
2.5 ) 3.5         3.25 ) 6.50      1.5 ) 1.2 0
      2 5                6 5 0           1 2 0
      1 0 0                  0                0
      1 0 0
          0
```

- 商の小数点は，わられる数の動かした小数点にそろえてうつ。
- わられる数の小数点は，わる数の小数点と同じだけ動かす。
- 商が，一の位にたたないときは，[ 0 . ]を書いて計算していく。

A÷B＝（A×10）÷（B×10）のように，前の数と後ろの数を10倍しても答えは変わらないという，わり算のきまりを使っています。

## あまりのある小数のわり算

あまりの小数点は，わられる数の小数点にそろえてうちます。

> 2.7mのリボンを0.6mずつに分けます。
> 0.6mのリボンは何本できて何mあまるでしょう。

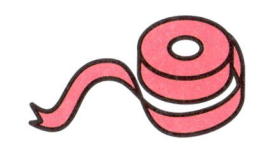

[式]　2.7÷0.6

```
        4                    4
0.6 ) 2.7          0.6 ) 2.7
      2 4                2 4
        3                0.3
```

- あまりを3とするとあまりがわられる数より大きくなってしまう。
- あまりの小数点は，わられる数のもとの小数点の位置にそろえてうつ。

[たしかめ]
0.6×4＋3＝5.4 ✗

（3は，27÷6として計算したときの大きさです。）

[たしかめ]
0.6×4＋0.3＝2.7 ○

答えが出たら，たしかめをしてみましょう。あまりの小数点の位置が正しいかを確認できます。

41

## 分数の計算も，単位が同じものどうしで計算する

分数のたし算とひき算では，分母がちがう数の場合は，まず通分します。

## 分母が同じ分数のたし算とひき算

分母はそのままにして，分子だけをたしたりひいたりして答えを求めます。

> 分母が同じということは，単位が同じということです。

$$\frac{1}{5} + \frac{2}{5} = \frac{3}{5} \qquad \frac{4}{5} - \frac{3}{5} = \frac{1}{5}$$

### 分母が同じ分数のたし算・ひき算のしかた

答えが仮分数になるときは帯分数になおす。
$$\frac{4}{5} + \frac{3}{5} = \frac{7}{5} = 1\frac{2}{5}$$

答えが整数になるときは整数になおす。
$$\frac{2}{5} + \frac{3}{5} = \frac{5}{5} = 1$$

> 仮分数，帯分数の計算でも，単位をそろえて計算します。

帯分数は整数と分数に分けて計算し，あとでたす。
$$1\frac{2}{5} + 2\frac{1}{5} = (1+2) + \left(\frac{2}{5} + \frac{1}{5}\right) = 3\frac{3}{5}$$

答えが約分できるときは約分する。
$$\frac{1}{4} + \frac{1}{4} = \frac{2}{4} = \frac{1}{2}$$

答えが仮分数になるときは帯分数になおす。
$$\frac{10}{5} - \frac{2}{5} = \frac{8}{5} = 1\frac{3}{5}$$

答えが整数になるときは整数になおす。
$$\frac{9}{5} - \frac{4}{5} = \frac{5}{5} = 1$$

帯分数は整数と分数に分けて計算し，あとでたす。
$$2\frac{4}{5} - 1\frac{1}{5} = (2-1) + \left(\frac{4}{5} - \frac{1}{5}\right) = 1\frac{3}{5}$$

答えが約分できるときは約分する。
$$\frac{7}{6} - \frac{5}{6} = \frac{2}{6} = \frac{1}{3}$$

# 分母がちがう分数のたし算とひき算

通分して、分母をそろえてから、たし算やひき算をします。

### 通分しないと……
分母どうし、分子どうしをたしても正しい答えは求められません。

$$\frac{1}{3} + \frac{1}{6} = \cancel{\frac{2}{9}}$$

分母の最小公倍数で通分します。

$$\frac{1}{3} + \frac{1}{6} \rightarrow \frac{2}{6} + \frac{1}{6} = \frac{3}{6} = \frac{1}{2}$$

### 分母がちがう分数のたし算・ひき算のしかた

$$\frac{1}{15} + \frac{5}{6} = \frac{2}{30} + \frac{25}{30} = \frac{27}{30} = \frac{9}{10}$$

15と6の最小公倍数30で通分する。
約分できるときは約分する。

$$1\frac{7}{12} + 2\frac{2}{3} = \frac{19}{12} + \frac{8}{3} = \frac{19}{12} + \frac{32}{12} = \frac{51}{12} = \frac{17}{4} = 4\frac{1}{4}$$

帯分数は仮分数になおす。
12と3の最小公倍数12で通分する。
約分できるときは約分する。
答えが仮分数になるときは帯分数になおす。

$$\frac{5}{6} - \frac{3}{10} = \frac{25}{30} - \frac{9}{30} = \frac{16}{30} = \frac{8}{15}$$

6と10の最小公倍数30で通分する。
約分できるときは約分する。

$$1\frac{5}{6} - 1\frac{1}{14} = \frac{11}{6} - \frac{15}{14} = \frac{77}{42} - \frac{45}{42} = \frac{32}{42} = \frac{16}{21}$$

帯分数は仮分数になおす。
6と14の最小公倍数42で通分する。
約分できるときは約分する。

$$\frac{2}{3} + \frac{1}{2} - \frac{3}{4} = \frac{8}{12} + \frac{6}{12} - \frac{9}{12} = \frac{5}{12}$$

3、2、4の最小公倍数12で通分する。

---

**算数の言葉を学ぼう**

通分するということは、分母をそろえることだから、単位をそろえることと同じです。

**帯分数のままでも計算できます。**

$$1\frac{7}{12} + 2\frac{2}{3}$$
$$= (1+2) + \left(\frac{7}{12} + \frac{2}{3}\right)$$
$$= 3 + \left(\frac{7}{12} + \frac{8}{12}\right)$$
$$= 3 + \frac{15}{12}$$
$$= 3 + 1\frac{1}{4}$$
$$= 4\frac{1}{4}$$

計算する数が3つ以上になっても、通分すれば同じようにできます。

## 分数のかけ算は，分子どうし，分母どうしをかける

分数のかけ算は，整数になおして計算できます。

## 分数×整数は，整数どうしの計算と同じ

分数に整数をかける計算は，整数×整数のときと同じように考えます。

> コップにジュースが $\frac{2}{5}$ L入っています。同じ量が入ったコップが3杯あります。ジュースは全部で何Lあるでしょう。

全部のジュースのかさを■Lとする。

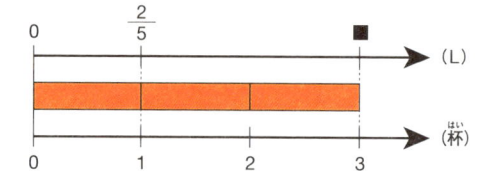

[式] $\frac{2}{5} \times 3$

> 図に表すと，$\frac{2}{5}$ の3倍になるということがわかります。

● 整数のかけ算と同じように考える。

$$\frac{2}{5} \times 3 は \frac{2}{5} + \frac{2}{5} + \frac{2}{5} = \frac{6}{5} = 1\frac{1}{5}$$

$$\underbrace{\frac{2 \times 3}{5}}$$

> 同じ分数を3つたすということは，分子を3倍することと同じです。

分数 × 整数 の計算は， $\frac{△}{○} \times □ = \frac{△ \times □}{○}$

### 分数 × 整数の答えの求め方

● 約分しましょう。

$$\frac{7}{16} \times 4 = \frac{7 \times \overset{1}{\cancel{4}}}{\underset{4}{\cancel{16}}} = \frac{7}{4} = 1\frac{3}{4}$$

> 答えの仮分数は帯分数になおしておくと，大きさがわかりやすくなります。

● 帯分数は仮分数になおして計算しましょう。

$$1\frac{2}{9} \times 6 = \frac{11}{9} \times 6 = \frac{11 \times \overset{2}{\cancel{6}}}{\underset{3}{\cancel{9}}} = \frac{22}{3} = 7\frac{1}{3}$$

# 分数×分数は同じ単位どうしでかける

分数に分数をかける計算は，分子どうし，分母どうしをかけます。

> 長さが1mの棒があります。棒の重さは，$\frac{3}{4}$kgです。
> 長さが$\frac{2}{3}$mの棒の重さは，何kgでしょう。

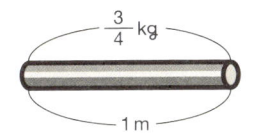

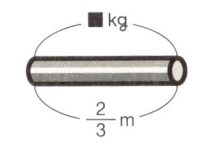

[式] $\frac{3}{4} \times \frac{2}{3}$

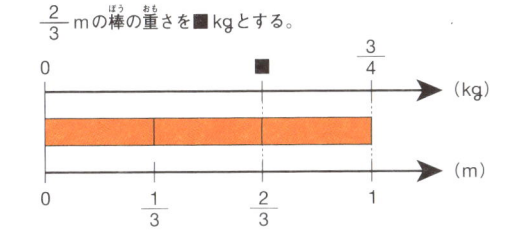

● まず，$\times \frac{1}{3}$ で考える。

図を見ると，$\frac{1}{3}$をかけるということは3等分することと同じとわかる。

$$\frac{3}{4} \times \frac{1}{3} = \frac{3}{4} \div 3 = \frac{\cancel{3}^1}{4 \times \cancel{3}_1} = \frac{1}{4}$$

● 次に，$\times \frac{2}{3}$ を考える。

$\frac{2}{3}$ は $\frac{1}{3}$ の2倍なので，$\frac{3}{4} \times \frac{1}{3}$ を2倍する。

$$\frac{3}{4} \times \frac{2}{3} = \frac{3}{4} \times \frac{1}{3} \times 2 = \frac{3}{4} \div 3 \times 2 = \frac{3}{4 \times 3} \times 2 = \frac{\cancel{3}^1 \times 2}{\cancel{4}_2 \times \cancel{3}_1} = \frac{1}{2}$$

> 分数 × 分数 の計算は，$\dfrac{\triangle}{\bigcirc} \times \dfrac{\square}{\circledcirc} = \dfrac{\triangle \times \square}{\bigcirc \times \circledcirc}$

分数×分数は，分数÷整数を使うんだね。

## 分数のわり算は，わる数を逆数にしてかける

分数のわり算は，わる数が整数でも分数でも，逆数をかける計算をします。

## 分数÷整数は分母に整数をかける

分数を整数でわる計算を，図を使って考えます。

$\frac{3}{5}$kgのねん土があります。
このねん土を2人で分けると
1人分は何kgになるでしょう。

$\frac{3}{5}$ kg

●図に表す。

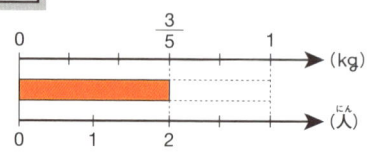

$\frac{3}{5}$kgを2人に分けたときの
1人分を■kgとして
図にかき入れる。

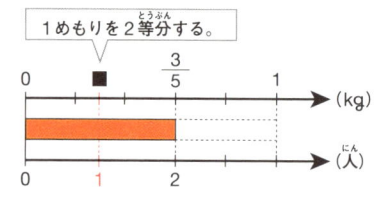

1めもりを2等分する。

1人分の重さに合わせて
めもりを細かくする。

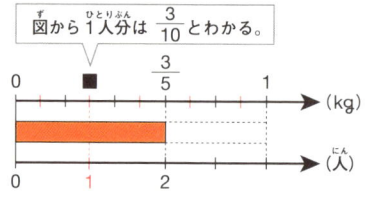

図から1人分は$\frac{3}{10}$とわかる。

●式に表す。

$$\frac{3}{5} \div 2 = \frac{3}{5 \times 2} = \frac{3}{10}$$

めもりを10等分する

**分数 ÷ 整数 の計算は， $\frac{\triangle}{\bigcirc} \div \square = \frac{\triangle}{\bigcirc \times \square}$**

## 分数÷整数は，わる数で分子をわっても計算できる

分数×整数は，
かける数を
分子にかけます。
同じように分数÷整数も，
わる数で分子をわれば
答えがでます。

$$\frac{3}{5} \div 2 = \frac{3 \div 2}{5}$$
このままでは計算できない。
$$= \frac{(3 \times 2) \div 2}{(5 \times 2)}$$
分子の÷2をなくすために
×2を加える。
分母にも×2を加える。
$$= \frac{3}{5 \times 2}$$
$$= \frac{3}{10}$$

$\frac{\triangle}{\bigcirc} \div \square = \frac{\triangle}{\bigcirc \times \square}$

---

A×B＝1のとき，
AとBは逆数です。
(例)
$\frac{3}{4} \times \frac{4}{3} = 1$
逆数

$0.5 \times 2 = 1$
逆数

(整数や小数でもよいです)

分数では，分子と分母に同じ数をかけても，その大きさは変わらないことを使います。

わる数で分子をわっても，計算のしかたは同じになります。

# 分数÷分数は，わる数の逆数を使う

分数を分数でわる計算は，わる数を逆数にしてかけます。

> 長さが $\frac{3}{4}$ m の棒があります。棒の重さは，$\frac{2}{5}$ kg です。
> この棒1mの重さは何kgでしょう。

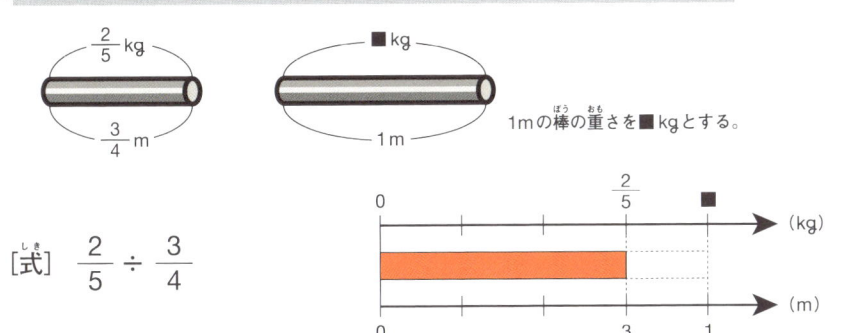

1mの棒の重さを■kgとする。

[式] $\frac{2}{5} \div \frac{3}{4}$

■がわかっていれば
■ $\times \frac{3}{4} = \frac{2}{5}$
になるから
■ $= \frac{2}{5} \div \frac{3}{4}$
の計算で求められます。

図から，$\frac{1}{4}$ mにあたる重さを求めて，そこから1mにあたる重さを求める。

● $\frac{1}{4}$ mにあたる重さを考える。

$\frac{1}{4}$ mにあたる重さは，$\frac{3}{4}$ mの重さ $\frac{2}{5}$ kgを3でわれば求められる。

$$\frac{2}{5} \div 3 = \frac{2}{5 \times 3} = \frac{2}{15}$$

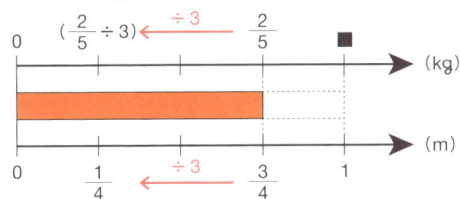

「〜にあたる」という言葉は，割合を表しているよ。

● 1mにあたる重さを考える。

1mにあたる重さは，$\frac{1}{4}$ mにあたる重さを4倍すれば求められる。

$$\frac{2}{5} \div \frac{3}{4} = \frac{2}{5} \div 3 \times 4 = \frac{2}{5 \times 3} \times 4 = \frac{2 \times 4}{5 \times 3} = \frac{8}{15}$$

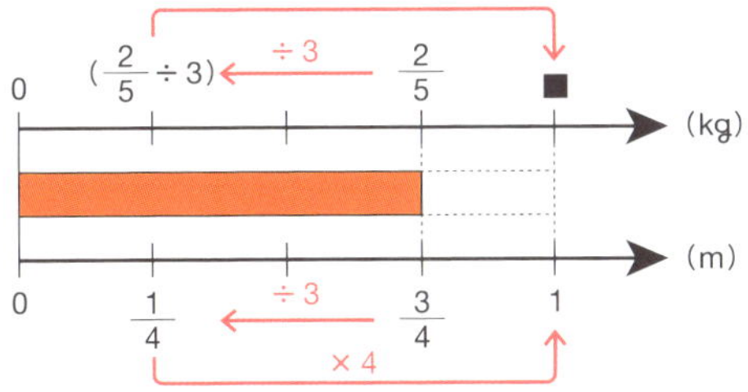

$\frac{1}{4}$ mにあたる重さ

> 分数÷分数 の計算は，$\frac{\triangle}{\bigcirc} \div \frac{\square}{\bigodot} = \frac{\triangle \times \bigodot}{\bigcirc \times \square}$

算数の言葉を学ぼう

# 分数 ÷ 分数の計算の意味を，式を使って説明する

分数を分数でわる計算のしかたは，いろいろな方法で説明できます。

## ①分数 × 分数と同じように考える

分数のかけ算と同じように，分子どうし，分母どうしをわってみる。

$$\frac{2}{5} \div \frac{3}{4} = \frac{2 \div 3}{5 \div 4}$$

このままでは計算できないので，$\frac{2}{5}$ を変身させる。

$$= \frac{(2 \times 3 \times 4) \div 3}{(5 \times 3 \times 4) \div 4}$$

分子の ÷3 を ÷1 にするために ×3 をする。
分母にも ×3 をする。
分母の ÷4 を ÷1 にするために ×4 をする。
分子にも ×4 をする。

$$= \frac{2 \times 4}{5 \times 3}$$

$$= \frac{2}{5} \times \frac{4}{3}$$

わる数の逆数をかけたことと同じ。

## ②わる数を整数になおす

わる数の分数が整数になれば計算できる。

$$\frac{2}{5} \div \frac{3}{4} = \left(\frac{2}{5} \times 4\right) \div \left(\frac{3}{4} \times 4\right)$$

わる数を整数にするために，わる数に 4 をかける。
わる数に 4 をかけたので，わられる数にも 4 をかける。

$$= \frac{2}{5} \times 4 \div 3$$

$$= \frac{2 \times 4}{5 \times 3}$$

$$= \frac{2}{5} \times \frac{4}{3}$$

わる数の逆数をかけたことと同じ。

## ③わる数を1にする

わる数を1にするように計算する。

$$\frac{2}{5} \div \frac{3}{4} = \left(\frac{2}{5} \times \frac{4}{3}\right) \div \left(\frac{3}{4} \times \frac{4}{3}\right)$$

わる数を1にするために，逆数をわる数にかける。
わる数にかけたので，わられる数にもかける。

$$= \frac{2}{5} \times \frac{4}{3} \div 1$$

$$= \frac{2 \times 4}{5 \times 3}$$

$$= \frac{2}{5} \times \frac{4}{3}$$

わる数の逆数をかけたことと同じ。

わる数が1だったら，カンタンだよ。

## ④通分する

分数のたし算・ひき算と同じように、通分してみる。

$$\frac{2}{5} \div \frac{3}{4} = \frac{2 \times 4}{5 \times 4} \div \frac{3 \times 5}{4 \times 5}$$

> 20で通分するので、わられる数の分母・分子に4をかけ、わる数の分母・分子に5をかける。

$$= \frac{2 \times 4}{20} \div \frac{3 \times 5}{20}$$

$$= (2 \times 4) \div (3 \times 5)$$

$$= \frac{2 \times 4}{5 \times 3}$$

$$= \frac{2}{5} \times \frac{4}{3}$$

> わる数の逆数をかけたことと同じ。

> たし算とひき算と同じでいいんだね。

算数の言葉を学ぼう

## あまりのある分数のわり算

あまりのある分数の問題では、あまりの大きさに注意しましょう。

> 長さが $4\frac{4}{5}$ m のリボンがあります。
> このリボンを $\frac{2}{3}$ m ずつに切ります。
> リボンは何本取れて、何mあまるでしょう。

[式] $4\frac{4}{5} \div \frac{2}{3}$

[計算] $4\frac{4}{5} \div \frac{2}{3} = \frac{24}{5} \div \frac{2}{3}$

$$= \frac{\overset{12}{\cancel{24}} \times 3}{5 \times \underset{1}{\cancel{2}}}$$

$$= \frac{36}{5}$$

$$= 7\frac{1}{5}$$

あまりは分数部分なので、$\frac{1}{5}$ 本分。

$$\frac{2}{3} \times \frac{1}{5} = \frac{2 \times 1}{3 \times 5} = \frac{2}{15} \text{ (m)}$$

リボンは7本取れて、$\frac{2}{15}$ m あまる。

> あまりを $\frac{1}{5}$ m とまちがえないようにしましょう。$\frac{1}{5}$ は割合を表しています。

[たしかめ]

$$\frac{2}{3} \times 7 + \frac{2}{15} = \frac{14}{3} + \frac{2}{15} = \frac{70}{15} + \frac{2}{15} = \frac{\overset{24}{\cancel{72}}}{\underset{5}{\cancel{15}}} = 4\frac{4}{5}$$

49

# 加減乗除には，計算のきまりがある

たし算，ひき算，かけ算，わり算には，いろいろなきまりがあります。
計算のきまりを使うと，速く正しく計算することができます。

### ①たし算とかけ算の計算のきまり

たし算では，計算の順を変えても答えは変わりません。

**たし算の交換法則　a＋b＝b＋a**

2＋4＝6　　4＋2＝6

**たし算の結合法則　（a＋b）＋c＝a＋（b＋c）**

(2＋3)＋4＝9　　2＋(3＋4)＝9

かけ算では，計算の順を変えても答えは変わりません。

**かけ算の交換法則　a×b＝b×a**

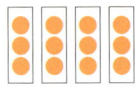

3×4 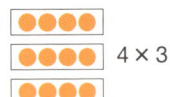　　4×3

**かけ算の結合法則　（a×b）×c＝a×（b×c）**

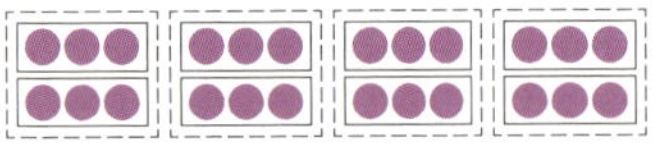

(3×2)×4 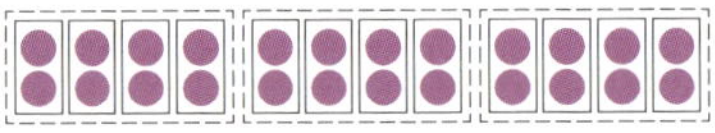　　3×(2×4)

**分配法則　a×（b＋c）＝a×b＋a×c**

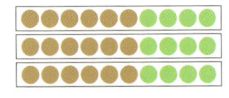

3×(6＋4) 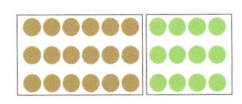　　3×6＋3×4

---

## BODMAS　　ひろがる算数

| | | |
|---|---|---|
| **B** | Brackets | ( ) |
| **O** | Order | $a^n$ |
| **D** | Division | ÷ |
| **M** | Multiplication | × |
| **A** | Addition | ＋ |
| **S** | Subtraction | － |

イギリスなどでは計算のきまりを，BODMASという言葉で覚えています。

( )のある計算では，( )の中を先に計算します。そして，たし算，ひき算よりも，かけ算，わり算を先に計算します。このような，計算する順番を表しているのがBODMASです。左のように，それぞれの頭文字を組み合わせた言葉になっています。

---

「法則」とはきまりのことだよ。

分配法則は，
a×（b－c）
＝a×b－a×c
もあります。

$a^n$はaを$n$個かけるという意味。中学校で勉強します。

## ②ひき算とわり算の計算のきまり

ひき算では，ひかれる数とひく数に同じ数をたしても，同じ数をひいても，答えは変わりません。

$\boxed{a-b=(a+c)-(b+c)}$　$53-27=(53+7)-(27+7)=60-34=26$

$\boxed{a-b=(a-c)-(b-c)}$　$53-27=(53-3)-(27-3)=50-24=26$

わり算では，わられる数とわる数に同じ数をかけても，同じ数でわっても，答えは変わりません。

$\boxed{a÷b=(a×c)÷(b×c)}$　$4.2÷0.7=(4.2×10)÷(0.7×10)=42÷7=6$

$\boxed{a÷b=(a÷c)÷(b÷c)}$　$420÷70=(420÷10)÷(70÷10)=42÷7=6$

## 加減乗除が混じった計算

加減乗除が混じった計算では，分配法則を使って，計算をかんたんにできる場合があります。

$\boxed{15.2×1.29-5.2×1.29}$

　－の前と後ろのかけ算に，×1.29があることに注目！分配法則を使って，計算する。

　$15.2×1.29-5.2×1.29$
$=(15.2-5.2)×1.29$
$=10×1.29$
$=12.9$

$\boxed{8×7.5-10×0.75+3×7.5}$

　3つのかけ算に7.5と0.75があることに注目！ 0.75は10倍すれば7.5になる。

　$8×7.5-10×0.75+3×7.5$
$=8×7.5-10×7.5÷10+3×7.5$
　　　　（0.75を10倍して7.5にする。）
$=(8-10÷10+3)×7.5$
$=(8-1+3)×7.5$
$=10×7.5$
$=75$

> 同じ数が見つかれば，計算のきまりを使って，計算をかんたんにすることができるんだね。

算数の言葉を学ぼう

# 計算をかんたんにする

計算をかんたんにできるようにする方法がいろいろあります。

## 特別な数を利用する

25は4倍すると100になり，125は8倍すると1000になります。

$32 \div 25 = (32 \times 4) \div (25 \times 4) = 128 \div 100 = 1.28$

わる数の25を100にするために，わられる数，わる数に4をかける。

$45 \div 0.25 = (45 \times 4) \div (0.25 \times 4) = 180 \div 1 = 180$

わる数の0.25を1にするために，わられる数，わる数に4をかける。

$58 \div 0.125 = (58 \times 8) \div (0.125 \times 8) = 464 \div 1 = 464$

わる数の0.125を1にするために，わられる数，わる数に8をかける。

0.25でわることは4をかけること，0.125でわることは8をかけることと同じです。

$9 \div 0.25 = 9 \div \dfrac{25}{100} = 9 \div \dfrac{1}{4} = 9 \times 4$

$9 \div 0.125 = 9 \div \dfrac{125}{1000} = 9 \div \dfrac{1}{8} = 9 \times 8$

> 5に偶数をかければ，10の倍数になるね。5があったら，偶数をかけることを考えればいいんだね。

## 10の倍数を使う

たしたりひいたりして10の倍数をつくります。

$73 + 48 + 17 + 12 = (73+17) + (48+12) = 90 + 60 = 150$

計算の順番をかえる。

$98 \times 47 = (100-2) \times 47 = 100 \times 47 - 2 \times 47 = 4700 - 94 = 4606$

98は100にあと2の数。　　分配法則を利用する。

## 整数，小数，分数が混じった計算は分数になおす

整数と小数を分数になおしてから計算します。

$0.44 \div \dfrac{22}{25} \times 6 = \dfrac{44}{100} \times \dfrac{25}{22} \times \dfrac{6}{1}$

小数や整数は分数で表し，わり算は逆数をかける。

$= \dfrac{44 \times 25 \times 6}{100 \times 22 \times 1} = 3$

# 大きさの表し方を学ぼう

量と測定　AMOUNT AND MEASURE

## 量は，ものの大きさを表している

量は，ものの大きさのことで，長さ，広さ（面積），かさ（体積），重さ，時間などの量について学びます。

●長さ 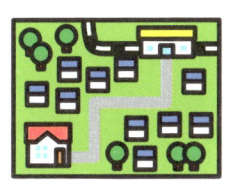
3km
家からいちばん近い駅までの距離は3kmだ。

●広さ
2500m²
公園の広さは2500m²ある。

●かさ 
1.8L
大きいペットボトルには，水が1.8L入っている。

●時刻，時間 
午前10時8分
いまの時刻は，午前10時8分です。

## 量は，測定して求める

測定とは，量の大きさを伝えたり記録したりするために，量を数に置き換えて表すことです。量の大きさは，ものさしやはかりなどの計器で測ったり，計算で求めたりできます。

●重さを測る 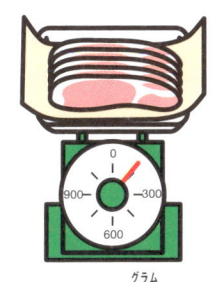
148g
はかりを使って肉の重さを測る。

●およその面積を計算する 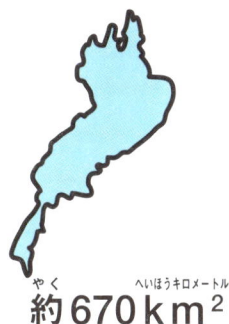
約670km²
大きな面積は概算して，およその面積を求める。

いろいろなものの大きさが数で表せるんだね。

# 量

## 量の表し方や単位について学びます。

### 量を数で表すと，人に伝えたり計算したりできる

量の大きさは，**もとにする大きさ**の何個分（何倍）あるかを数で表します。
量の種類がちがっても，すべて同じ考え方で表すことができます。

> もとにする大きさのことを単位といいます。

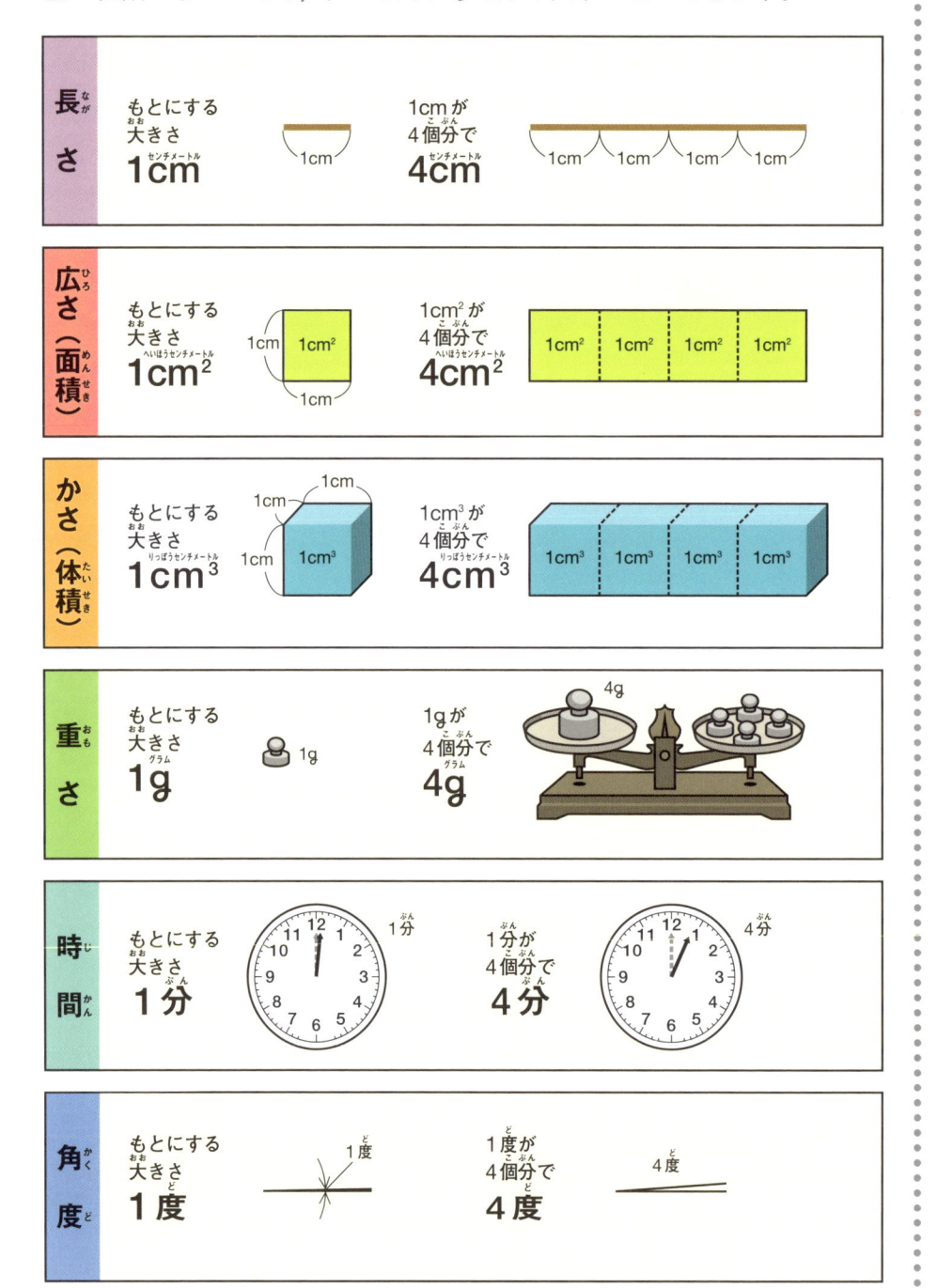

| 長さ | もとにする大きさ **1cm** | 1cmが4個分で **4cm** |
|---|---|---|
| 広さ（面積） | もとにする大きさ **1cm²** | 1cm²が4個分で **4cm²** |
| かさ（体積） | もとにする大きさ **1cm³** | 1cm³が4個分で **4cm³** |
| 重さ | もとにする大きさ **1g** | 1gが4個分で **4g** |
| 時間 | もとにする大きさ **1分** | 1分が4個分で **4分** |
| 角度 | もとにする大きさ **1度** | 1度が4個分で **4度** |

> 角度は，円を360等分した1つ分を1度としています。
> 360度

# 単位の考え～量を比べる

量の比べ方には，いろいろな方法があります。

**直接比べる**

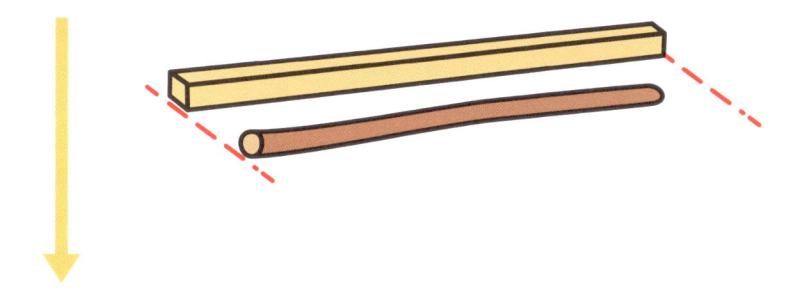

**並べて比べられないときは……**
**間接的に比べる**

**比べる物が遠くにあるときは……**
**同じものをもとにして比べる**

**もとにするものが決まっていれば……**
**みんなが同じ単位で比べる**

100cm² 　30cm 　1L

> 長さは並べて比べれば，どちらが長いかがすぐにわかるね。広さも同じだね。

広さ

**大きさの表し方を学ぼう**

> みんなが同じ単位を使えば，どこの国でも，ものの大きさを比べたり，人に伝えたりすることができるんだね。

55

## 世界で使える単位のルール：メートル法

日本では，メートル法という単位のルールを使って量を表しています。メートル法では，基本単位と補助単位，および組立単位を使って，量を表します。

1kmは，基本単位と補助単位で次のように表されています。

基本単位（長さ）
1km → 1 × 1000 × m = 1000m
補助単位（1000倍）

### 基本単位
長さの基本単位は m，重さは kg，時間は 秒 です。

### 補助単位
基本単位に，大きさを表す補助単位を組みあわせて，いろいろな大きさを表します。

| ミリ | センチ | デシ | 基本 | デカ | ヘクト | キロ |
|---|---|---|---|---|---|---|
| m | c | d |  | da (D) | h | k |
| $\frac{1}{1000}$ | $\frac{1}{100}$ | $\frac{1}{10}$ | 1 | 10倍 | 100倍 | 1000倍 |

> 量の種類によって，基本単位は変わりますが，補助単位は同じものを使います。

## いろいろな単位がメートル法で表されている

種類のことなる量でも，同じしくみで表されています。

| 単位 | ミリ | センチ | デシ | 基本 | デカ | ヘクト | キロ |
|---|---|---|---|---|---|---|---|
|  | m | c | d |  | da (D) | h | k |
| 長さ | mm | cm | (dm) | m | (dam) | (hm) | km |
| 重さ | mg | (cg) | (dg) | g | (dag) | (hg) | kg |
| かさ | mL | (cL) | dL | L | (daL) | (hL) | kL |

$\frac{1}{10}$, $\frac{1}{100}$, $\frac{1}{1000}$ / 10倍, 100倍, 1000倍

> キロキロと，ヘクト出か（デカ）けたメートルが，弟子（デシ）に追われて，センチ，ミリミリ～♪
> 単位をこんなふうに，唱えて覚えるとおもしろいね。

## 組立単位

面積や体積，速さなどの単位は，基本単位を組み立てて表します。

長さの単位　　面積の単位　　体積の単位

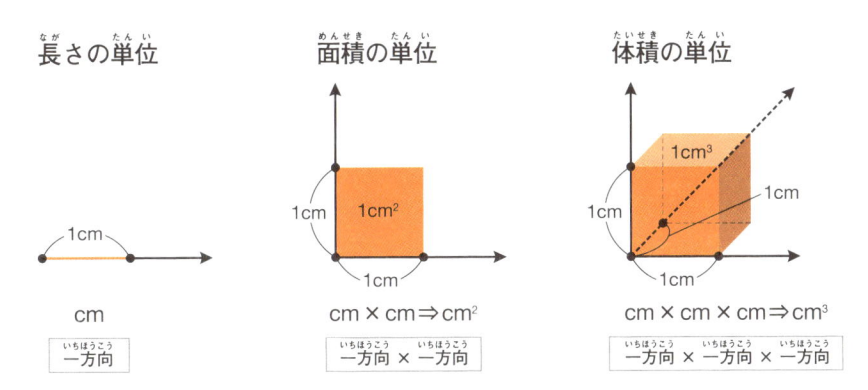

cm　　　cm × cm ⇒ cm²　　　cm × cm × cm ⇒ cm³
一方向　　一方向 × 一方向　　一方向 × 一方向 × 一方向

> 面積は，長さを2つかけるからcm²，m²のように「2」がついて，体積は長さを3つかけるからcm³，m³のように「3」がつくんだね。

大きさの表し方を学ぼう

### メートル法のはじまり　　ひろがる算数

昔は，単位のとり方が国によってちがっていたので，同じルールを決めようとしてできたのが「メートル法」です。

メートル法を使っている国は，「メートル条約」に加盟しています。日本は1885年に加盟し，国内ではその後，特別な場合を除いてメートル法を使わなくてはいけないとする「計量法」という法律もできました。メートル法で定められた「1m」「1kg」は，フランスが決めたものです。

1mは，地球の子午線の極から赤道までの長さの千万分の1の実測値（地球一周の $\frac{1}{4000万}$ にあたる）。

1kgは，4℃の水1dm³の重さ。1dm³ は 1000cm³。

### 長さと重さのもとになるもの，メートル原器とキログラム原器

物の長さや重さは，温度によって変わります。

たとえば，1mの鉄の棒をつくっても，気温が高い場所に置くと，1mではなくなってしまいます。重さも同じように，重力によって変わってしまいます。そこで，いつも正しく1mや1kgを表すものがつくられました。正しい「1m」を表すものは「メートル原器」，正しい「1kg」を表すものは「キログラム原器」といいます。さらに現在は，1mを変化しないもので表すために，真空の中で測った，ある物質の光の波長をもとに決められています。

キログラム原器
メートル原器

> 「サイエンス・スクエア つくば」で，国の標準となる量の単位を測る装置を見ることができます。

写真提供／独立行政法人 産業技術総合研究所（メートル原器、キログラム原器）

## 長さの表し方

長さとは、点から点の間の大きさのことです。

長さは、1cmの長さが何個分（何倍）あるかで表します。

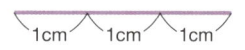

1cmの長さが3個分あるので、線の長さは3cm。

cmは、長さの単位の1つだよ。

### アメリカでは、ヤード・ポンド法を使う　ひろがる算数

アメリカでは、メートル法ではなく、主にヤード・ポンド法が使われています。

ヤード・ポンド法では、長さでヤード、重さでポンドを基本単位として表します。現在は、アメリカを中心に使われていますが、日本でもアメリカと関係が深いところでは、まだ使われています。

テレビの画面サイズ　19インチ

ゴルフの距離　520ヤード

ボクシングのグローブの重さ（両方で）　16オンス

石油タンクローリーの積載量　10000ガロン

| | | |
|---|---|---|
| 長さ | 1インチ | $\frac{1}{12}$ 国際フィート |
| | 1国際フィート | 0.3048m |
| | 1ヤード | 0.9144m |
| | 1マイル | 5280国際フィート |
| 面積 | 1平方フィート | 0.09290304 m² |
| | 1平方ヤード | 9平方フィート |
| | 1平方マイル | 5280平方フィート |
| | 1エーカー | 4840平方ヤード |
| 体積 | 1パイント | $\frac{1}{8}$ ガロン |
| | 1クオート | $\frac{1}{4}$ ガロン |
| | 1ガロン | 3.785412L |
| | 1バレル | 36ガロン |
| 重さ | 1オンス | $\frac{1}{16}$ ポンド |
| | 1ポンド | 0.45359237kg |

# 長さの単位とその関係

長さの単位には，mm，cm，m，km などがあります。
長いものを表すときは大きい単位を，短いものを表すときには
小さい単位を使います。

mmの世界　　cmの世界　　dmの世界　　mの世界　　kmの世界

長さと単位の関係

| 長さ | mm | cm | (dm) | m | (dam) | (hm) | km |
|---|---|---|---|---|---|---|---|
| 倍 | $\frac{1}{1000}$ | $\frac{1}{100}$ | $\frac{1}{10}$ | 1 | 10 | 100 | 1000 |

1cm = 10mm
1m ＝ 100cm = 1000mm
1km = 1000m = 100000cm = 1000000mm

> 100m競走を10000cm競走と表すとマラソンのように見えるね。量に合わせた単位を使わないと，0がたくさんついて，意味が伝わらないね。

大きさの表し方を学ぼう

## 身のまわりにある長さの単位　　ひろがる算数

ものさしがなくても，身のまわりにあるもので長さを測ることができます。

●硬貨で長さを測る。
一円玉の直径は 2cm
五円玉の穴の直径は 5mm
五十円玉の穴の直径は 4mm

●お札で長さを測る。
千円札の長い方の辺は 15cm
一万円札の長い方の辺は 16cm
※お札の短い方の辺は
すべて 76mm で同じです。

●新聞紙で長さを測る。
新聞紙の対角線はおよそ 1m

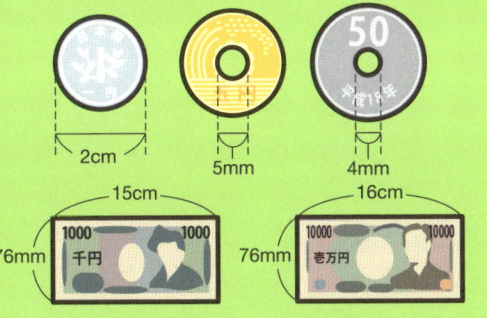

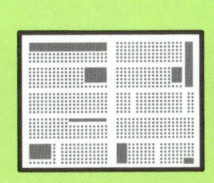

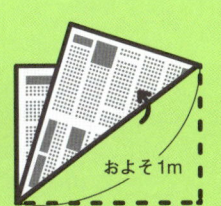

およそ1m

59

## 長さを表す言葉

長さを表すものによって，言葉が変わります。

### 道などの長さを表す言葉

距離 ⇒ まっすぐに測った長さ
道のり ⇒ 道にそって測った長さ

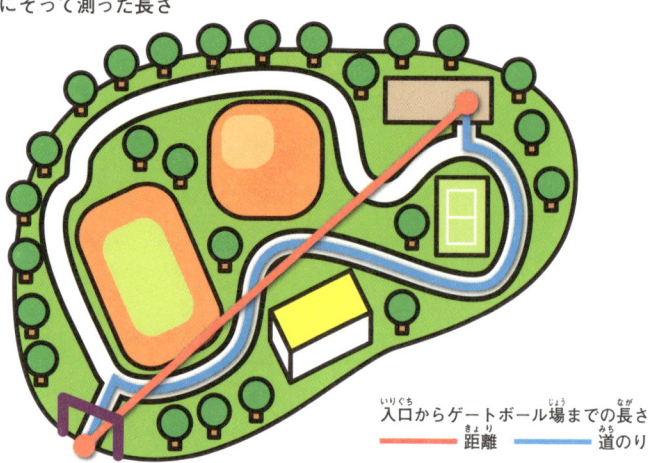

入口からゲートボール場までの長さ
― 距離　― 道のり

> くねくねした道は，くねくねにそって測った長さが道のりです。

### 昔の長さの単位　　ひろがる算数

日本で1958年に「計量法」が改正される前に使われていたのが，「尺貫法」です。現在でも，特に建築や人形や着物などの伝統産業では，尺貫法が使われています。

| | | |
|---|---|---|
| 毛 | 1毛 | = 約0.0303mm |
| 厘 | 1厘 | = 約0.303mm |
| 分 | 1分 | = 約3.03mm |
| 寸 | 1寸 | = 約3.03cm |
| 尺 | 1尺 = 10寸 | = 約30.3cm |
| 間 | 1間 = 6尺 | = 約1.818m |
| 丈 | 1丈 = 10尺 | = 約3.03m |
| 町 | 1町 = 60間 | = 約109.09m |
| 里 | 1里 = 36町 | = 約3927m |

一里塚（東京都町田市内）

尺貫法が使われていた昔の物を身近なところで見ることができます。

一里塚とは，1里ごとに置かれた目印です。一里塚が全国に置かれるようになったのは，いまから400年以上前です。昔は，旅行をするときなどに，一里塚によってどこまで来たのか，どこにいるのかを知ることができました。旅をする人が一里塚で休めるように，大きな木が植えてあったりしたそうです。このように尺貫法が使われていた昔の物を身近なところで見ることができます。

> ホールケーキのサイズは「3号，4号，5号」など，「号」を使うね。号は寸と大体同じだから，1号は約3cmだよ。3号のケーキは，直径約9cmだね。
>
> 3号
> 約9cm

# 図形の長さを表す言葉

図形の長さを表す言葉は，すべて辺を表しています。

たて，横，一辺 ⇒ 平面図形・立体図形の長さの一部
高さ ⇒ 平面図形・立体図形の長さの一部

**長方形** — たて，横
**正方形** — 一辺
**立方体** — 一辺
**三角形** — 高さ，底辺
**直方体** — たて，横，高さ

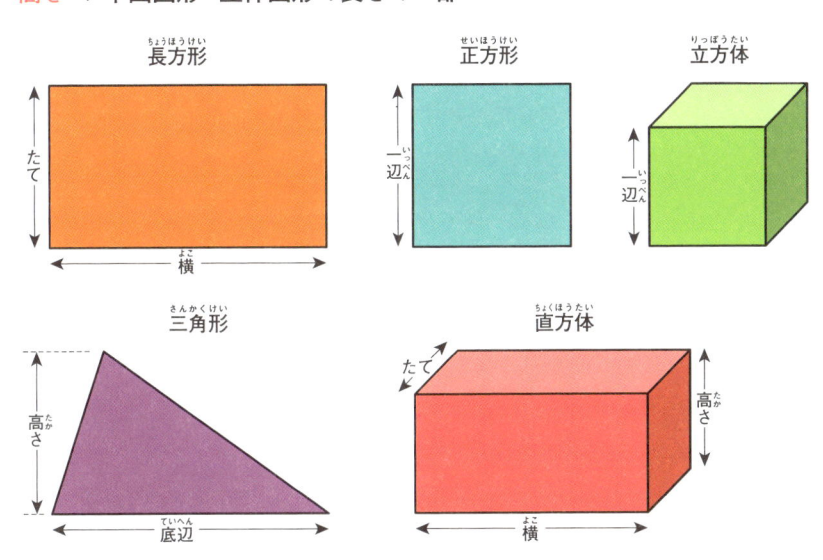

半径，直径，円周 ⇒ 円や球の長さの一部

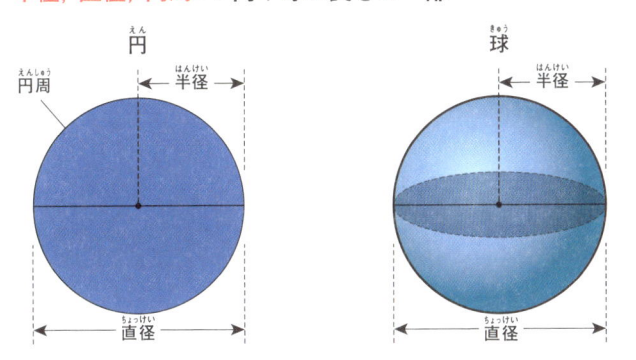

**円** — 円周，半径，直径
**球** — 半径，直径

深さ ⇒ 入れ物の内側の高さ

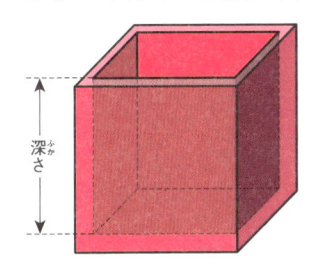

入れ物の内側の長さのことを内法といいます。

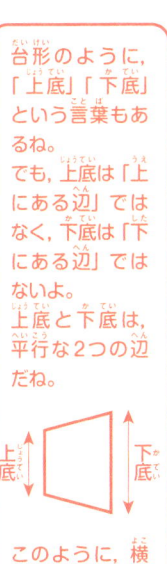

---

大きさの表し方を学ぼう

台形のように，「上底」「下底」という言葉もあるね。
でも，上底は「上にある辺」ではなく，下底は「下にある辺」ではないよ。
上底と下底は，平行な2つの辺だね。

上底／下底

このように，横にあっても，上底と下底だよ。

61

## 広さ（面積）の意味

広さは，たてと横の2方向でかこまれた大きさです。
広さを数で表したものを **面積** といいます。

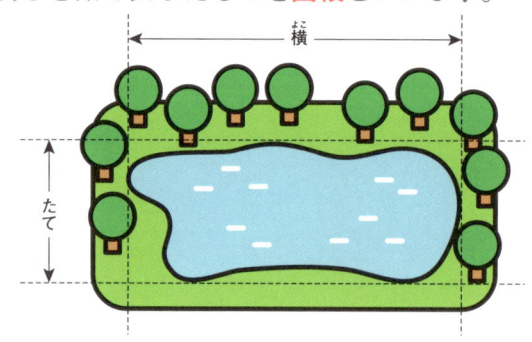

## 面積の表し方

面積は，一辺が1cmの正方形の面積を1cm²として，その何個分あるかで表します。

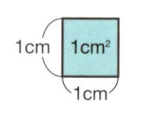

1cm²の正方形が12個あるから，長方形の面積は12cm²

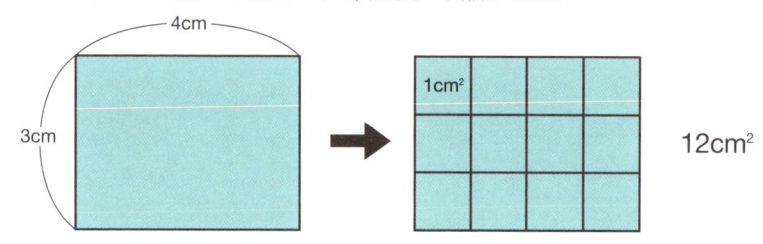

12cm²

1cm²の正方形が8個あるから，この形の面積は8cm²

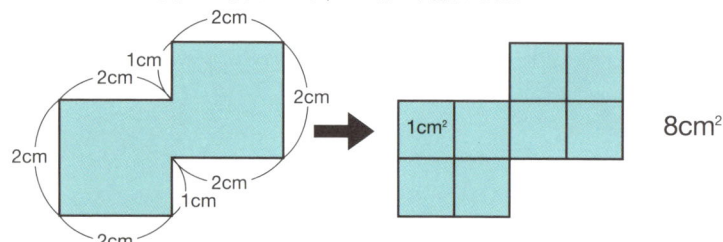

8cm²

大きな面積を表すときは，一辺が1mの正方形（1m²）や一辺が1kmの正方形（1km²）を使います。

1m²の正方形が12個あるから，長方形の面積は12m²

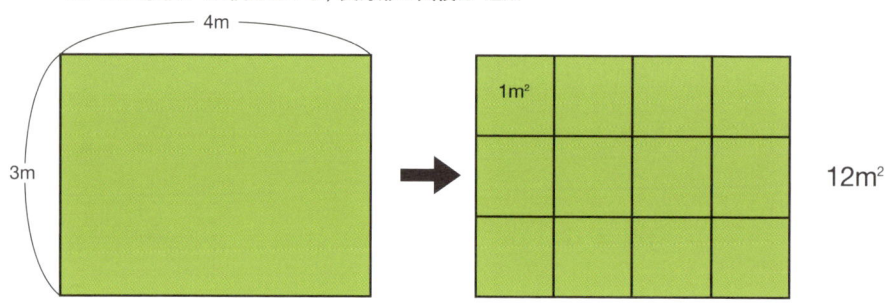

12m²

> 面積も，単位のいくつ分かで表すので，長さの表し方と同じです。

## 面積の単位とその関係

面積の単位には，mm² (平方ミリメートル)，cm² (平方センチメートル)，dm² (平方デシメートル)，m² (平方メートル)，a (アール) (＝dam²) (平方デカメートル)，
ha (ヘクタール) (＝hm²) (平方ヘクトメートル)，km² (平方キロメートル) などがあります。
広いものを表すときは大きい単位を，せまいものを表すときには小さい単位を使います。

mm²の世界　　　cm²の世界　　　m²の世界

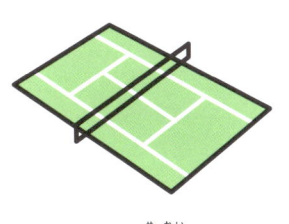

aの世界 　　　haの世界　　　km²の世界

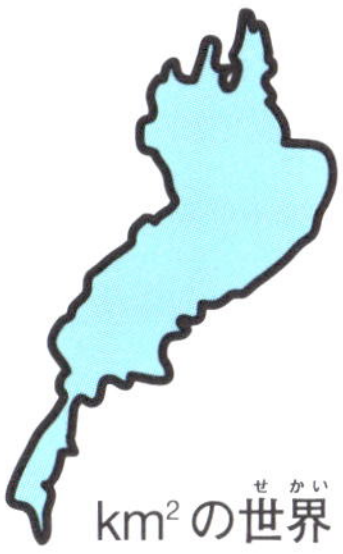

大きさの表し方を学ぼう

面積と単位の関係

| 面積 | mm² | cm² | dm² | m² | a | ha | km² |
|---|---|---|---|---|---|---|---|
| 長さとの関係 | 1mm×1mm | 1cm×1cm | 10cm×10cm | 1m×1m | 10m×10m | 100m×100m | 1km×1km |
| 倍 | $\frac{1}{1000000}$ | $\frac{1}{10000}$ | $\frac{1}{100}$ | 1 | 100 | 10000 | 1000000 |

1cm² ＝ 100mm²

1m²　＝ 10000cm²　＝ 1000000mm²

1km² ＝ 1000000m² ＝ 10000000000cm² ＝ 1000000000000mm²

## 図形の面積を求める

面積を求める形に，一辺が1cmの正方形が入る数を求めます。長方形や正方形などの，形が決まっている図形では面積の求め方を公式として表すことができます。

## 長方形の面積を求める

長方形に並ぶ1cm²の正方形の数は，長方形のたてと横の辺の長さをかけた数と同じです。

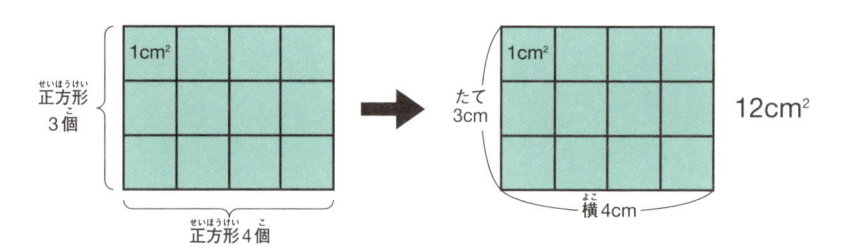

正方形3個／正方形4個 → たて3cm，横4cm，12cm²

面積の求め方を図や式で説明できることが大切です。

### 長方形の面積公式

長方形の面積を求める公式は，

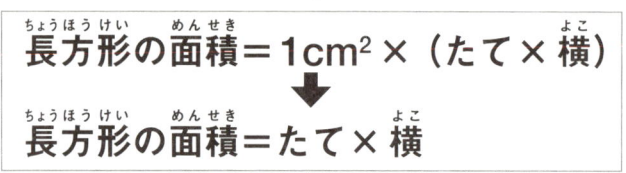

長方形の面積＝1cm²×（たて×横）
↓
長方形の面積＝たて×横

1をかけても計算の答えは変わらないので，たて×横として計算します。

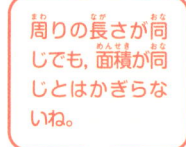

次の長方形の面積を求めましょう。

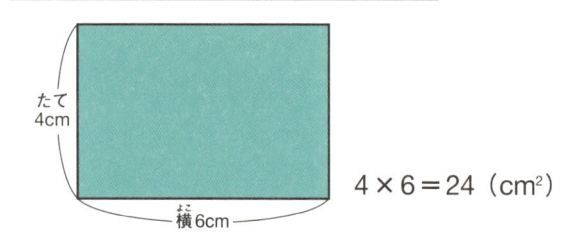

たて4cm，横6cm

$4 × 6 = 24 (cm^2)$

### 面積と周りの長さ　　ひろがる算数

たて4cm，横6cmの長方形と一辺が5cmの正方形があります。
周りの長さは同じですが，面積はどちらが大きいでしょう。

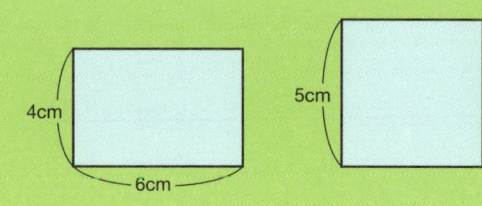

長方形の面積
$4 × 6 = 24 (cm^2)$
正方形の面積
$5 × 5 = 25 (cm^2)$
答え　正方形の方が大きい。

周りの長さが同じでも，面積が同じとはかぎらないね。

## 正方形の面積を求める

正方形に並ぶ1cm²の正方形の数は、正方形の一辺と一辺の長さをかけた数と同じです。

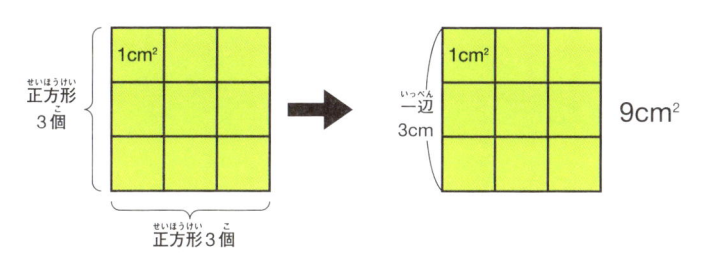

> 正方形は、一辺の長さだけわかればいいんだね。

### 正方形の面積公式

正方形の面積を求める公式は、

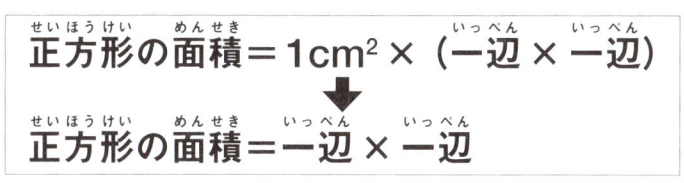

$$正方形の面積 = 1cm^2 \times (一辺 \times 一辺)$$
↓
$$正方形の面積 = 一辺 \times 一辺$$

> 1をかけても計算の答えは変わらないので、一辺×一辺として計算します。

次の正方形の面積を求めましょう。

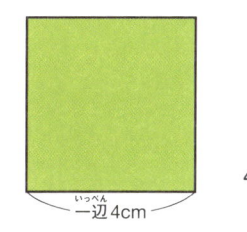

一辺4cm

$4 \times 4 = 16 (cm^2)$

## 複合図形の面積を求める

長方形を組み合わせたような複合図形では、長方形の面積公式が使えるように、いくつかの長方形に分けることを考えます。いろいろな分け方が考えられるので、複合図形の面積はいろいろな求め方ができます。

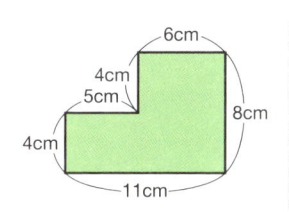

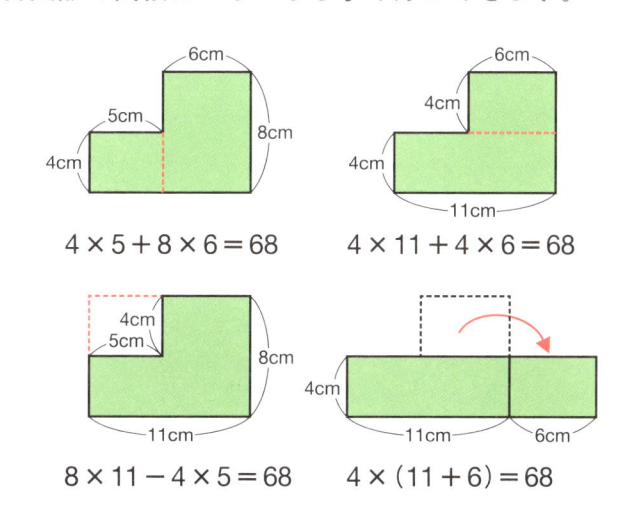

$4 \times 5 + 8 \times 6 = 68$

$4 \times 11 + 4 \times 6 = 68$

$8 \times 11 - 4 \times 5 = 68$

$4 \times (11 + 6) = 68$

> どれも、たて2か所、横2か所の長さを使えば、面積が求められます。

大きさの表し方を学ぼう

# 三角形や四角形の面積を求める

知っていることを使えば，新しい形が出てきても，面積を求めることができます。

## 平行四辺形の面積を求める

平行四辺形を長方形や三角形に変えて考えます。

長方形の面積の求め方から，平行四辺形の面積の求め方を考える。

ななめのところを切って動かせば，長方形になる。

たて 4cm
高さ 4cm
横 6cm
底辺 6cm

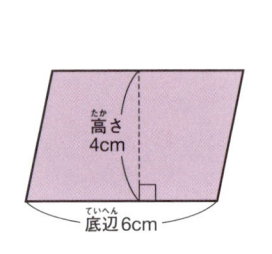

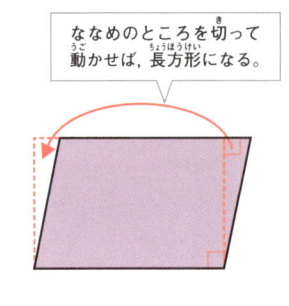

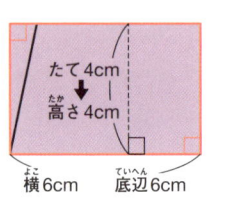

> 平行四辺形の面積は，形を変えると長方形の面積と同じと考えられます。

三角形の面積の求め方から，平行四辺形の面積の求め方を考える。

対角線で分ければ，同じ三角形2つ分になる。

底辺 6cm
高さ 4cm

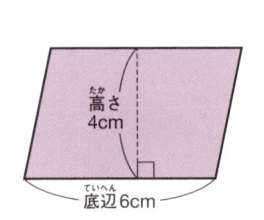

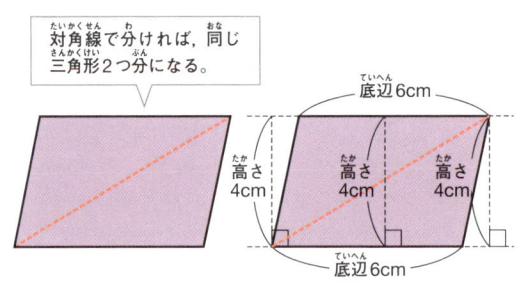

> 平行四辺形の面積は，同じ三角形の面積2つ分と考えられます。

### 平行四辺形の面積公式

平行四辺形の面積を求める公式は，

**平行四辺形の面積 ＝ 底辺 × 高さ**

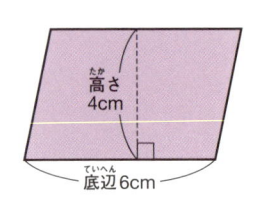

高さ 4cm
底辺 6cm

$6 × 4 = 24 \,(\text{cm}^2)$

> 図形の外に出ても，「高さ」です。

66

# 三角形の面積を求める

三角形を長方形や平行四辺形に変えて考えます。

長方形の面積の求め方から、三角形の面積の求め方を考える。

頂点から垂直におろした線で囲むと、三角形の2倍の大きさの長方形になる。

高さ4cm／底辺5cm

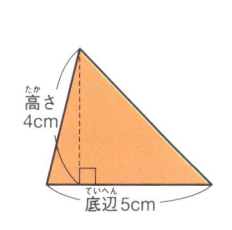

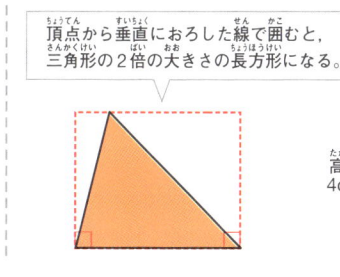

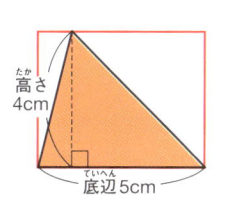

平行四辺形の面積の求め方から、三角形の面積の求め方を考える。

同じ三角形を2つ組み合わせると、平行四辺形になる。

高さ4cm／底辺5cm

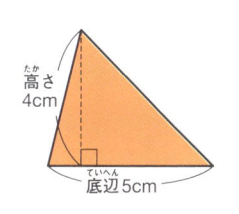

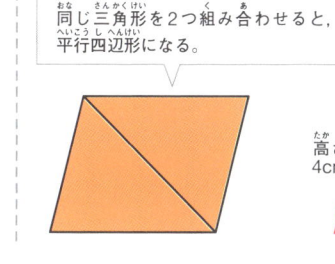

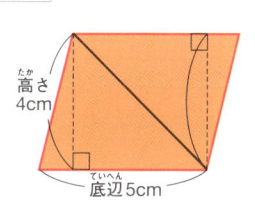

## 三角形の面積公式

三角形の面積を求める公式は、

> 三角形の面積＝底辺×高さ÷2

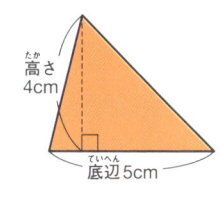

高さ4cm／底辺5cm

$5 \times 4 \div 2 = 10$ (cm²)

---

### 面積の求め方を式で説明する　ひろがる算数

三角形の面積の求め方は、次のように式で説明することができます。

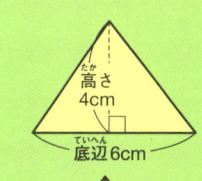

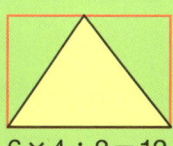

高さ4cm／底辺6cm

$6 \times 4 \div 2 = 12$
①面積を2倍にする

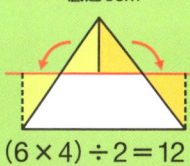

$(6 \times 4) \div 2 = 12$
②高さを半分にする

$6 \times (4 \div 2) = 12$
③底辺を半分にする

---

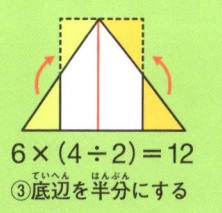

直角三角形の面積は、長方形の面積の半分だね。

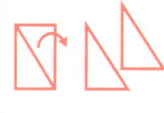

## 大きさの表し方を学ぼう

三角形の面積は、長方形の面積の半分と考えられます。

三角形の面積は、平行四辺形の面積の半分と考えられます。

面積を倍にすることを倍積変形、面積を変えずに形を変えることを等積移動とか、等積変形といいます。

# 台形の面積を求める

台形を平行四辺形や三角形に変えて考えます。

平行四辺形の面積の求め方から，台形の面積の求め方を考える。

同じ台形を2つ組み合わせると，平行四辺形になる。(倍積変形)

台形の面積は，大きな平行四辺形の面積の半分と考えられます。

三角形の面積の求め方から，台形の面積の求め方を考える。

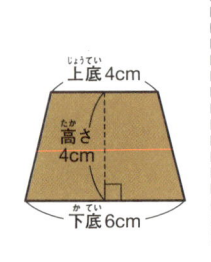

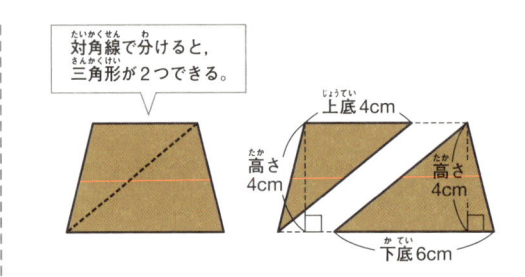

対角線で分けると，三角形が2つできる。

台形の面積は，2つの三角形の面積の和と考えられます。

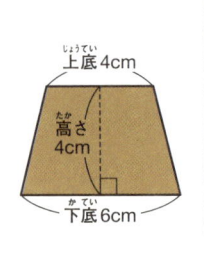

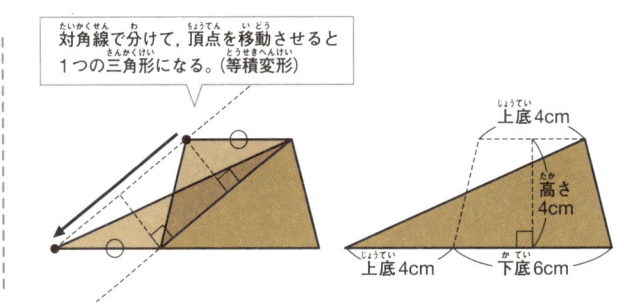

対角線で分けて，頂点を移動させると1つの三角形になる。(等積変形)

台形の面積は，大きな三角形の面積と同じと考えられます。

## 台形の面積公式

台形の面積を求める公式は，

$$台形の面積 = (上底 + 下底) \times 高さ \div 2$$

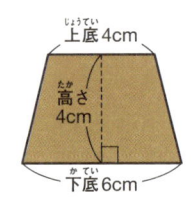

$(4 + 6) \times 4 \div 2 = 20 \, (cm^2)$

## ひし形の面積を求める

ひし形を長方形や三角形に変えて考えます。

長方形の面積の求め方から、ひし形の面積の求め方を考える。

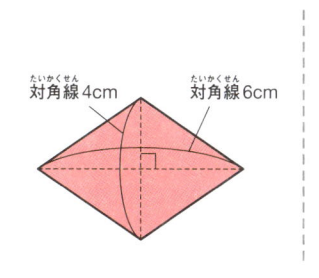

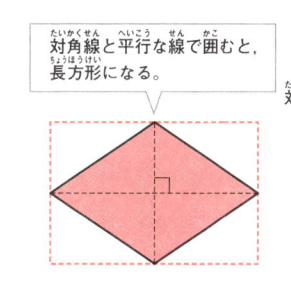

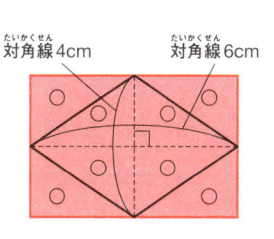

対角線と平行な線で囲むと、長方形になる。

対角線4cm　対角線6cm

> ひし形の面積は、長方形の面積の半分と考えられます。

三角形の面積の求め方から、ひし形の面積の求め方を考える。

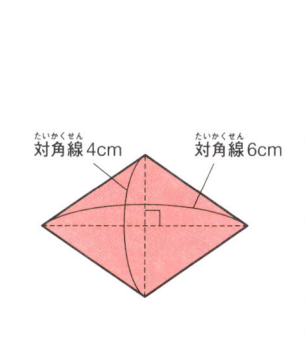

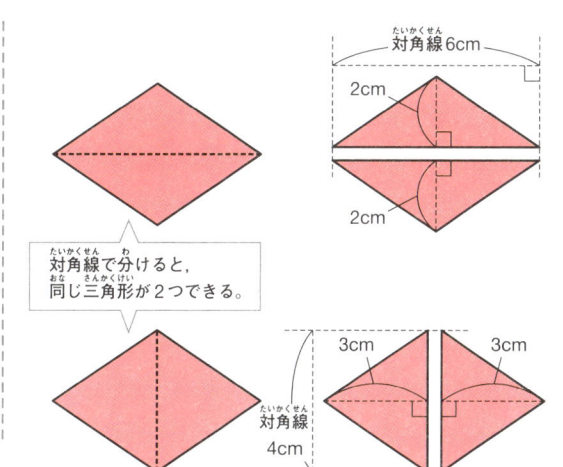

対角線で分けると、同じ三角形が2つできる。

対角線4cm　対角線6cm

対角線6cm
2cm
2cm

対角線
4cm

3cm　3cm

> ひし形の面積は、三角形の面積2つ分と考えられます。

### ひし形の面積公式

ひし形の面積を求める公式は、

**ひし形の面積＝対角線（A）×対角線（B）÷2**

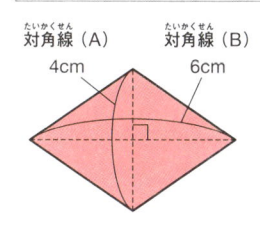

対角線（A）4cm　対角線（B）6cm

$4 × 6 ÷ 2 = 12 \,(cm^2)$

大きさの表し方を学ぼう

# いろいろな多角形の面積を求める

**ひろがる算数**

どんな多角形でも、公式のある形になおすと、簡単に面積が求められます。

● 正五角形の面積を求める

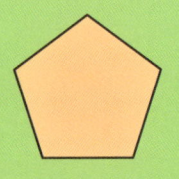

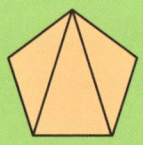

三角形と台形に分ける　　三角形に分ける

● 正六角形の面積を求める

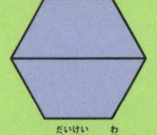

2つの台形に分ける　　三角形に分ける

● 基本の図形ではない四角形も、三角形に変形して面積を求められます。

次の四角形の面積を求めましょう。

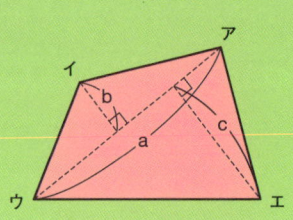

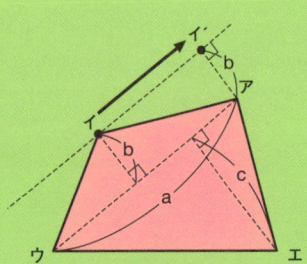

> 角の数が増えても、三角形や四角形に分ければいいんだね。

**頂点イを移動する。**
頂点イを通り、対角線アウに平行な直線をひく。この直線に頂点アから垂直な線をひき、その交点にイを移動する。

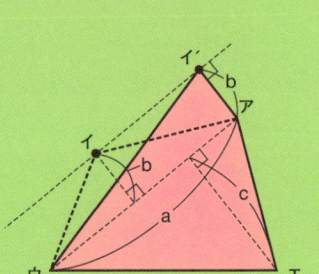

**移動しても面積は同じ。**
三角形アイウと三角形アイ´ウは底辺がaで、高さはbなので、面積は同じ。

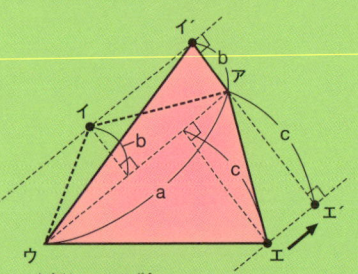

**頂点エを移動する。**
同じように、頂点エを移動する。

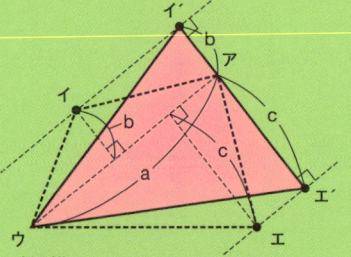

**三角形イ´ウエ´ができる。**
イ´アの長さはb、エ´アの長さはcと等しいので、
三角形イ´ウエ´の面積＝（b＋c）×a÷2
となる。

> 四角形を三角形に変えられるから、a、b、cの長さがわかれば、どんな四角形でも面積が求められるね。

# 面積は,「たて」と「横」の長さをかける　ひろがる算数

いろいろな四角形を長方形に変えて, それぞれの面積を求めました。
逆に, 長方形から形を変えると, それぞれの四角形は垂直に交わる
2つの方向の長さをかけて求めていることがわかります。

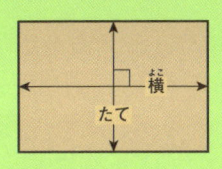

長方形を変形させたときに,
たてと横の長さがどこにあたるのかをみる。

● 平行四辺形に変形

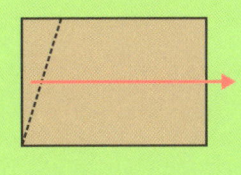

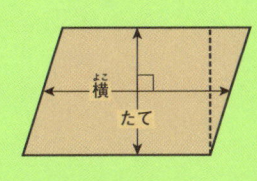

たての長さは高さに,
横の長さは底辺の長さとなる。

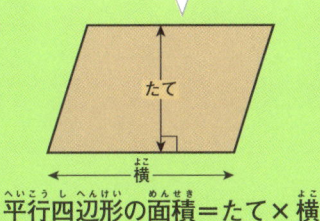

平行四辺形の面積＝たて×横

● 三角形に変形

たての長さは高さに,
横の長さの2倍が底辺の長さとなる。

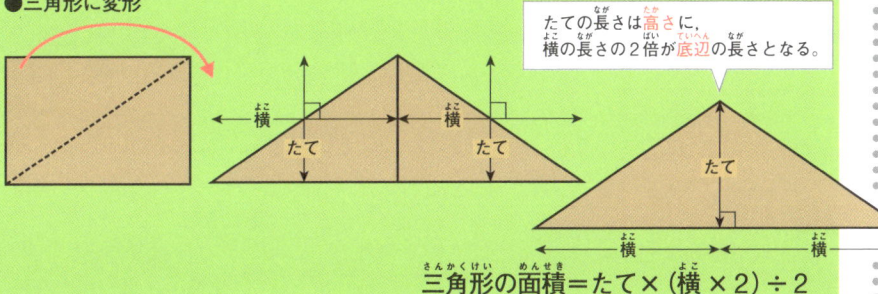

三角形の面積＝たて×(横×2)÷2

● 台形に変形

たての長さは高さに, 横の長さは
上底と下底をたして, 2でわった長さとなる。

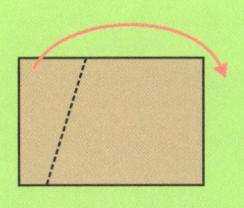

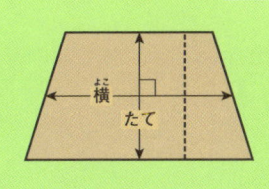

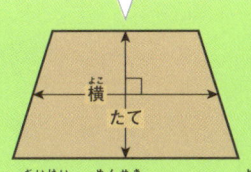

台形の面積＝たて×横

● ひし形に変形

たての長さと横の長さは
対角線の長さとなる。

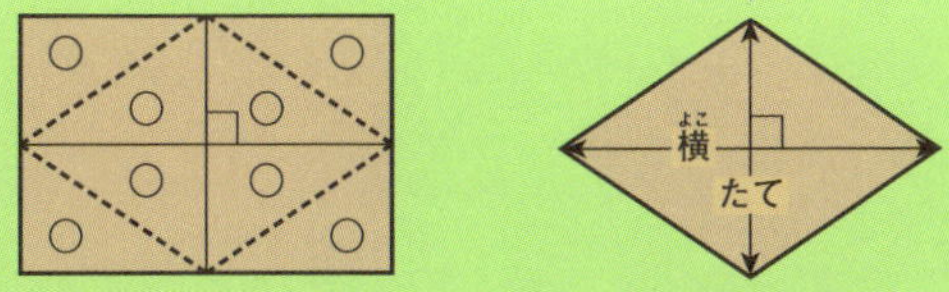

ひし形の面積＝たて×横÷2

大きさの表し方を学ぼう

長方形を等積変形すると, いろいろな多角形ができます。だから, 長方形の面積公式を使って, いろいろな多角形の面積が求められるのです。

## 円の面積を求める

円を平行四辺形に変えて考えます。

平行四辺形の面積の求め方から、円の面積の求め方を考える。

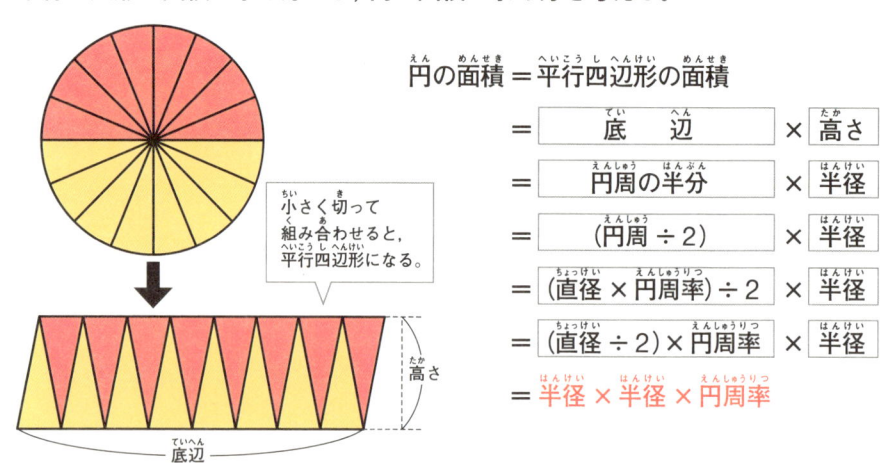

小さく切って組み合わせると、平行四辺形になる。

円の面積 ＝ 平行四辺形の面積
 ＝ 底辺 × 高さ
 ＝ 円周の半分 × 半径
 ＝ (円周 ÷ 2) × 半径
 ＝ (直径 × 円周率) ÷ 2 × 半径
 ＝ (直径 ÷ 2) × 円周率 × 半径
 ＝ 半径 × 半径 × 円周率

> 円の面積は、平行四辺形の面積と同じと考えられます。

> 円を分ければ分けるほど、底辺は直線に近くなるんだね。

### 円の面積公式

円の面積を求める公式は、

**円の面積 ＝ 半径 × 半径 × 円周率**

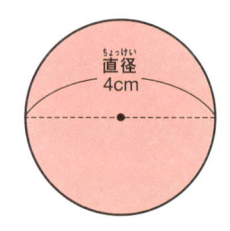

直径4cm

半径は、直径の半分だから
$4 ÷ 2 = 2$
円周率を3.14とすると、円の面積は
$2 × 2 × 3.14 = 12.56$ (cm$^2$)

### もう1つの円の面積公式　ひろがる算数

円の面積公式は、半径と円周率を使って円の面積を求めています。
この「半径」を直径で表すと、もう1つの円の面積公式ができます。

円の面積 ＝ 半径 × 半径 × 円周率
 ＝ (直径 ÷ 2) × (直径 ÷ 2) × 円周率
 ＝ 直径 × 直径 × 円周率 ÷ 2 ÷ 2
 ＝ 直径 × 直径 × 円周率 ÷ 4

円周率を3.14とすると、円周率 ÷ 4 は 0.785 になります。

もう1つの公式　**円の面積 ＝ 直径 × 直径 × 円積率**

円積率とは、円の面積が、円に外接する正方形の面積の78.5％とみられることを表しています。

4cm　78.5%
正方形の面積　　　　　　　　　　　　 $4 × 4 = 16$
円の面積 (半径は2cm)　　　　　　　　 $2 × 2 × 3.14 = 12.56$
円の面積の正方形の面積に対する割合　 $12.56 ÷ 16 = 0.785$

> 円に外接する正方形とは、円がぴったりおさまるように囲んでいる正方形を表しています。

## おうぎ形の面積を求める

おうぎ形は，円のどれだけにあたるかを考えます。おうぎ形の面積の，円全体の面積に対する割合は，中心角の割合と同じです。

円（割合 1）

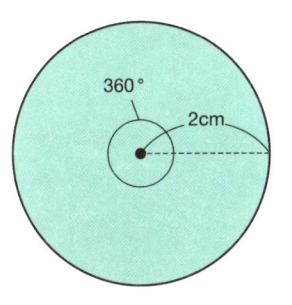

360°
2cm

$2 × 2 × 3.14 = 12.56$ （cm²）

円の半分（割合 $\frac{1}{2}$）

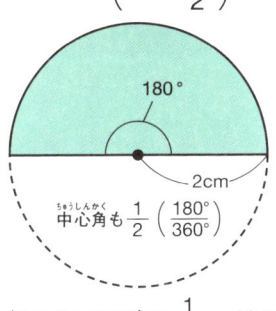

180°
2cm
中心角も $\frac{1}{2}\left(\frac{180°}{360°}\right)$

$(2 × 2 × 3.14) × \frac{1}{2} = 12.56 × \frac{1}{2}$
$= 6.28$ （cm²）

> おうぎ形の2つの半径がつくる角のことを中心角といいます。

円の $\frac{1}{4}$

90°
2cm
中心角も $\frac{1}{4}\left(\frac{90°}{360°}\right)$

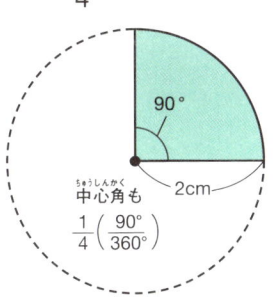

$(2 × 2 × 3.14) × \frac{1}{4} = 12.56 × \frac{1}{4}$
$= 3.14$ （cm²）

> おうぎ形の面積は，円の面積に中心角の割合をかけるんだね。

中心角の割合 ＝ $\dfrac{中心角}{360°}$

### おうぎ形の面積公式

おうぎ形の面積を求める公式は，円の面積×中心角の割合なので，

**おうぎ形の面積＝半径×半径×円周率×中心角の割合**

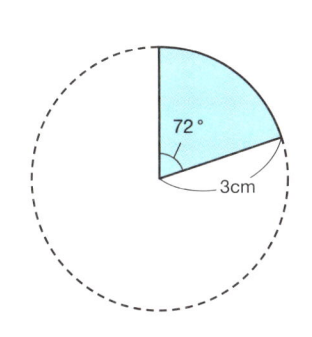

72°
3cm

$(3 × 3 × 3.14) × \dfrac{72°}{360°} = \dfrac{3 × 3 × 3.14 × \overset{1}{72}}{\underset{5}{360}}$
$= 5.652$ （cm²）

大きさの表し方を学ぼう

## かさ・体積を表す

水などの量のことを**かさ（嵩）**といいます。かさのことを**体積**ともいいます。体積はものの大きさのことです。

## かさの表し方

1mL，1dL，1Lが，何ばい分あるかでかさを表します。

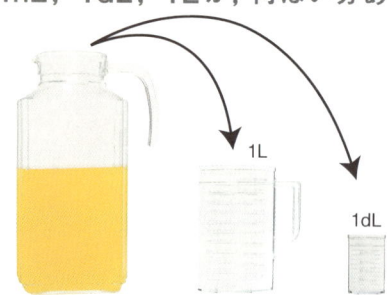

> かさも体積も，単位のいくつ分かで表すので，長さや面積の表し方と同じです。表し方のルールも同じメートル法で表します。

## 体積の表し方

一辺が1cmの立方体の体積を1cm³として，その何個分あるかで体積を表します。箱の形や階段のような形の体積を立方体の数で表すことができます。

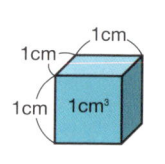

1cm³の立方体が16個あるから，
直方体の体積は16cm³

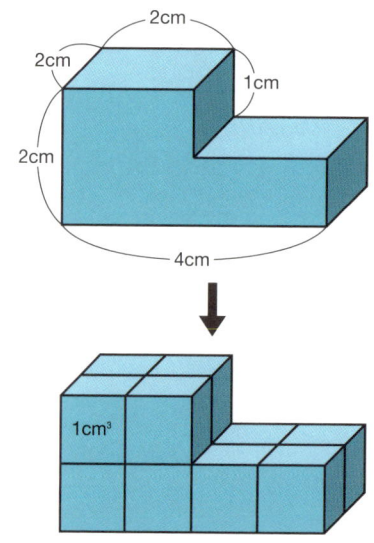

1cm³の立方体が12個あるから，
立体の体積は12cm³

# かさの単位とその関係

かさの単位には，mL，cL，dL，L，kL などがあります。cc を使う場合もあります。大きいものを表すときは大きい単位を，小さいものを表すときには小さい単位を使います。

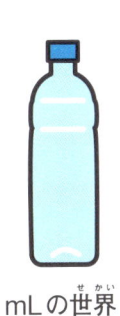

mLの世界

cLの世界

dLの世界

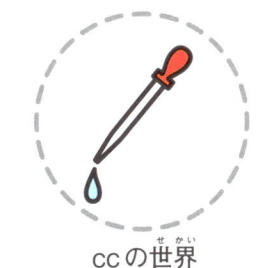

Lの世界

kLの世界

ccの世界

**大きさの表し方を学ぼう**

● かさの単位の関係

| 単位 | mL | cL | dL | L | (daL) | (hL) | kL |
|---|---|---|---|---|---|---|---|
| 倍 | $\frac{1}{1000}$ | $\frac{1}{100}$ | $\frac{1}{10}$ | 1 | 10 | 100 | 1000 |

1cc = 1mL
1cL = 10mL
1dL = 10cL = 100mL
1L = 10dL = 1000mL

## 身のまわりにあるかさ，体積の単位　　ひろがる算数

お米やお酒の量は，合や升を使って表します。

合や升は，昔から使っている単位で，それぞれ次のような関係になっています。米1合は約180mL，酒1升は約1.8Lです。

10倍　10倍　10倍　10倍

| 単位 | 石 | 斗 | 升 | 合 | 勺 |
|---|---|---|---|---|---|
| 使用例 | 大人1人が一年間に食べる米の量 | 油などを入れる金属の缶 | 酒や醤油などを入れる大きいビン | 酒を入れる小さいとっくり | 小さめの木のマス |
| Lとの関係 | 約180L | 約18L | 約1.8L | 約180mL | 約18mL |

75

## 体積の単位とその関係

mm³, cm³, dm³, m³, km³ があります。大きいものを表すときは大きい単位を，小さいものを表すときには小さい単位を使います。

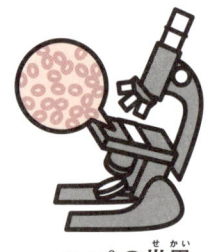

mm³の世界

cm³の世界

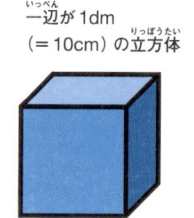

dm³の世界 （一辺が1dm（＝10cm）の立方体）

1dm³は，1Lのかさです。

m³の世界

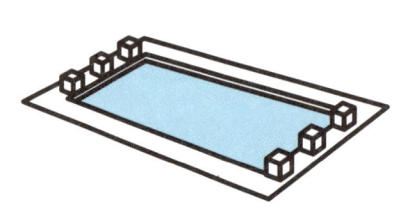

km³の世界

● 体積と単位の関係

| 体積 | mm³ | cm³ | m³ | km³ |
|---|---|---|---|---|
| 長さとの関係 | 1mm×1mm×1mm | 1cm×1cm×1cm | 1m×1m×1m | 1km×1km×1km |
| 倍 | $\frac{1}{1000000000}$ | $\frac{1}{1000000}$ | 1 | 1000000000 |

1cm³ ＝ 1000mm³

1m³ ＝ 1000000cm³ ＝ 1000000000mm³

1km³ ＝ 1000000000m³ ＝ 1000000000000000cm³ ＝ 1000000000000000000mm³

### cm³とccは同じ

**ひろがる算数**

Lの単位とm³の単位の関係は次のようになっています。

| $\frac{1}{1000}$ | $\frac{1}{100}$ | $\frac{1}{10}$ | 1 | 10 | 100 | 1000 |
|---|---|---|---|---|---|---|
| mL (cc) | cL | dL | L | daL | hL | kL |
| cm³ | | | (dm³) | | | m³ |

1cm³＝1ccです。2つの単位を英語で表すと，ccはcubic centimeterでcubicは立方，3乗（同じ数を3回かける）という意味です。

cm³はcenti meterの3乗なので，ccとcm³は同じ意味を表しているのです。

## 図形の体積を求める

体積を求める形に，一辺が1cmの立方体が入る数を求めます。
直方体や立方体などの，形が決まっている図形は体積の求め方を公式として表すことができます。

## 直方体の体積を求める

直方体に並ぶ1cm³の立方体の数は，直方体のたて，横，高さの辺の長さをかけた数と同じです。

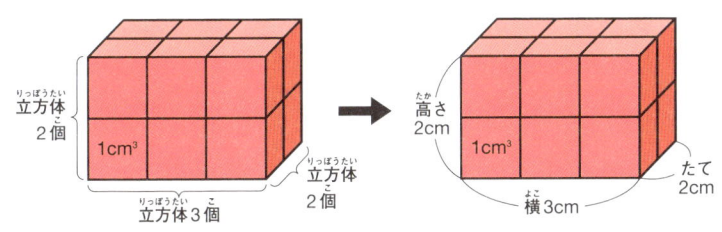

$2 \times 3 \times 2 = 12$ (cm³)

### 直方体の体積公式

直方体の体積を求める公式は，

**直方体の体積＝1cm³×（たて×横×高さ）**

↓

**直方体の体積＝たて×横×高さ**

> 1をかけても計算の答えは変わらないので，たて×横×高さとして計算します。

## 立方体の体積を求める

立方体に並ぶ1cm³の立方体の数は，立方体の一辺の長さを3つかけた数と同じです。

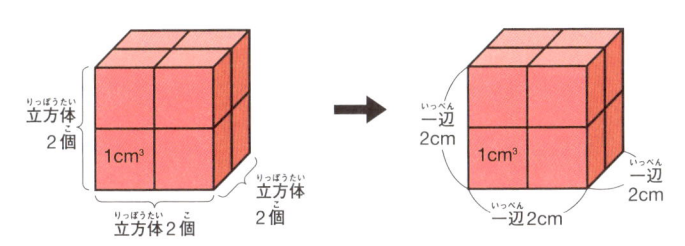

$2 \times 2 \times 2 = 8$ (cm³)

### 立方体の体積公式

立方体の体積を求める公式は，

**立方体の体積＝1cm³×（一辺×一辺×一辺）**

↓

**立方体の体積＝一辺×一辺×一辺**

> 1をかけても計算の答えは変わらないので，一辺×一辺×一辺として計算します。

大きさの表し方を学ぼう

## 柱体の体積を求める

角柱や円柱のような柱体は、底面の形が積み重なってできた形と見ることができます。

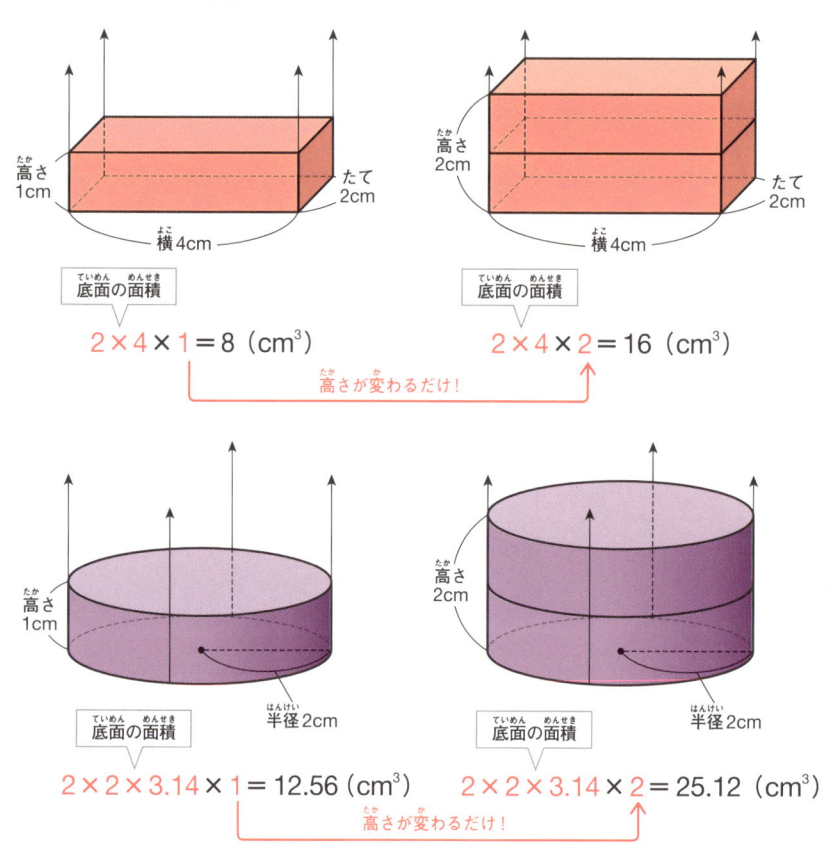

底面の面積
$2 \times 4 \times 1 = 8$ （cm³）

高さが変わるだけ！

底面の面積
$2 \times 4 \times 2 = 16$ （cm³）

底面の面積
$2 \times 2 \times 3.14 \times 1 = 12.56$ （cm³）

高さが変わるだけ！

底面の面積
$2 \times 2 \times 3.14 \times 2 = 25.12$ （cm³）

> 体積は、面積にもう1つの長さ（高さ）が加わった大きさと考えられます。

## 柱体の体積公式

柱体の体積を求める公式は、

**柱体の体積 ＝ 底面積 × 高さ**

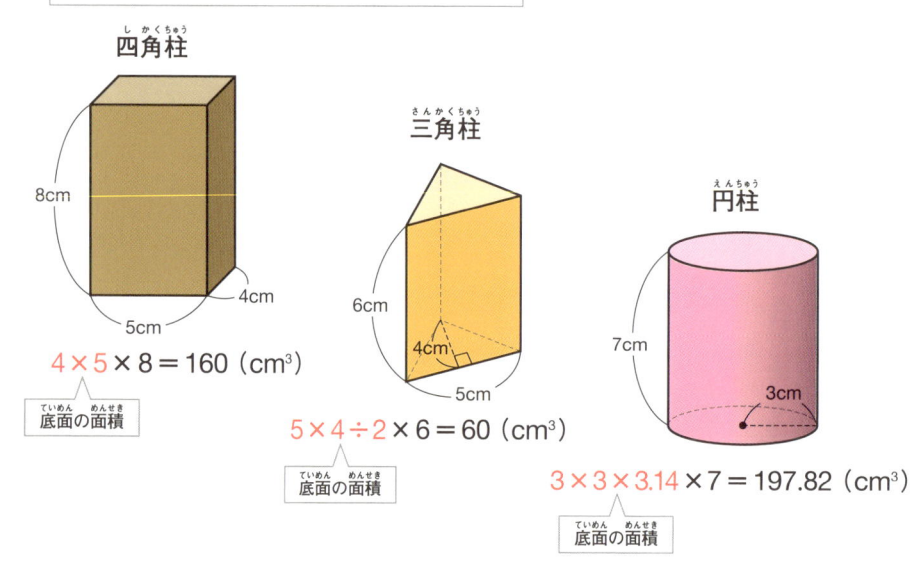

### 四角柱
$4 \times 5 \times 8 = 160$ （cm³）
底面の面積

### 三角柱
$5 \times 4 \div 2 \times 6 = 60$ （cm³）
底面の面積

### 円柱
$3 \times 3 \times 3.14 \times 7 = 197.82$ （cm³）
底面の面積

> 底面の長方形、三角形、円の面積に高さをかけるだけだね。

## いろいろな立体の体積を求める

柱体の体積は，底面積に高さをかければいいと考えると，一見複雑に見える図形の体積も簡単に求めることができます。

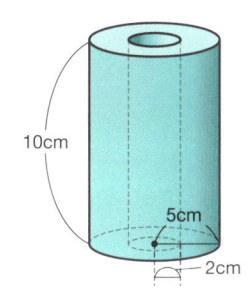

底面の面積は，底面の大きい円の面積と小さい円の面積の差。

$(5 \times 5 \times 3.14 - 2 \times 2 \times 3.14) \times 10 = 659.4$ (cm³)

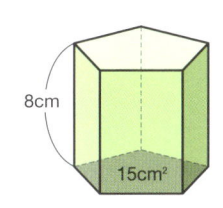

底面の面積がわかっているので，高さをかければよい。

$15 \times 8 = 120$ (cm³)

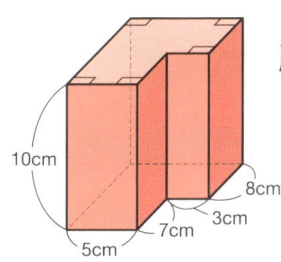

底面が複合図形なので，長方形を利用して求める。

$\{(7+8) \times (5+3) - (7 \times 3)\} \times 10 = 990$ (cm³)

まん中がぬけている形だね。

底面積の求め方はいろいろあるね。

大きさの表し方を学ぼう

### 容積と内法とは？　ひろがる算数

容積とは容器の中いっぱいに入れられる量のことです。
容器に入る量は，容器の内側の長さを使って，体積を求めます。
容器の内側の長さを「内法（内側の寸法だから内法）」といいます。

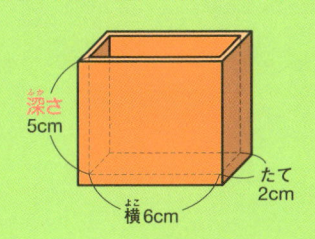

左の容器に入る水の量は何mLでしょう。

$2 \times 6 \times 5 = 60$ (cm³)

60cm³ = 60mL

容積を使うと，いろいろな立体の体積を求めることができます。
石のように長さがはっきりわからないものは，容器の中に水をいっぱいに入れて，その中にしずめます。容器からあふれ出た水の体積が，石の体積と等しいのです。

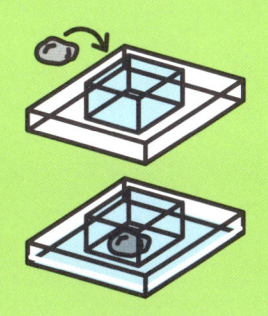

## 重さの表し方

重さは，長さや広さなどとちがい，見た目では大きさがわからない量で，もとにする重さの何個分かで表します。

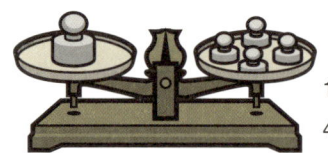

もとにする大きさ 1g

1gが4個分で4g

> 重さは目に見えない大きさですが，数に表すことでほかの量と同じように測定できます。

## 重さの単位とその関係

mg，g，kg，tなどが使われます。重いものを表すときは大きい単位を，軽いものを表すときには小さい単位を使います。

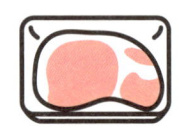

mgの世界　　gの世界　　kgの世界　　tの世界

●重さの単位の関係

| 単位 | mg | g | kg | t |
|---|---|---|---|---|
| 倍 | $\frac{1}{1000}$ | 1 | 1000 | 1000000 |

1g = 1000mg
1kg = 1000g = 1000000mg
1t = 1000kg = 1000000g = 1000000000mg

> 昔，日本で使われていた「尺貫法」では，1貫が3.75kg，1匁が3.75gです。1貫は五円玉1000枚の重さで，1匁は五円玉1枚の重さです。

### 漢字の単位　　ひろがる算数

昔の日本の長さ，体積，重さの単位は，漢字一文字で表されています。

| メートル法 | k キロ | h ヘクト | da デカ | | d デシ | c センチ | m ミリ |
|---|---|---|---|---|---|---|---|
| 漢字 | 千 | 百 | 十 | | 分 | 厘 | 毛 |
| 長さ | km キロメートル | hm ヘクトメートル | dam デカメートル | m メートル | dm デシメートル | cm センチメートル | mm ミリメートル |
| 漢字 | 粁 | 粨 | 籵 | 米 | 粉 | 糎 | 粍 |
| かさ(体積) | kL キロリットル | hL ヘクトリットル | daL デカリットル | L リットル | dL デシリットル | cL センチリットル | mL ミリリットル |
| 漢字 | 竏 | 竡 | 竍 | 立 | 竕 | 竰 | 竓 |
| 重さ | kg キログラム | hg ヘクトグラム | dag デカグラム | g グラム | dg デシグラム | cg センチグラム | mg ミリグラム |
| 漢字 | 瓩 | 瓸 | 瓧 | 瓦 | 瓰 | 瓱 | 瓱 |

漢字のへんが量を表し，つくりが単位の関係を表しています。表し方のきまりは，メートル法と同じです。

# 重さのいろいろなお話

**ひろがる算数**

たまご1個と大きな風船では、たまご1個の方が重いですね。同じ物だったら、大きさが同じなら重さも同じです。重さは見ただけではわからない量です。

- 鉄のような金属は、大きさが同じでも種類によって重さがずいぶんちがう。金属は温度によって大きさが変わるので、比重という方法で重さを表す。
（下の比重は、温度が20℃の部屋の中で測ったときの、1cm³の大きさの金属の重さを表しています。）

| 金 | 銀 | 銅 | 鉄 | アルミニウム |
|---|---|---|---|---|
| 19.32g/cm³ | 10.49g/cm³ | 8.96g/cm³ | 7.87g/cm³ | 2.71g/cm³ |

- 身近にある「1g」で重さを測ることができる。水1cm³の重さはちょうど1gだ。

1Lのペットボトルの水は1kg
2Lのペットボトルの水は2kg

一円玉1枚は1g

- 犬や猫の体重はどうやって測ればいいかな。

抱っこする　　カゴに入れる

## 手作り天秤を作ろう！

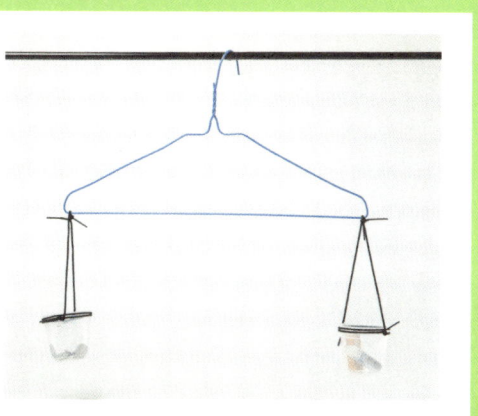

針金ハンガー、プリンの容器、ひもで手作り天秤を作ろう。片方に一円玉を入れるといろいろなものの重さがわかるよ。

---

「g/cm³」は1cm³あたり何gあるかという組立単位です。

大きさの表し方を学ぼう

重さを測るときに、測る物を入れる容器のことを風袋といいます。

## 時刻を表す

時刻は，時の流れの中の1点のことで，量はありません。

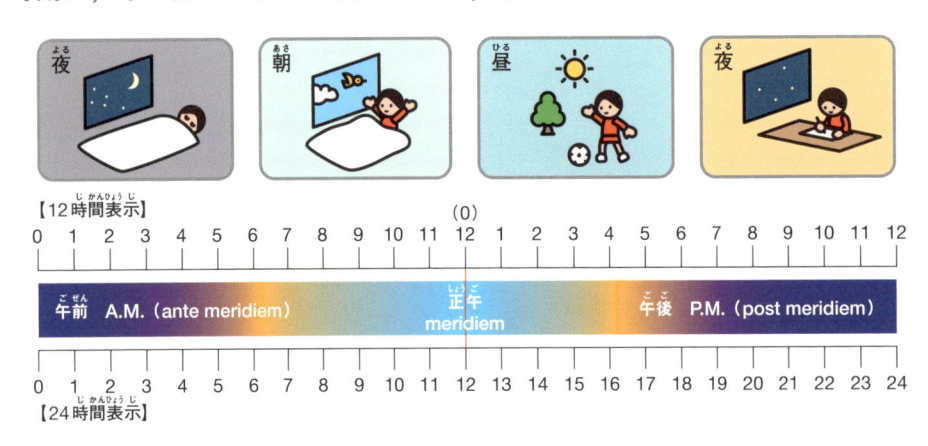

【12時間表示】
0 1 2 3 4 5 6 7 8 9 10 11 (0)12 1 2 3 4 5 6 7 8 9 10 11 12

午前 A.M.（ante meridiem）　　正午 meridiem　　午後 P.M.（post meridiem）

0 1 2 3 4 5 6 7 8 9 10 11 12 13 14 15 16 17 18 19 20 21 22 23 24
【24時間表示】

## 時間を表す

時間は，時刻と時刻の間の大きさです。

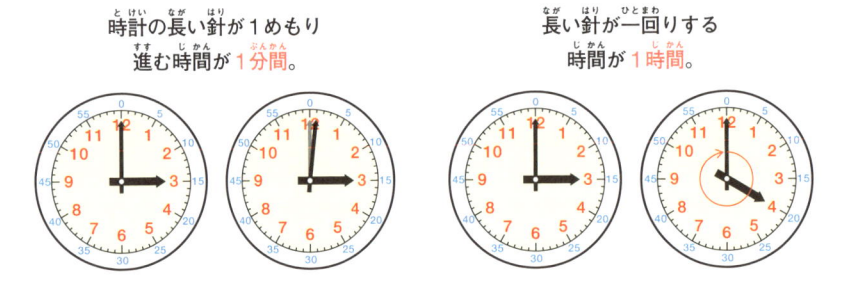

時計の長い針が1めもり進む時間が**1分間**。

長い針が一回りする時間が**1時間**。

> 時刻は1点で，時間は点から点までの大きさを表しています。

## 時間の単位とその関係

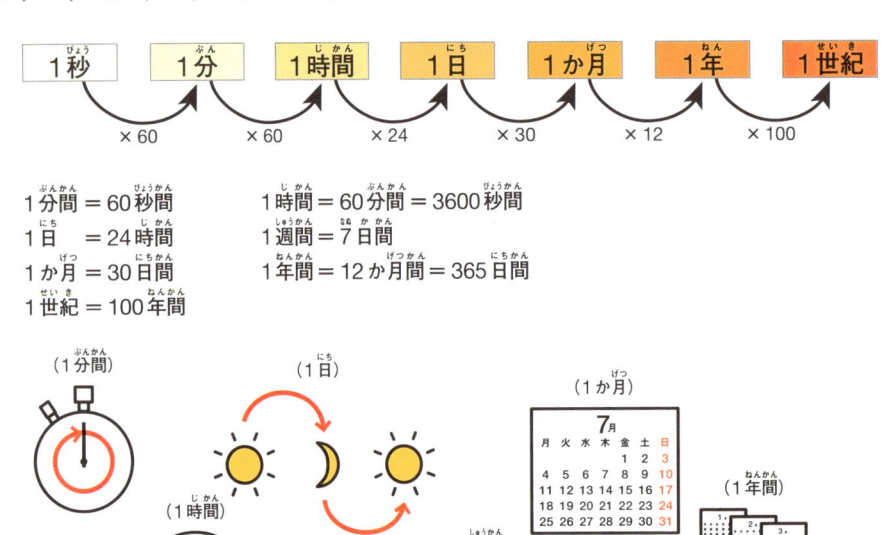

秒，分，時間，日，週，月，年，世紀などがあります。

1秒 →×60→ 1分 →×60→ 1時間 →×24→ 1日 →×30→ 1か月 →×12→ 1年 →×100→ 1世紀

1分間 ＝ 60秒間　　　1時間 ＝ 60分間 ＝ 3600秒間
1日　 ＝ 24時間　　　1週間 ＝ 7日間
1か月 ＝ 30日間　　　1年間 ＝ 12か月間 ＝ 365日間
1世紀 ＝ 100年間

(1分間)　(1日)　(1か月)　(1年間)
(1時間)　(1週間)

> 月の日にちは，30日以外にも，28，29，31日があるね。

# 昔の時刻と世界の時刻

**ひろがる算数**

今の日本と昔の日本の時刻、そして日本の「いま、何時」と世界の「いま、何時」にはちがいがあります。

昔の日本では、時刻を下の図のように、「子、丑、寅、卯、辰、巳、午、未、申、酉、戌、亥」と2時間ごとによんでいました。お昼の時間を見ると、午前11時から午後1時が「午」の刻です。つまり、午の刻のまん中の時刻、午後0時が「正午」というわけです。そして、昔は太鼓の音で時刻を知りました。

〈時刻と太鼓の音の数〉

子（9）、丑（8）、寅（7）、卯（6）、辰（5）、巳（4）、午（9）、未（8）、申（7）、酉（6）、戌（5）、亥（4）

「おやつ」という言葉は、未の刻（午後1時から3時）の太鼓の音の数が8回ということから生まれた言葉です。また、太鼓は日の出や日の入りに合わせて打っていたので、月や季節によって時刻が変わっていました。

いまは、日本のどこにいても、季節が変わっても、同じ時刻を使っています。しかし、世界を見るとたとえば、日本が朝7時でも、ほかの国では同じ時間とは限りません。このように、2つ以上の場所で時間に差があることを「時差」といいます。時差を使えば、日本の時刻と外国の時刻を知ることができます。

〈時差のわかる世界地図〉

※ロンドン（イギリス）の時刻をもとにして進んでいる時間を＋、遅れている時間を－で表している。

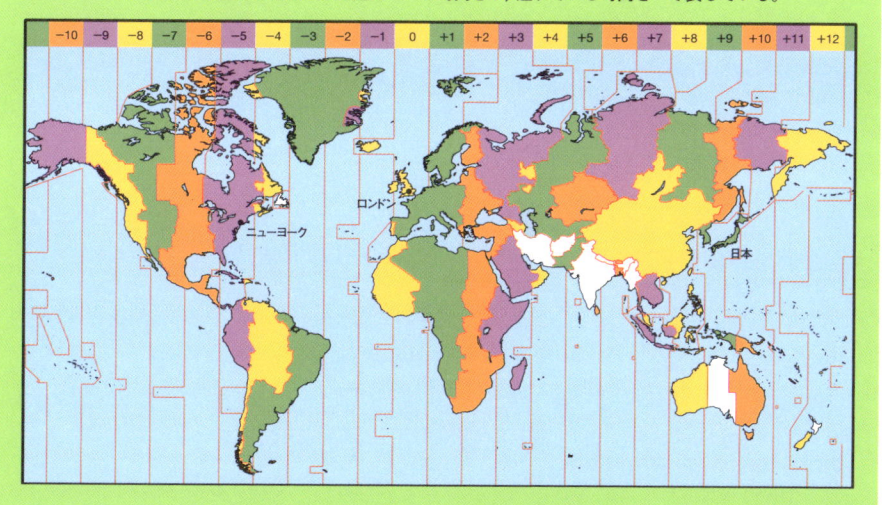

ニューヨーク（アメリカ）の時刻を調べましょう。

東京は地図の［＋9］のところにあり、ニューヨークは地図の［－5］のところにある。
東京が朝9時だったら、ロンドン（イギリス）が夜中の0時で、ニューヨークは前日の夜7時。

大きさの表し方を学ぼう

この世界地図は、日本が中心じゃないね。

83

## 角の大きさの表し方

角とは，直線が回転した量のことです。
角の大きさのことを角度ともいいます。

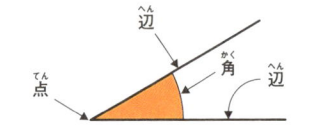

直線が一回転した角の大きさは360°です。

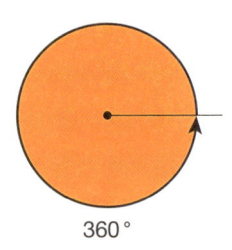

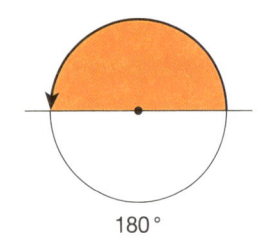

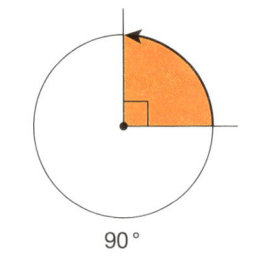

360°　　180°　　90°

## 角の特別な名前

角の大きさによって，名前があります。

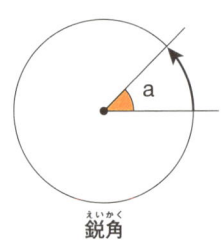

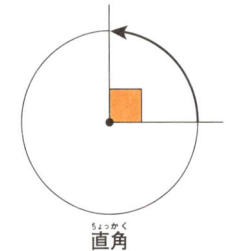

鋭角
0°＜a＜90°
「鋭角」はするどい角。

直角
90°
「直角」はまっすぐな角。

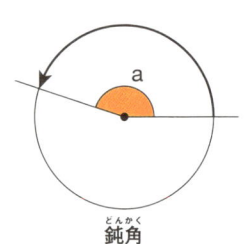

鈍角
90°＜a＜180°
「鈍角」はにぶい角。

> 0°＜a＜90°は，角aの大きさが0°より大きく90°より小さいことを表します。
> 90°＜a＜180°は，角aの大きさが90°より大きく180°より小さいことを表します。

### 図形との関係　　ひろがる算数

図形の中の角には，いろいろな名前があります。
次のような角のことは，中学校で学びます。

**同位角，錯角，対頂角**
2本の直線に1本の直線が交わっているとき，アとカ，イとキ，ウとク，エとケのような位置の関係にある2つの角を同位角，ウとキ，エとカを錯角といいます。アとエのように向かい合っている角を対頂角といいます。

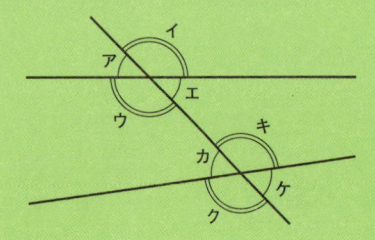

**中心角，円周角**
円周上の点a，bから，円の中心にひいた直線でできる角アを弧abの中心角，円周にひいた直線でできる角イを弧abの円周角といいます。

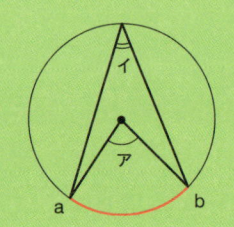

84

# お金（通貨）の話

国によって使われているお金がちがい，お金の単位も変わります。

## 日本のお金（円）

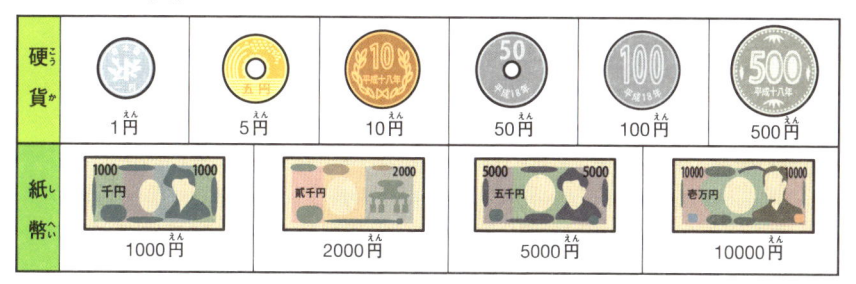

| 硬貨 | 1円 | 5円 | 10円 | 50円 | 100円 | 500円 |
|---|---|---|---|---|---|---|

| 紙幣 | 1000円 | 2000円 | 5000円 | 10000円 |
|---|---|---|---|---|

## アメリカのお金（ドル）　1＄（ドル）＝100¢（セント）

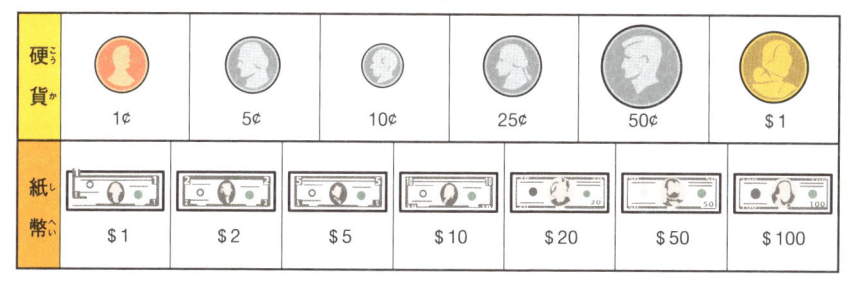

| 硬貨 | 1¢ | 5¢ | 10¢ | 25¢ | 50¢ | ＄1 |
|---|---|---|---|---|---|---|

| 紙幣 | ＄1 | ＄2 | ＄5 | ＄10 | ＄20 | ＄50 | ＄100 |
|---|---|---|---|---|---|---|---|

## ヨーロッパのお金（ユーロ）　1€（ユーロ）＝100¢（セント）

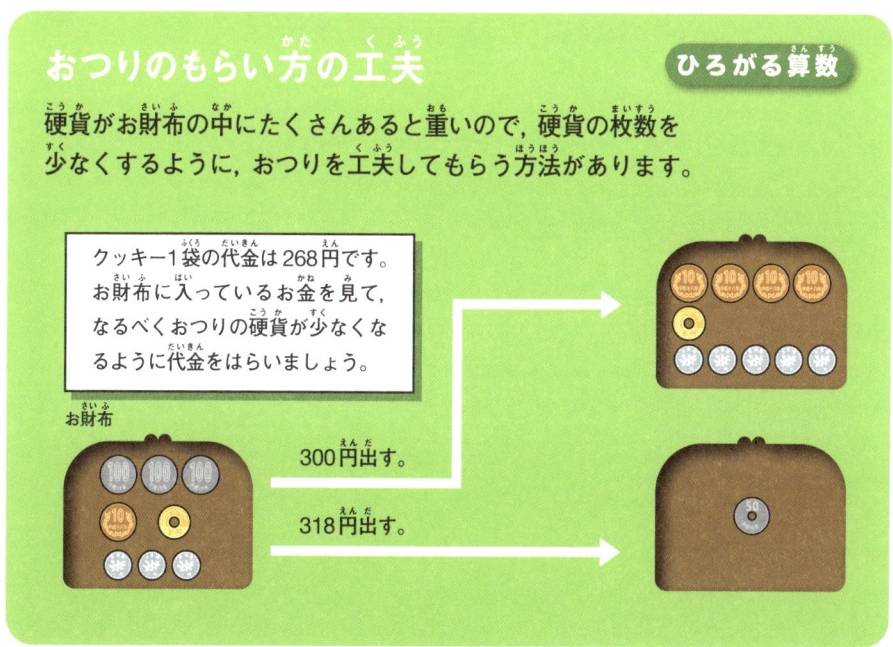

| 硬貨 | 1¢ | 2¢ | 5¢ | 10¢ | 20¢ | 50¢ | 1€ | 2€ |
|---|---|---|---|---|---|---|---|---|

| 紙幣 | 5€ | 10€ | 20€ | 50€ | 100€ | 200€ | 500€ |
|---|---|---|---|---|---|---|---|

> 外国のお金には，1の2倍の2という単位と100の $\frac{1}{4}$ の25という単位があります。

大きさの表し方を学ぼう

## おつりのもらい方の工夫　　ひろがる算数

硬貨がお財布の中にたくさんあると重いので，硬貨の枚数を少なくするように，おつりを工夫してもらう方法があります。

クッキー1袋の代金は268円です。お財布に入っているお金を見て，なるべくおつりの硬貨が少なくなるように代金をはらいましょう。

お財布

300円出す。

318円出す。

> はらうお金によって，お財布の重さがまったく変わってしまうね。

# 単位量あたりの大きさを表す

2つの量が関係する大きさを比べるときに，単位量あたりの大きさを使います。単位量あたりの大きさは，2つの量のうち一方の量をそろえたり，2つの量の割合で表したりして比べます。

## 一方の量をそろえる

2つの量がそろっていないとき，一方を同じ数にすると大きさを比べることができます。

> 2つの水そうにメダカがいます。どちらがこんでいるといえるでしょう。
> 水そうA：48Lの水に18ぴきのメダカ
> 水そうB：30Lの水に12ひきのメダカ

「メダカの数」を同じ数にして比べる。
メダカの数を，18と12の最小公倍数36にする。
水そうA　メダカの数　18 × 2 = 36（ぴき）
メダカの数を2倍したので，水の量も2倍する。
　　　　　水の量　　　48 × 2 = 96（L）
水そうB　メダカの数　12 × 3 = 36（ぴき）
メダカの数を3倍したので，水の量も3倍する。
　　　　　水の量　　　30 × 3 = 90（L）
メダカの数が同じなので，水の量が少ない水そうBの方がこんでいるといえる。
答え　水そうBがこんでいる。

> メダカの数を増やしたから，水の量も同じ割合で増やすんだね。そうすれば，こみぐあいは変わらないんだね。

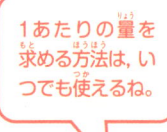

## 2つの量の割合を表す

2つの量の割合は，一方の数を1としたときのもう一方の量の大きさで表します。

> みかんが入った袋が2つ売っています。どちらが安いといえるでしょう。
> 袋C：1袋25個入りで450円
> 袋D：1袋15個入りで300円

みかん1個の値段で比べる。
（みかんの数を1としたとき，値段がいくらになるかを表す）

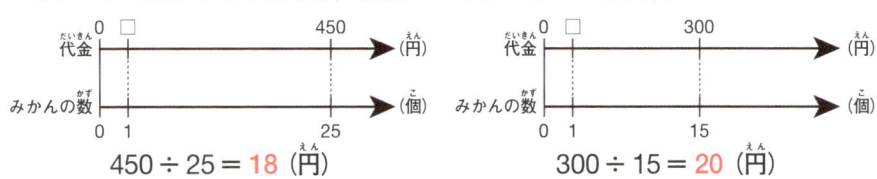

450 ÷ 25 = 18（円）　　　300 ÷ 15 = 20（円）

答え　袋Cの方が安い。

> 1あたりの量を求める方法は，いつでも使えるね。

## 速さの表し方

速さは，単位量あたりの大きさで表します。1秒間，1分間，1時間などの単位時間あたりに進んだ道のりで表します。

## 速さの単位とその関係

速さの単位には，時速，分速，秒速などがあり，表すものによって変わります。また，速さを比べるときには，同じ単位で表します。

時速…1時間に進む道のりで表した速さ
分速…1分間に進む道のりで表した速さ
秒速…1秒間に進む道のりで表した速さ

時速の世界 　　分速の世界 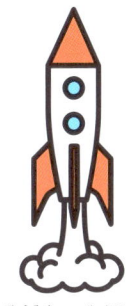　　秒速の世界

### 速さの単位の関係

時速 1km ＝ 分速 $\frac{1}{60}$ km ＝ 秒速 $\frac{1}{3600}$ km

### 速さの単位の別の表し方

自動車の速度計には，「km/h」という単位があります。これは，1時間に何km走るかで速さを表している単位です。
つまり，「●●km/h」は「時速●●km」と同じ意味です。

時速40kmの速さ → 40km/h （hは時間の英語hourのhです。）
分速80mの速さ → 80m/m （mは分の英語minuteのmです。）
秒速3.5mの速さ → 3.5m/s （sは秒の英語secondのsです。）

大きさの表し方を学ぼう

1時間＝60分＝3600秒だから，分速は60でわって，秒速は3600でわるんだね。

40km/hの「/」は，わるという意味だよ。分数の括線と同じだね。

# 速さの求め方

1秒間, 1分間, 1時間などの単位時間あたりに進んだ道のりを求めます。

360kmの道のりを4時間かけて走る電車の速さを求める。
速さを $x$ km/hとして図に表すと

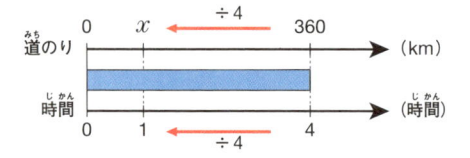

[式] $360 \div 4 = 90$
[答え] 時速90km（90km/h）

## 速さの公式

速さを求める公式は, 速さ＝道のり÷時間

240kmの道のりを3時間かけて走る電車の速さを求める。
速さを $x$ km/hとして図に表すと

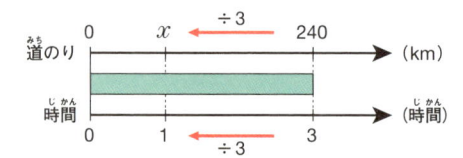

[式] $240 \div 3 = 80$
[答え] 時速80km（80km/h）

この公式から, 道のりと時間をそれぞれ求める公式も表せます。

道のりを求める公式は, 道のり＝速さ×時間

電車が時速80kmで3時間走ったときの道のりを求める。
道のりを $x$ kmとして図に表すと

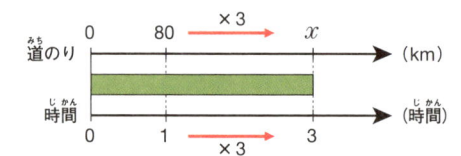

[式] $80 \times 3 = 240$
[答え] 240km

時間を求める公式は, 時間＝道のり÷速さ

電車が240kmの道のりを時速80kmで走ったときにかかる時間を求める。
時間を $x$ 時間として図に表すと

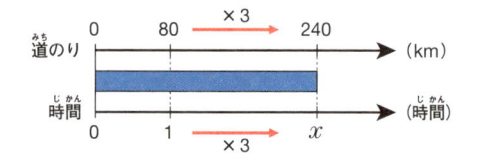

[式] $240 \div 80 = 3$
[答え] 3時間

> 道のり, 時間, 速さのうち, 2つの量がわかれば, 残りの量を求めることができます。

## 人口密度(こみぐあい)を求める

ある面積に，どのくらい人がこんでいるかを表す数です。面積が1m²あたりの人数や1人あたりの面積などで比べます。面積が1km²あたりの人数のことを**人口密度**といいます。

> 人口はすべて，およその数で表されます。

> 人口を比べるだけなら，1人あたりの面積でもいいんだね。

大阪府と神奈川県はどちらがこんでいるでしょう。
上から2けたの概数で比べましょう。

| | 人口(人) | 面積(km²) |
|---|---|---|
| 大阪府 | 8878694 | 1904.99 |
| 神奈川県 | 9100606 | 2415.81 |

人口は「住民基本台帳に基づく人口、人口動態及び世帯数(平成26年1月1日現在)」、面積は「平成26年全国都道府県市区町村別面積調」より

大阪府　8878694 ÷ 1904.99 = 4660.…　→　人口密度　およそ4700人/km²
神奈川県　9100606 ÷ 2415.81 = 3767.…　→　人口密度　およそ3800人/km²

答え　大阪府の方がこんでいる。

## 平均を求める

1日に飲む牛乳の量や1か月に読む本のページ数など，1回の数量がばらばらのものを比べたいときは，まとめた数量を等しい大きさになるようにならした数量で比べます。このならした数量をもとの数量の**平均**といいます。

1日に飲む牛乳の量はその日によって変わるために，
1週間や1か月の量をならして比べる。

さやかさんは，1週間に飲んだ牛乳の量を記録しました。
1日平均何mLの牛乳を飲んでいるでしょう。

| 月曜日 | 火曜日 | 水曜日 | 木曜日 | 金曜日 | 土曜日 | 日曜日 |
|---|---|---|---|---|---|---|
| 190mL | 100mL | 150mL | 160mL | 140mL | 130mL | 180mL |

(190 + 100 + 150 + 160 + 140 + 130 + 180) ÷ 7 = 150

答え　150mL

大きさの表し方を学ぼう

# 測定

## ものの大きさは，道具などを使って調べます。

## 測る道具を正しく使う

測定する道具は，測定する物に合わせて選びます。それぞれの道具は，正しく測るための使い方があるので，使い方をしっかり覚えましょう。

### 長さを測る道具

**ものさし**

**巻き尺**

【ものさしの読み方】
① ものさしのめもりのある側を測る物に合わせておく。
② はし（0のところ）と測る物のはしをそろえて，まっすぐに（平行に）する。
③ めもりを真上から見る。
④ 1cmのめもりを読み，残りを1mmのめもりで読む。

ものさしで測りにくい，長いものや丸いものを測ることができる。2m，10m，50m，100mなどの長い長さを測ることができる。

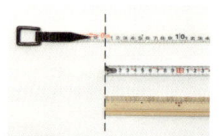

※ 巻き尺によって，0の位置がちがうものがあるので，注意！

> ものさしも巻き尺も，0の位置を測る物のはしとそろえることが大切だね。

### 角度を測る道具

**分度器**

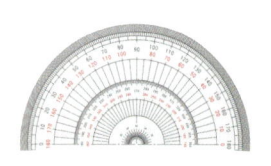

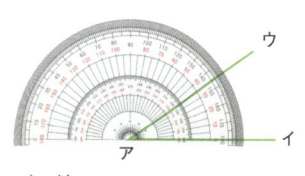

**全円分度器**
360°の角度を測ることができる。

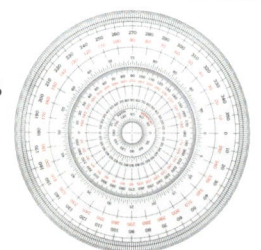

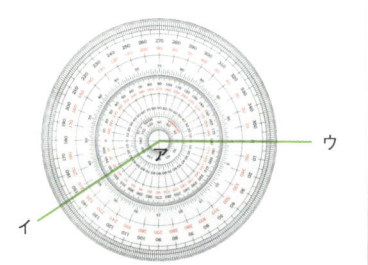

【分度器の読み方】
① 角の頂点アに，分度器のたての線を合わせる。
② 辺アイを，分度器の0°の線に合わせる。
③ 辺アウと重なるめもりを読む。

180°より大きい角度を測るときに，1回で測ることができるので，便利。

> 三角定規でも，角度を調べることができるけど，三角定規は垂直や平行な線をひく道具だよ。

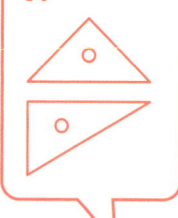

写真提供／株式会社TJMデザイン（巻き尺）

## 時刻・時間を測る道具

### 時計

（アナログ） 　（デジタル）

ストップウォッチ

【時計の読み方】
①短い針で，何時かを読む。
②長い針で，何分かを読む。

1分間より短い時間を測る。ストップウォッチは，スポーツなどの記録を測ることによく使われる。

> デジタル時計は，ひと目で時刻がわかるね。ストップウォッチにもデジタルの物があるよ。

## 重さを測る道具

### はかり

（アナログ）　（デジタル）

### ばねばかり
測る物をつるして測る。めもりが直線になっているので，読みやすい。

### 台ばかり
台にのせて測る。重い物や大きい物を測るときに使われる。

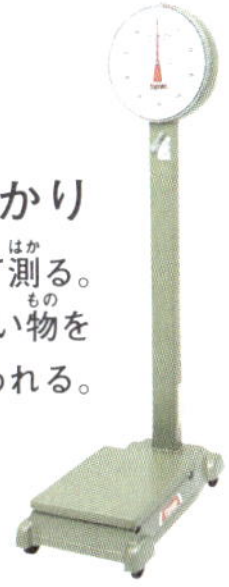

【はかりの読み方】
①針の前の大きいめもりを読む。
②針が指している小さいめもりを読む。

> どのはかりも，測る前に，めもりが0になっていることを確かめてから測るよ。

## かさ・体積を測る道具

### マス
水のような液体を測る。サイコロの形をした物や，筒の形をした物などがあり，測る大きさは500mLや1Lなどがある。

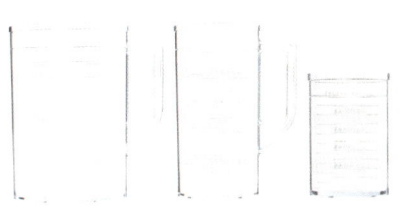

【マスの読み方】
①測る物がまっすぐになるように，平らなところにおく。
②測る物の線の下の大きいめもりを読む。
③測る物の線と重なった，小さいめもりを読む。

### 理科や家庭科で使う道具
理科で実験に使うものを測ったり，家庭科の調理で使う材料を測る道具があります。これらの道具も，かさを測っています。

メスシリンダー　ビーカー 　計量スプーン

> 水のような液体や，砂糖のような粉やつぶの物のかさを測るときに使うんだね。

大きさの表し方を学ぼう

写真提供／セイコークロック株式会社（時計），株式会社タニタ（はかり），大和製衡株式会社（台ばかり）

## 量を計算する

量を数で表すと，計算できます。

## 単位をそろえる

単位がちがうものを比べるときは，単位をそろえてから比べたり，計算したりします。

> ① 350mL入りのジュースが3本，1.8L入りのジュースが5本あります。ジュースは全部で，何Lあるでしょう。

答えは，Lで答えるので，350mLをLで表してから計算する。
　　350mL ＝ 0.35L
　　0.35 × 3 ＋ 1.8 × 5 ＝ 1.05 ＋ 9 ＝ 10.05
　　　　　　　　　　　　　　答え　10.05L

mLでそろえて計算してから，答えをLで表してもよい。
　　1.8L ＝ 1800mL
　　350 × 3 ＋ 1800 × 5 ＝ 1050 ＋ 9000 ＝ 10050
　　10050mL ＝ 10.05L
　　　　　　　　　　　　　　答え　10.05L

> ② 次の2つの立体は，どちらの体積が大きいでしょう。

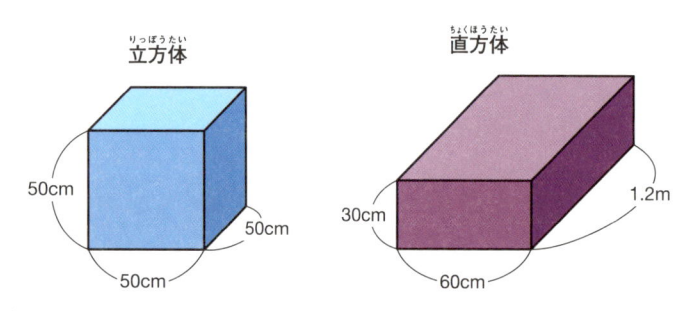

立方体　50cm、50cm、50cm
直方体　30cm、60cm、1.2m

単位をcmにそろえてから計算する。
　立方体　50 × 50 × 50 ＝ 125000（cm³）
　直方体　1.2m ＝ 120cm
　　　　　120 × 60 × 30 ＝ 216000（cm³）
　　　　　　　　答え　直方体の方が大きい。

単位をmにそろえてから計算する
　立方体　0.5 × 0.5 × 0.5 ＝ 0.125（m³）
　直方体　1.2 × 0.6 × 0.3 ＝ 0.216（m³）
　　　　　　　　答え　直方体の方が大きい。

---

単位をそろえる計算を，単位換算といいます。

計算するときは，mLでもLでも，単位がそろっていればいいんだね。

## 速さを求める計算

速さを計算するときも，道のり，時間，速さの単位をそろえてから計算します。

> 時速60kmで泳ぐマグロと分速1500mで走るチーターはどちらが速いでしょう。

時速でそろえる　分速1500m　1500×60＝90000（m）
90000m＝90km　チーターは時速90km
分速でそろえる　時速60km　60÷60＝1（km）
1km＝1000m　マグロは分速1000m
答え　チーターのほうが速い。

## 時刻や時間を求める計算

同じ単位どうしで計算します。単位をそろえるときは，1時間，1分，1秒をそれぞれ何倍するかをまちがえないようにしましょう。

> 6時50分の20分後の時刻は何時何分でしょう。

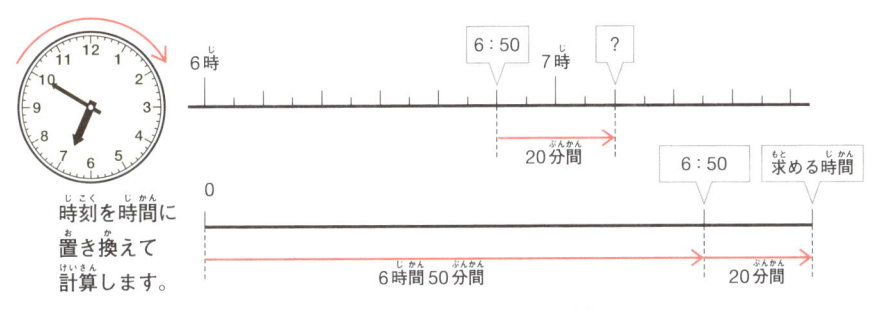

時刻を時間に置き換えて計算します。

答え　図から，7時10分ということがわかる。

### 短針だけでも，時刻がわかる　【ひろがる算数】

時計は，長針と短針で時刻を表しますが，短針だけでも時刻がわかります。

> 長針がない時計があります。この時計は，何時何分を表しているでしょう。

まず，短針は6と7の間を指しているから，6時ということがわかります。6時何分なのかを調べるために，6時ちょうどと7時ちょうどの短針を調べてみます。1時間で短針は5めもり動くので，1めもりが動く時間を求めると，60÷5＝12（分間）
短針の1めもりは12分なので，6時12分を表しているとわかります。

短針の位置はめもりがはっきりしていないから，短針だけでわかる時間はおよその時間だね。

大きさの表し方を学ぼう

## およその大きさを求める概測

正確な数が調べられない場合や，数の大きさがだいたいわかればよい場合に，およその大きさを測ることを概測といいます。

## およその面積を求める

大きなものの面積を求める場合は，面積の公式を使っておよその面積を求めます。

> 右の図の琵琶湖の面積を求めましょう。

琵琶湖の形を三角形とみて，面積を求める。
底辺5.7cm，高さ2.4cmの直角三角形とすると，
縮尺から地図上の1cmが実際の10kmなので，
5.7cm ⇒ 57km，2.4cm ⇒ 24km
57 × 24 ÷ 2 = 684　およその面積は684km$^2$
実際の面積は約670km$^2$

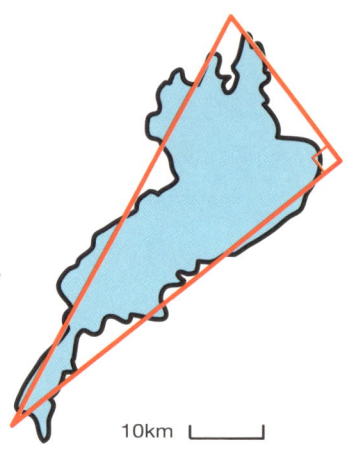

10km

> 概測でも，実際の面積に近い面積を求めることができるんだね。

## およその長さを調べる（歩測）

長い距離を測る場合は，歩測を使うことがあります。歩測とは，1歩を単位として，距離を測定することです。歩測は，初めに距離のわかっているところを歩いて，単位となる1歩の長さを決めます。

えきちか旅館　徒歩5分→

道案内で，「徒歩5分」という表現をよく見ます。この場合は，だいたい1分で80m歩くとみて表しています。

> 自分の1歩の長さを測っておくと，生活の中で使えるから，便利だよ。

### 概算でもとにする大きさ　　ひろがる算数

たくさんの人が知っているものをもとにして量を表す場合があります。

そのほか，体の一部を使った昔の単位があります。
（下の長さの例は，大人の場合。諸説あります。）

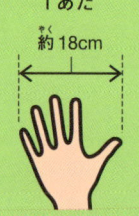

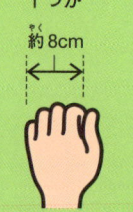

東京ドーム1個分。

1ひろ　ほぼ身長
両手を広げた長さは身長とほぼ同じ。

1あた　約18cm
手の親指と小指（または中指）の長さ。

1つか　約8cm
手を握ったときの人差し指と小指の長さ。

1ふせ　約1.5cm
指1本のはば。

# 形の調べ方を学ぼう

図形 FIGURE

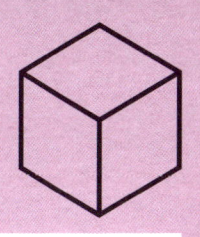

## 図形は，ものの形を表している

図形にはいろいろなものがありますが，算数や数学では特別な形を学びます。

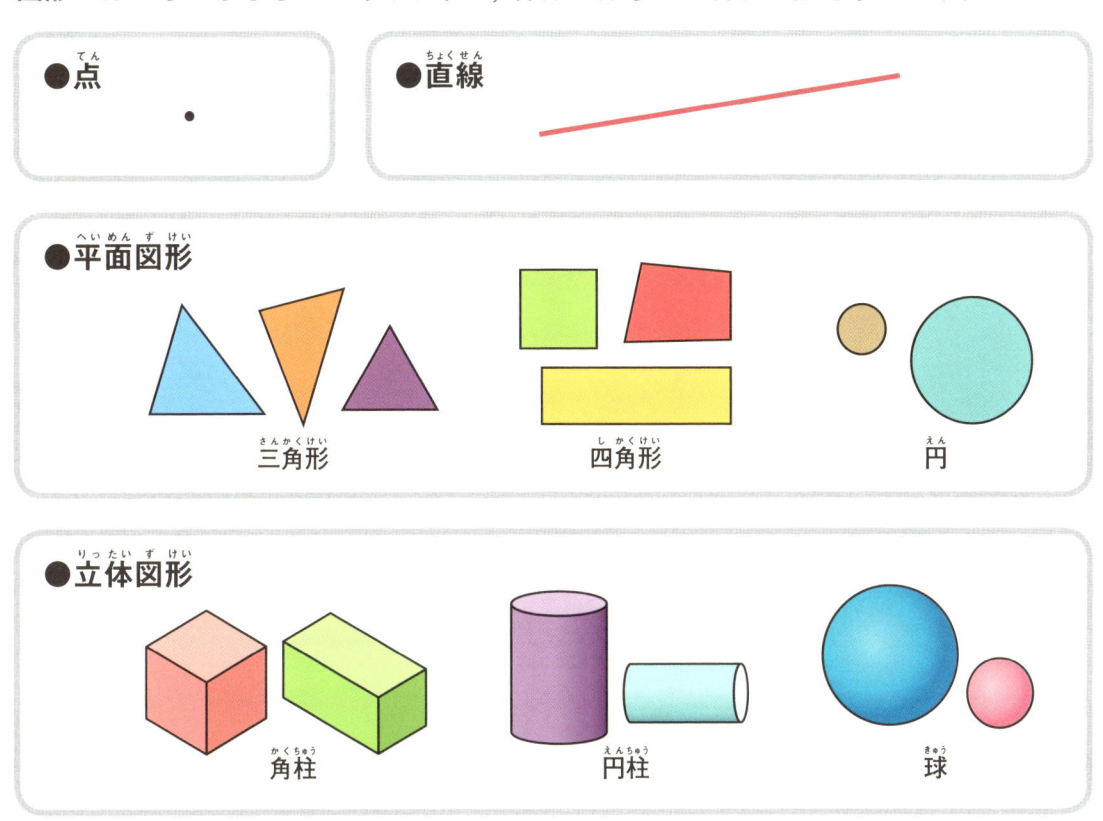

● 点

● 直線

● 平面図形

三角形　四角形　円

● 立体図形

角柱　円柱　球

## 図形の性質を使って図形をかく

図形は，それぞれの図形の性質を使って図形をかきます。
図形をかくとき，直定規，三角定規，コンパス，分度器などを使います。

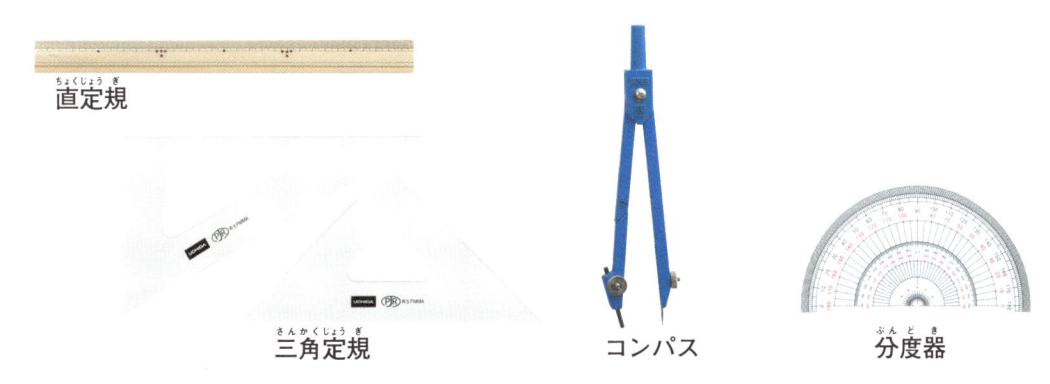

直定規

三角定規　コンパス　分度器

# 図形

## 形のかき方や調べ方を学びます。

### 図形で使う言葉

**点** point

点は場所を表しています。
ほかの図形とことなり，
長さや広さなどの量はありません。

**直線** line

直線は，どこまでもまっすぐな線です。

2つの点で区切った線は
線分ともいいます。

一方が1点で区切られた線は，
半直線ともいいます。

**曲線** curved line

曲線は曲がっている線で，
直線以外の線です。

**角** angle
**頂点** vertex
**辺** side

角は，1つの点から出ている
2つの直線が作る形です。

**面** face
**頂点**
**辺**

面は，立体図形の平らなところです。

> 線は長さ，角は大きさ，面は広さという量があるね。

96

# 図形で使う記号

記号 symbol

図形では，角の大きさや辺の長さ，辺の位置関係などを記号で表します。

## 角の大きさを表す

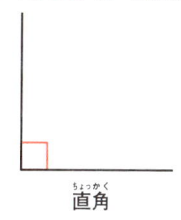

直角 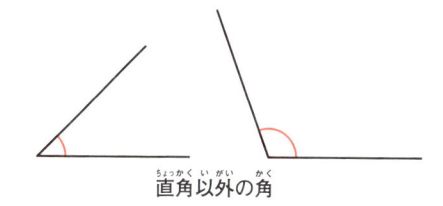　　　直角以外の角

## 辺の長さが同じことを表す

2つの辺の長さが同じ 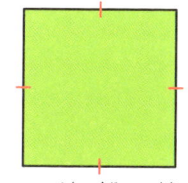　　4つの辺の長さが同じ 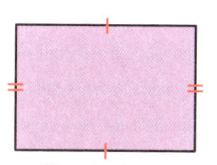　　2組の辺の長さがそれぞれ同じ

## 辺が平行であることを表す

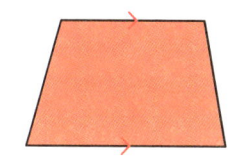

1組の辺が平行　　2組の辺がそれぞれ平行

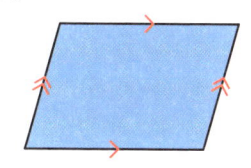

> 辺の長さや平行な関係が2組以上あるときは，線の数を増やしたり，○，□などの記号を使って表します。

---

### 図形を調べる観点　　ひろがる算数

どんな形をしているかを調べるときは，次のようなことを調べます。

① へこんでいるか，でっぱっているか。 
- へこんでいる（凹）
- でっぱっている（凸）

② 直線か，曲線か。 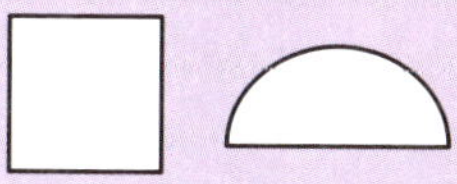
- 直線だけでできている
- 曲線がある

③ 囲まれているか，囲まれていないか。
- 線で囲まれている
- 線が切れている

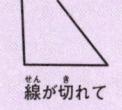

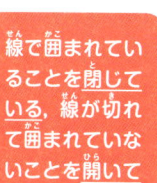

④ 何本の直線で囲まれているか。 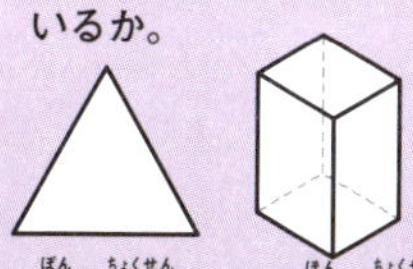
- 3本の直線で囲まれている（三角形）
- 12本の直線で囲まれている（直方体）

⑤ 平面図形か，立体図形か。
- 平面図形である
- 立体図形である

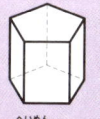

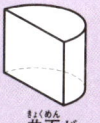

⑥ 平面か，曲面か。
- 平面だけでできている
- 曲面がある

> 線で囲まれていることを閉じている，線が切れて囲まれていないことを開いているといいます。

形の調べ方を学ぼう

# 平らな面にかかれた形・平面図形

平面図形 2D shapes
(two-dimensional shapes)

平面図形とは，紙などの平らなものにかかれた図形のことで，たてと横の2つの長さがあり，厚さはありません。
算数では，平面図形の中でいくつかの**多角形**と**円**について学びます。

# 直線で囲まれた形・多角形

多角形 polygon

3本以上の直線で囲まれた平面図形を多角形といいます。
多角形の名前は辺の数で表され，3本の直線で囲まれた形は**三角形**，4本の直線で囲まれた形は**四角形**，5本の直線で囲まれた形は**五角形**，…といいます。

直線は**辺**，辺が集まった点は**頂点**，かどは**角**といいます。

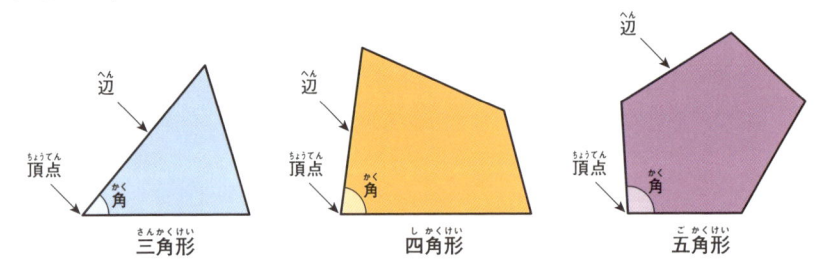

三角形　四角形　五角形

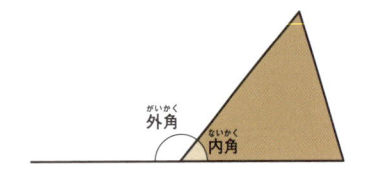

> 次のような，へこんだ形を多角形という場合もあります。
> 四角形　十角形

同じ辺上にない頂点と頂点をむすんだ線を**対角線**といいます。

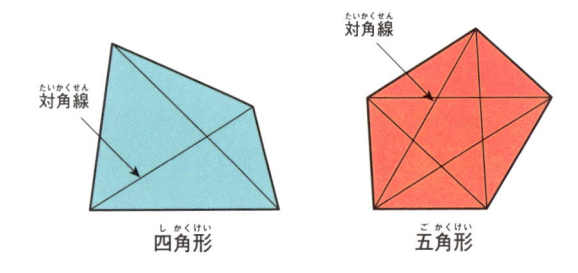

四角形　五角形

多角形の角を**内角**といいます。辺から直線をまっすぐにのばしたときにできる角を**外角**といいます。内角と外角を合わせると180°になります。

# 多角形の英語の名前

**ひろがる算数**

多角形の英語の名前も、日本語と同じように、辺の数で表されています。

| 多角形の名前 | | 英語名 | 意味 |
|---|---|---|---|
| 三角形 | | triangle | tri（3の） ＋ angle（角） |
| 四角形 | | quadrangle | quadri（4の） ＋ angle（角） |
| 五角形 | | pentagon | penta（5の） ＋ gon（角形） |
| 六角形 | | hexagon | hexa（6の） ＋ gon（角形） |
| 七角形 | | heptagon | hepta（7の） ＋ gon（角形） |
| 八角形 | | octagon | octa（8の） ＋ gon（角形） |
| 九角形 | | nonagon | nona（9の） ＋ gon（角形） |
| 十角形 | | decagon | deca（10の） ＋ gon（角形） |
| 十一角形 | | hendecagon | hendeca（11の）＋ gon（角形） |
| 十二角形 | | dodecagon | dodeca（12の） ＋ gon（角形） |
| 二十角形 | | icosagon | icosa（20の） ＋ gon（角形） |

形の調べ方を学ぼう

トライアングルは楽器の名前に、ペンタゴンはアメリカの建物の名前にも使われているよ。

# 三角形を辺の長さや角の大きさで調べる

三角形 triangle

三角形は，3本の直線で囲まれた形です。

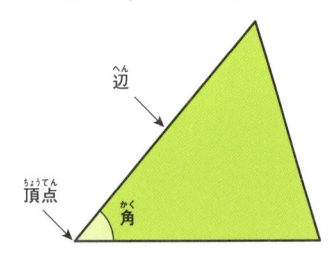

三角形には，3つの辺，3つの頂点，3つの角があります。角の大きさや辺の長さによって，特別な三角形があります。

辺のことを<u>底辺</u>ともいい，底辺に向かい合った頂点から底辺に垂直におろした線を<u>高さ</u>という。

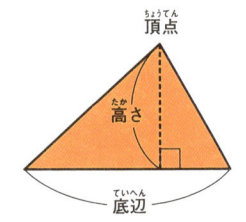

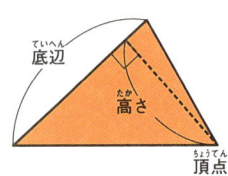

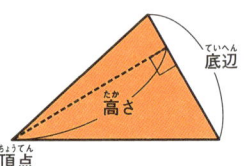

> 底辺は下にある辺ではありません。底辺をどの辺にするかで，高さの位置も変わります。

# 特別な三角形の仲間

特別な形をしている三角形には，その形を表す名前がついています。

## 直角三角形

直角三角形 right triangle

直角三角形は，直角のある三角形です。

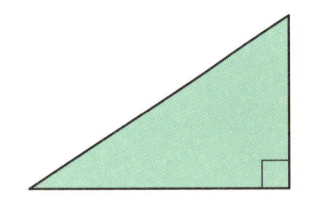

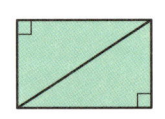

同じ直角三角形を2つ合わせると長方形になる。

## 二等辺三角形

二等辺三角形 isosceles triangle

二等辺三角形は，2つの辺の長さが等しい三角形です。

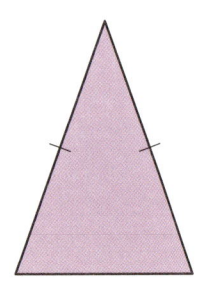

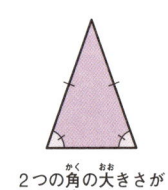

2つの角の大きさが等しい。

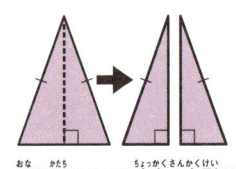

同じ形の2つの直角三角形に分けられる。

100

## 正三角形

正三角形は，3つの辺の長さがすべて等しい三角形です。

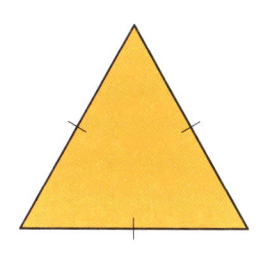

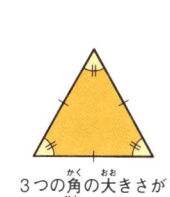

正三角形 equilateral triangle

3つの角の大きさが等しい。

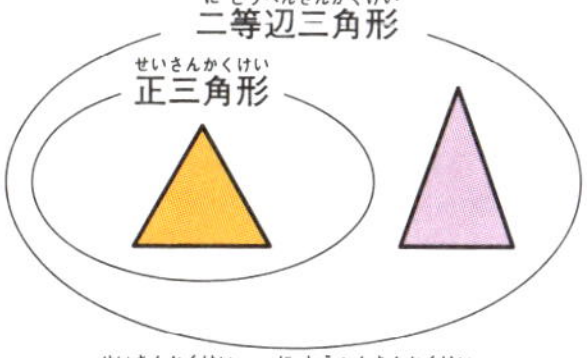

正三角形は二等辺三角形の特別な形。

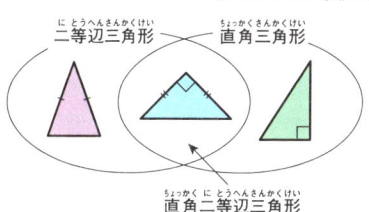

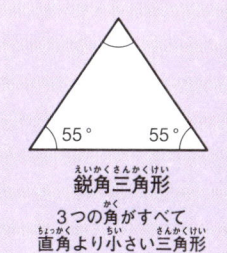

> 左の図のように，ものごとの関係性を表す図をベン図といいます。

> 3つの角の大きさが等しいなら，2つの角の大きさはもちろん等しいね。

## 直角二等辺三角形

直角二等辺三角形は，直角のある，2つの辺の長さが等しい三角形です。

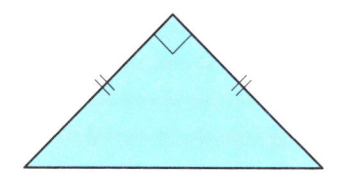

直角二等辺三角形 rectangular equilateral triangle

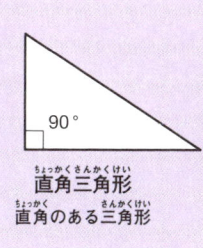

2つの角の大きさが等しい。

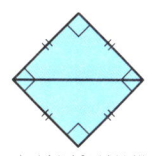

同じ直角二等辺三角形を2つ合わせると正方形になる。

二等辺三角形　直角三角形

直角二等辺三角形

### 角の大きさで三角形を仲間分け　ひろがる算数

すべての三角形は，角の大きさによって3つに分けることができます。

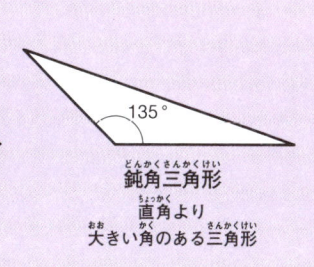

55° 55°
**鋭角三角形**
3つの角がすべて
直角より小さい三角形

90°
**直角三角形**
直角のある三角形

135°
**鈍角三角形**
直角より
大きい角のある三角形

形の調べ方を学ぼう

101

## 四角形を辺の長さや角の大きさで調べる

四角形 quadrangle

四角形は，4本の直線で囲まれた形です。

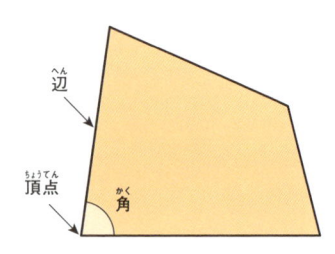

四角形には，4つの辺，4つの頂点，4つの角があります。角の大きさや辺の長さによって，特別な四角形があります。図形によって，辺の名前が変わります。

## 特別な四角形の仲間

特別な形をしている四角形には，その形を表す名前がついています。

### 長方形

長方形 rectangle

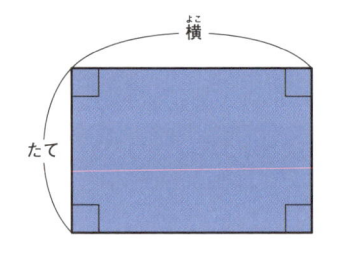

長方形は，4つの角がみんな直角である四角形です。

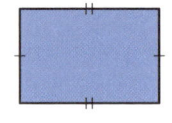

2組の向かい合った辺の長さはそれぞれ等しい。

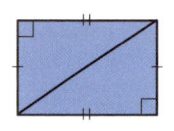

1本の対角線で，形も大きさも同じ2つの直角三角形に分けることができる。

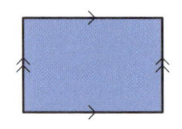

2組の向かい合った辺はそれぞれ平行である。

2本の対角線の長さは等しく，それぞれのまん中の点（中点）で交わる。

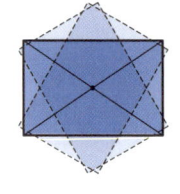

点対称な図形で，対称の中心は2本の対角線が交わる点である。

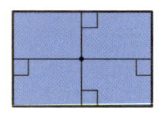

2本の対称の軸をもつ線対称な図形であって，対称の軸はそれぞれ向かい合った辺を垂直に2等分する。

102

# 正方形

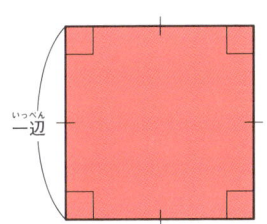

正方形 square

正方形は，4つの角がみんな直角で，4つの辺の長さがみんな同じ四角形です。

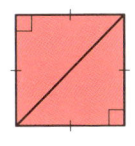

一辺

1本の対角線で，形も大きさも同じ2つの直角二等辺三角形に分けることができる。

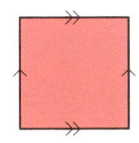

2組の向かい合った辺はそれぞれ平行である。

2本の対角線の長さは等しく，それぞれのまん中の点で垂直に交わる。

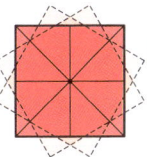

対称の軸を4つもつ線対称な図形であり，また，点対称な図形でもある。

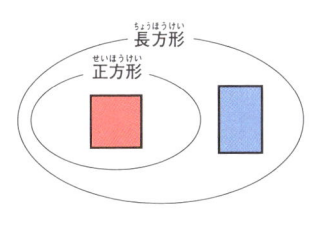

正方形は長方形の特別な形である。

# 平行四辺形

平行四辺形 parallelogram

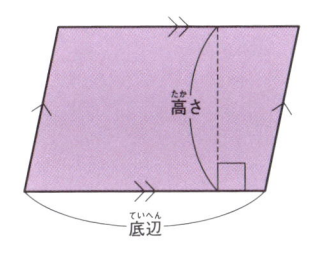

平行四辺形は，向かい合っている2組の辺がそれぞれ平行な四角形です。

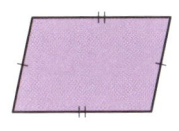

高さ
底辺

2組の向かい合った辺の長さは，それぞれ等しい。

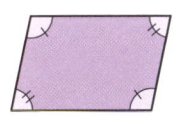

2組の向かい合った角の大きさはそれぞれ等しい。

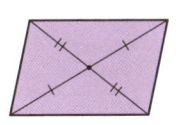

2本の対角線は，それぞれのまん中の点で交わる。

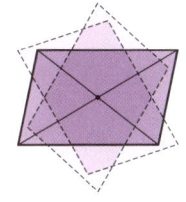

対角線が交わる点を対称の中心とする点対称な図形である。

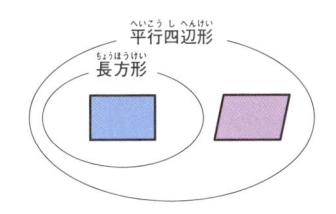

長方形は平行四辺形の特別な形である。

形の調べ方を学ぼう

103

# 台形

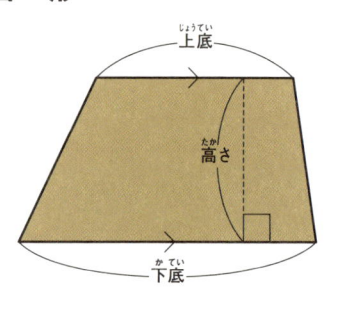

台形は，向かい合った1組の辺が**平行**な四角形です。

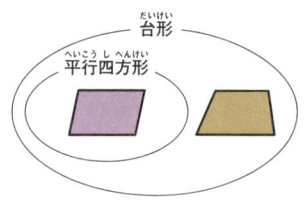

向かい合った1組の辺が平行であれば，台形なので，長方形，正方形，平行四辺形，ひし形も台形である。

平行な2辺が上下にない台形を見落としがちです。

## 特別な台形と昔の名前　ひろがる算数

平行でない1組の辺の長さが等しい特別な台形を等脚台形といいます。
「等脚」とは，あしの長さが等しいという意味です。
等脚台形は，次のような形です。

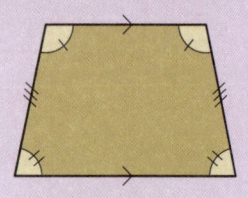

平行でない1組の辺の長さが等しい台形です。

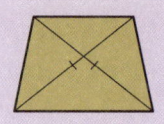

2本の対角線の長さが等しい。

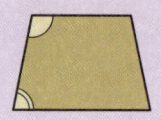

上下の角の和は180°になる。

江戸時代には，
台形は梯形とよばれていました。

「梯」とは，はしごのことで，図のような形の梯子に似ていたからでしょう。長方形の昔のいい方は，「矩形」と書いて，「くけい」または「さしがた」と読みます。
大工さんの使う道具の中で，「差し金」というものがありますが，これは鋼，ステンレス，しんちゅうなどの金属でできた直角のあるものさしです。長方形の昔の名前は，この差し金に似ているからと言われています。

# ひし形

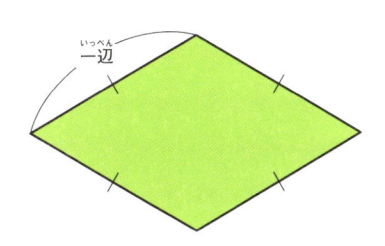

ひし形は，4つの辺の長さがすべて等しい四角形です。

2組の向かい合った辺は，それぞれ**平行**である。

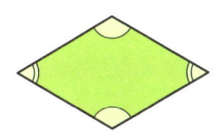

2組の向かい合った角の大きさは，それぞれ等しい。

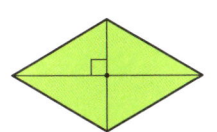

2本の対角線は，それぞれのまん中の点で**垂直**に交わる。

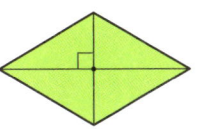

2本の対角線を**対称の軸**にもつ**線対称**な図形である。

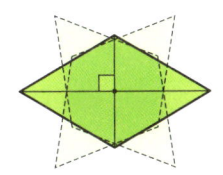

2本の対角線が交わる点を**対称の中心**とする**点対称**な図形である。

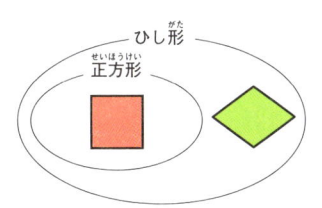

おひな様のかざりに，「ひしもち」というのがあるね。

## ひろがる算数

### ひし形の対角線を変えると，凧形になる

ひし形には，「2本の対角線がそれぞれのまん中の点で垂直に交わる」という性質があります。対角線の交わり方を少し変えると，どんな図形ができるでしょう。

2本の対角線がそれぞれのまん中の点で交わる。 → 長方形　平行四辺形

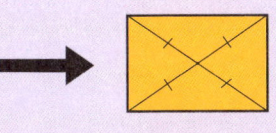

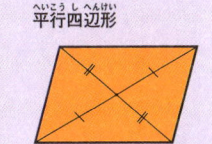

2本の対角線が1本のまん中の点で垂直に交わる。 → 凧形

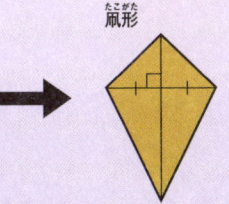

形の調べ方を学ぼう

105

# 正多角形

すべての辺の長さが等しく，すべての角の大きさが等しい多角形を正多角形といいます。正多角形も，辺の数で名前が決まっています。

正三角形　正方形　正五角形　正六角形

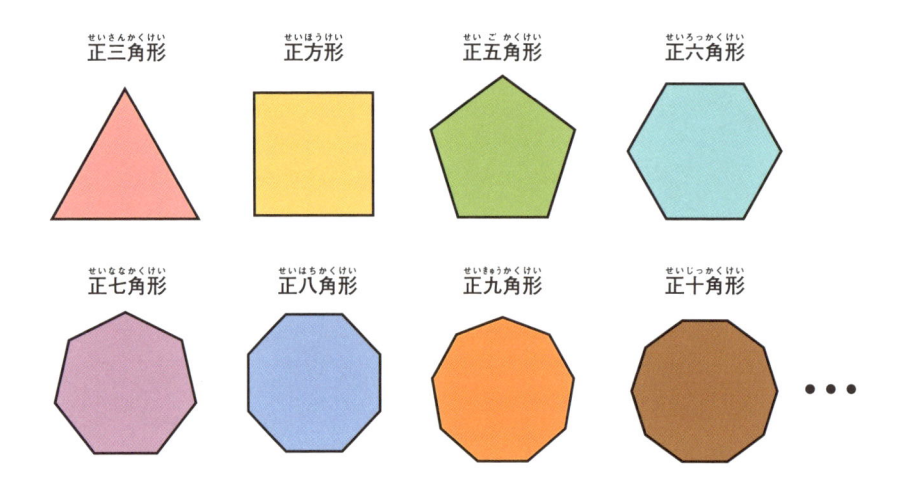

正七角形　正八角形　正九角形　正十角形　…

正多角形は，どれもきれいな形だね。

## 正多角形ではありません　ひろがる算数

「すべての辺の長さが等しい（等辺）」だけの多角形は，正多角形ではありません。

等辺の四角形　等辺の五角形　等辺の六角形

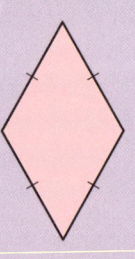

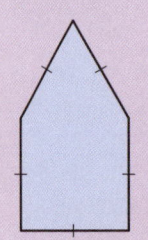

「すべての角の大きさが等しい（等角）」だけの多角形は，正多角形ではありません。

等角の五角形　等角の六角形

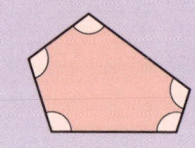

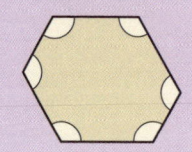

正多角形は，辺の長さと角の大きさの両方とも等しいんだね。

## 多角形の内角の和

内角の大きさの和は，多角形によって決まっています。

## 三角形の内角の和

どんな三角形でも，3つの角（内角）の大きさの和は180°です。
三角形の内角の和が180°であることは，図形を使って説明できます。

いろいろな三角形の角度を測る。

分度器で測ると，3つの角の和は，すべて180°になる。

1つの三角形を切ってみる。

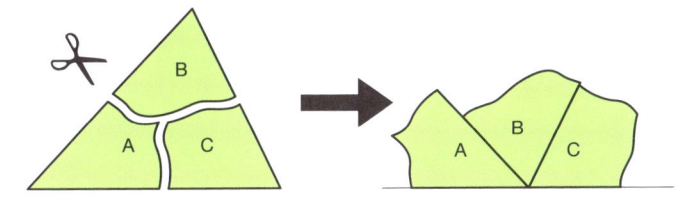

3つの角を集めると，一直線になる。

一直線になるということは，180°だ。

1つの三角形を折ってみる。

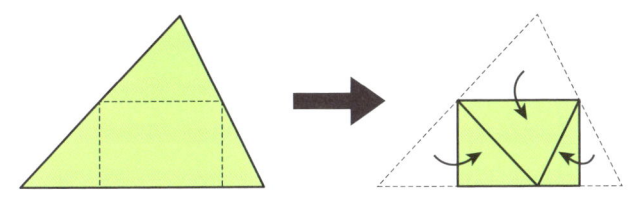

一辺に向かって折ると，一直線になる。

## 三角形の角度を求める

三角形の3つの角の和が180°であることから，大きさのわからない角度を求めることができます。

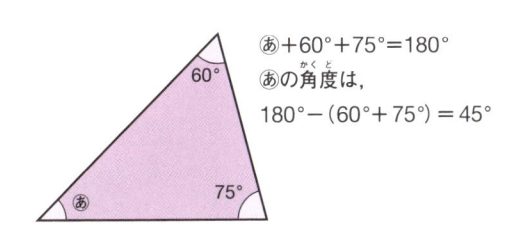

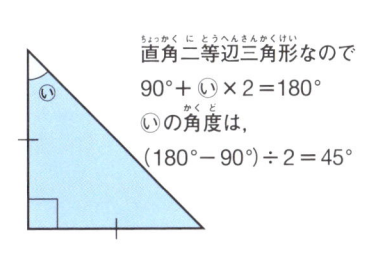

あ＋60°＋75°＝180°
あの角度は，
180°－（60°＋75°）＝45°

直角二等辺三角形なので
90°＋ い ×2＝180°
いの角度は，
(180°－90°)÷2＝45°

形の調べ方を学ぼう

## 四角形の内角の和

四角形の4つの角（内角）の大きさの和は360°です。
四角形の内角の和が360°であることは，三角形の内角の和が180°であることを使って説明できます。

①四角形を対角線で分ける。

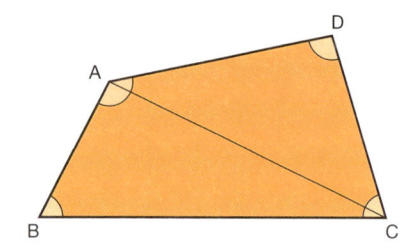

四角形は対角線で2つの三角形に分けることができる。
1つの三角形の内角の和は180°なので，四角形の内角の和は
180°×2＝360°

②図形の中の1点からすべての頂点に線をひく。

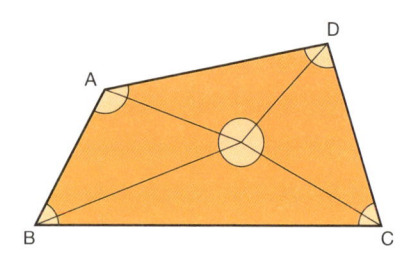

四角形の中の1点から4つの頂点に線をひくと，四角形を4つの三角形に分けることができる。
4つの三角形の内角の和は
180°×4＝720°
4つの三角形が集まったところの角は余分なので　720°－360°＝360°

①，②はすべての四角形でいえることなので，四角形の内角の和は360°である。

### 四角形を三角形に分ける方法のいろいろ

①頂点から頂点へ直線をひく
180°×2

②辺上の点から頂点へ直線をひく
180°×3－180°

③内部の点から頂点へ直線をひく
180°×4－360°

④外部の点から頂点へ直線をひく
180°×3－180°

## きまりを見つける　ひろがる算数

「三角形の内角の和は180°」というきまりを，次の順番で見つけました。

1. いろいろな場合（三角形）を調べて，共通するきまりを予想する。
2. さらに，ほかの場合（三角形）に，きまりが当てはまるかを調べる。
3. どんな場合にも成り立つきまりとして，言葉で表す。

図形だけではなく，計算や数量の場合でも，同じように考えるときまりを見つけることができます。

「四角形の内角の和は360°」というきまりを，次の順番で見つけました。

1. 三角形の内角の和が180°であることがわかっている。
2. わかっていることを使って，四角形の内角の和を調べる。
3. どんな場合にも成り立つきまりとして，言葉で表す。

わかっていることを使って，新しいきまりを見つけることができます。

きまりを見つけると，ほかの図形や計算などでも答えがわかるようになるね。

## まん丸な形が円

円 circle

1つの点から同じ距離にある点の集まりが曲線になった形が円です。

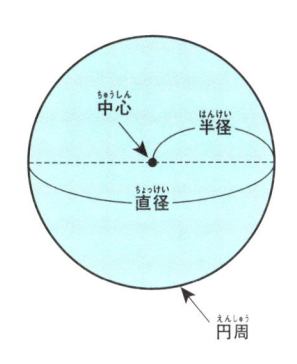

**円の中心**
円のまん中の点。

**半径**
円の中心と円周上の点を結ぶ直線。

**直径**
円の中心を通る円周上の2点を結ぶ直線。

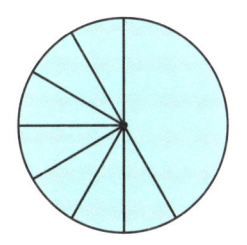

1つの円で半径の長さはすべて等しい。

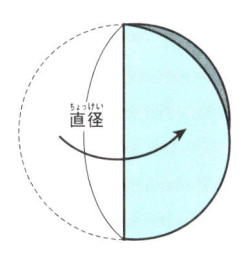

円は、2つにきちんと折ると、どこで折ってもぴったり重なる。その折りめの線が直径である。

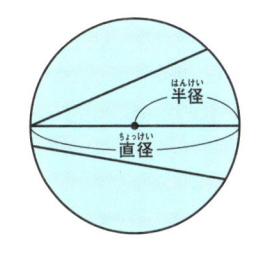

直径は中心を通り、半径の2倍の長さがあり、円内にひいた直線のうちで、いちばん長い。

### 円と楕円とスーパー楕円　　ひろがる算数

楕円は、2つの点からの距離の和がいつも同じになる点の集まりが曲線になった形です。楕円のもとになる、2つの点のことを焦点といいます。

楕円の2つの焦点が1つの点になると円になるということもあります。また、楕円が長方形にちかづいたような形を「スーパー楕円」といいます。カーブが緩やかで普通の楕円より安定した形なので、スタジアムやテーブル、食器などの形に使われています。

形の調べ方を学ぼう

## 円の長さの関係

円周の長さが直径の長さの何倍かを表す数は、きまった数になっています。この円周の直径に対する割合を**円周率**といいます。

①直径1cmの円を1回転させる。

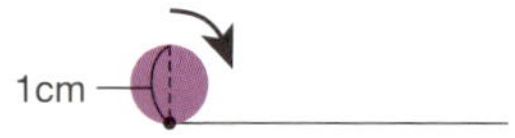

②回転した長さは、円周の長さと等しく約3.14cm。

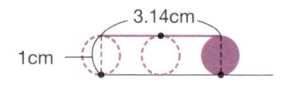

③同じように、直径2cm、3cm、4cmの円を1回転させる。

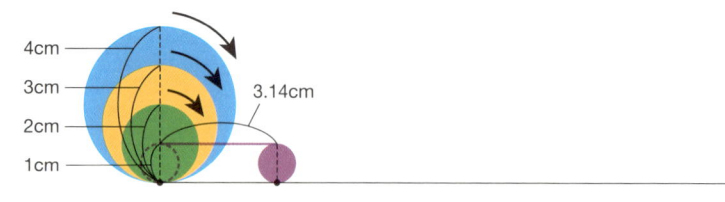

④それぞれ、円周の長さは、約6.28cm、約9.42cm、約12.56cmとなる。

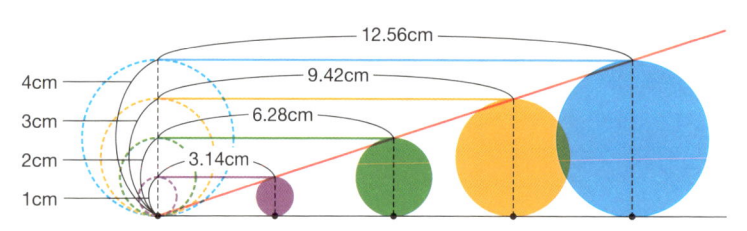

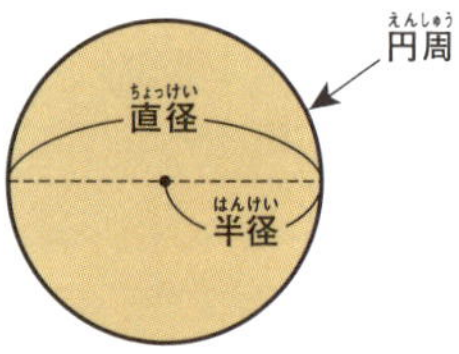

円周率は、円周の長さを直径の長さでわった3.141592653…という数で、算数の計算では3.14を使います。

**円周＝直径×3.14（円周率）**

> 移動した点を結ぶと、一直線になります。この直線は、比例の関係を表しています。

## 円を切りとった形

円を等分した形には、割合を表した名前がついています。

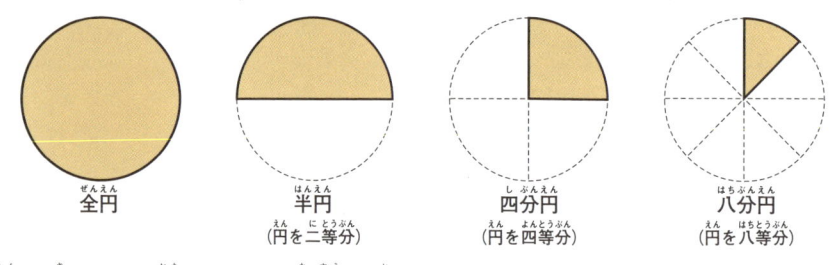

- 全円
- 半円（円を二等分）
- 四分円（円を四等分）
- 八分円（円を八等分）

円の切りとり方によって名前が変わります。

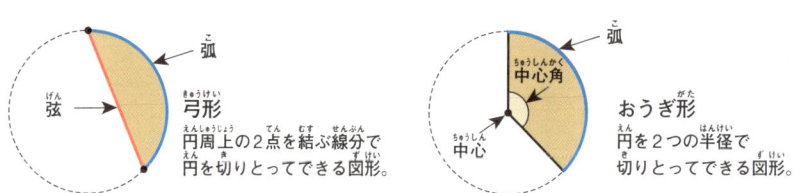

**弓形**：円周上の2点を結ぶ線分で円を切りとってできる図形。

**おうぎ形**：円を2つの半径で切りとってできる図形。

> 弧は、2点で切りとった円周の一部で、弦は、円周上の2点を結んだ直線です。

## 厚さがある図形・立体図形

立体図形 3D shapes
(three-dimensional shapes)

立体図形とは，平らな面や曲がった面で囲まれた形で，たてと横と厚さがある図形です。算数では，立体図形の中でいくつかの柱体（角柱と円柱）と球について学びます。

## 柱の形をした図形

柱体 cylinder

柱体は，合同な2つの平面と1つ以上の面で囲まれた，柱の形をした立体図形です。2つの平面が多角形の柱体を角柱，2つの平面が円の柱体を円柱といいます。

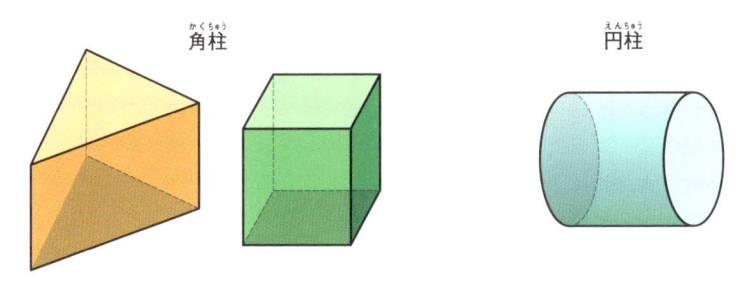

角柱　　　　　　　円柱

柱体の2つの平面を底面，残りの面を側面といいます。
角柱の側面は平面（平らな面）ですが，円柱の側面は曲面（曲がった面）です。

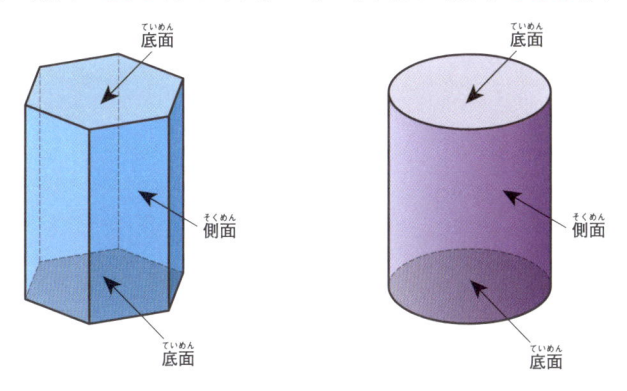

柱体の平行な2つの平面が，上下にあっても，左右にあっても，底面というね。

柱体の底面と底面の間のはばを高さといいます。高さは，底面と垂直に交わる線の長さです。角柱にも平面図形と同じように，頂点と辺があります。

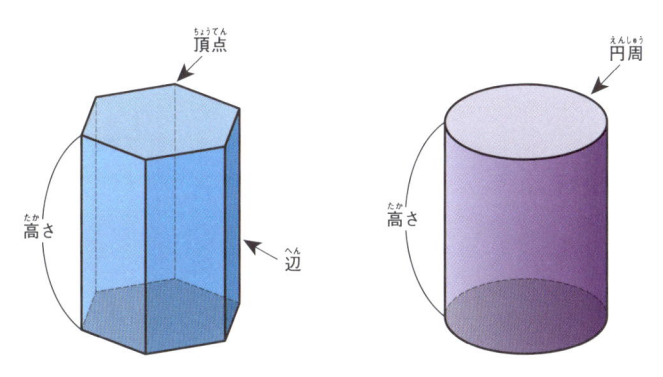

角柱と円柱は，柱体の仲間です。
柱体
角柱　円柱

形の調べ方を学ぼう

111

# 角柱

角柱 prism

底面の形が多角形の柱体が角柱です。角柱の名前は，底面の形で決まっていて，底面が三角形，四角形，五角形，……の角柱を，それぞれ三角柱，四角柱，五角柱，……といいます。

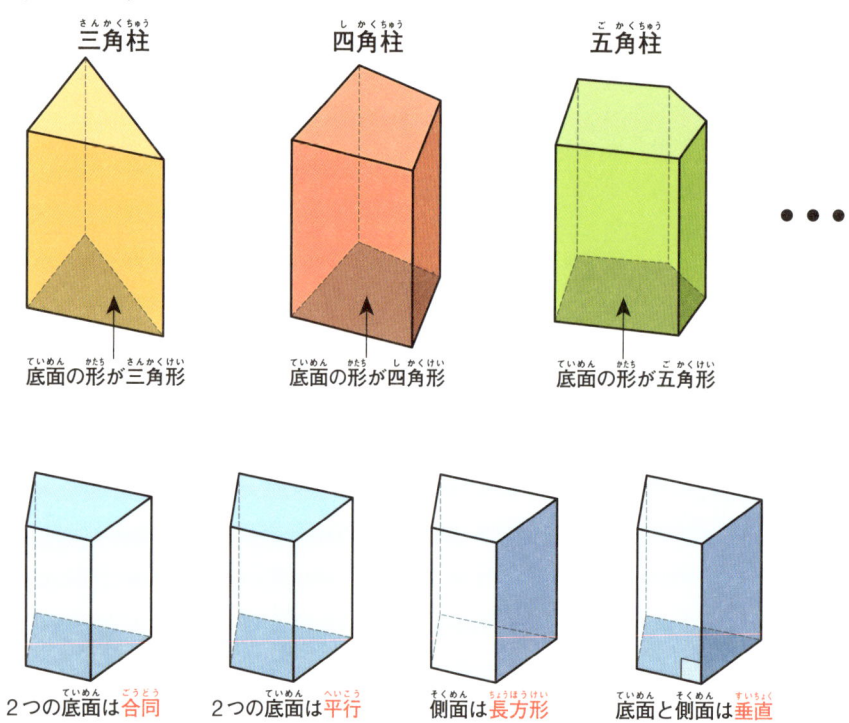

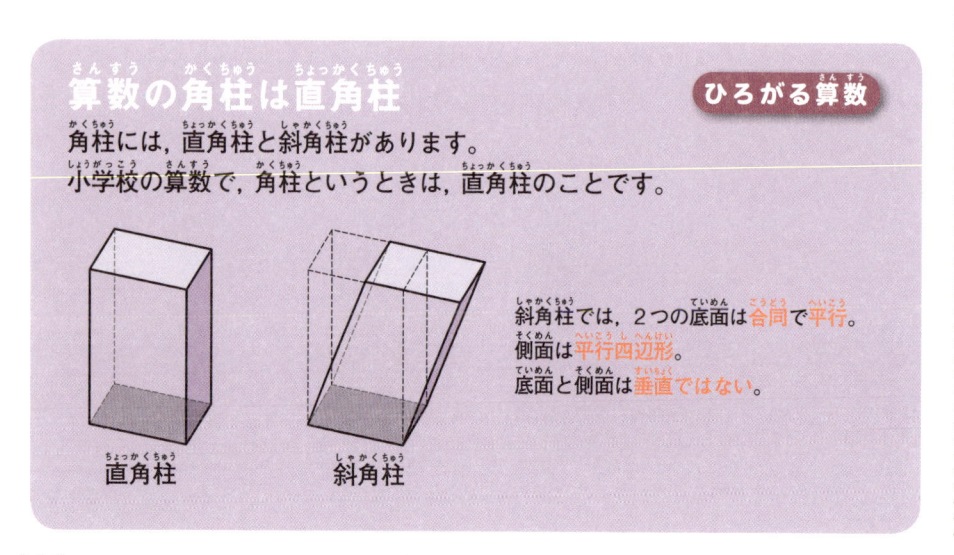

三角柱　　四角柱　　五角柱

底面の形が三角形　底面の形が四角形　底面の形が五角形

2つの底面は**合同**　　2つの底面は**平行**　　側面は**長方形**　　底面と側面は**垂直**

## 算数の角柱は直角柱　　ひろがる算数

角柱には，直角柱と斜角柱があります。
小学校の算数で，角柱というときは，直角柱のことです。

直角柱　　斜角柱

斜角柱では，2つの底面は**合同**で**平行**。
側面は**平行四辺形**。
底面と側面は**垂直ではない**。

直角柱と斜角柱は，角柱の仲間です。

角柱
直角柱　斜角柱

# 正多角柱

正多角柱 regular polygonal prism

底面が正多角形の場合は，それぞれ正三角柱，正四角柱，正五角柱，……といいます。

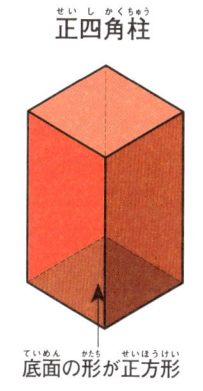

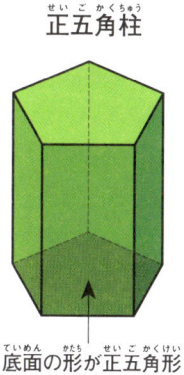

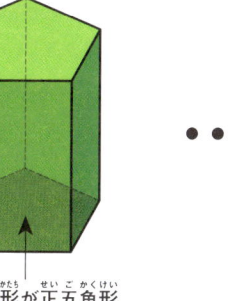

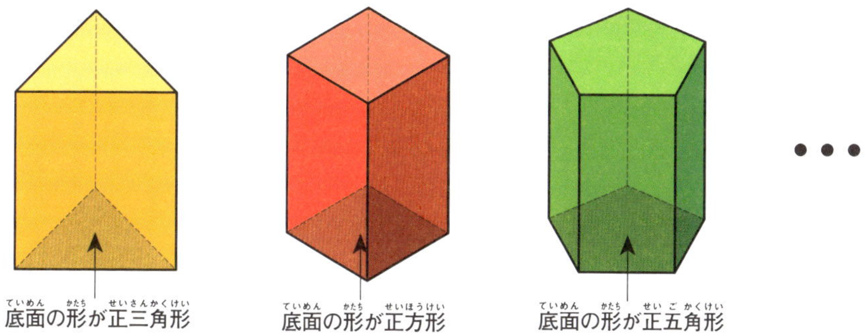

**正三角柱** 底面の形が正三角形
**正四角柱** 底面の形が正方形
**正五角柱** 底面の形が正五角形

## 四角柱の仲間　ひろがる算数

直方体と立方体は，四角柱です。

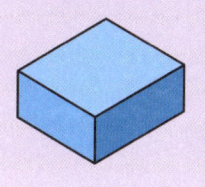

**直方体** cuboid
直方体は，長方形だけで囲まれた形や，長方形と正方形で囲まれた形です。だから，底面が長方形の四角柱です。

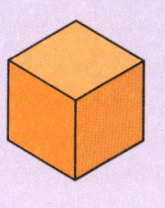

**立方体** cube
立方体は，正方形だけで囲まれた形です。だから，底面が正方形の正四角柱です。正六面体ともいいます。

立方体は直方体の仲間です。

# 円柱

円柱 cylinder

底面の形が円の柱体が，円柱です。

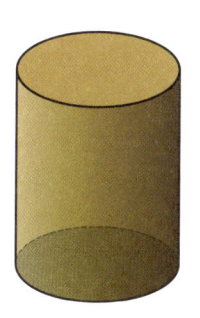

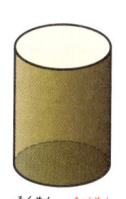

2つの底面は合同な円
2つの底面は平行
側面は曲面

円柱をななめに切りとったような形は，円柱ではありません。

形の調べ方を学ぼう

113

# 球

球は，どこから見ても円に見える形です。

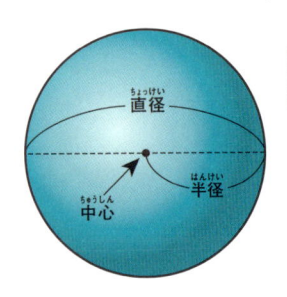

球を半分に切ったとき，その切り口の円の中心，半径，直径をそれぞれ球の中心，半径，直径という。

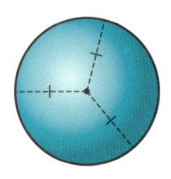

1つの球の半径は，すべて長さが等しい。

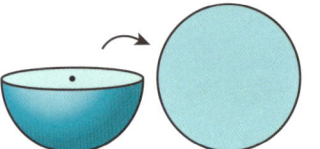

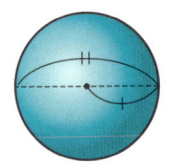

球を平面で切ると，切り口の形はどこでも円になる。

球の直径の長さは，半径の長さの2倍。

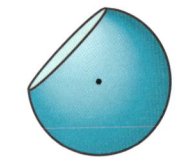

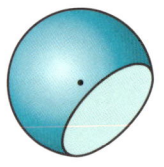

直径で球を切ったときの切り口の形がいちばん大きくなる。

角錐と円錐は，錐体の仲間です。

錐体
角錐　円錐

錐体を底面に平行になるように切りとったような形にも名前があります。

円錐台

三角錐台

## 底面が1つの立体，錐体　　ひろがる算数

三角コーンのような先がとがった形を，錐体といいます。
錐体の名前も，底面の形で決まります。

三角錐　　四角錐　　円錐

底面が三角形　　底面が四角形　　底面が円

円錐は，平面図形（三角形）を回転させたときにできる形なので，回転体ともいいます。

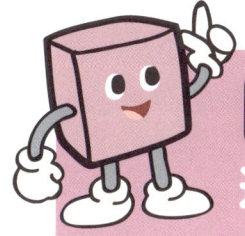

# 図形の調べ方
## 辺・頂点・角や，位置関係などを調べます。

## 直線（辺）の位置関係を調べる

**垂直**

2本の直線が交わって直角ができるとき，この2本の直線は垂直であるといいます。

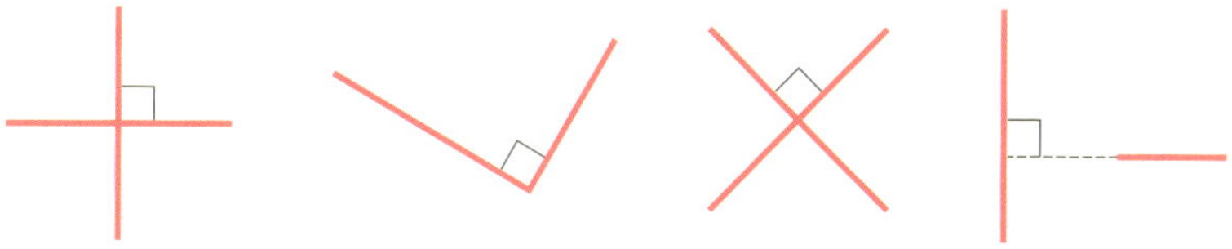

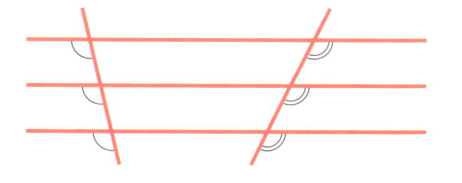

> 直線が交わっていなくても，直線をのばして，直角に交わるときも垂直です。

**平行**

1本の直線に垂直な2本の直線は平行であるといいます。

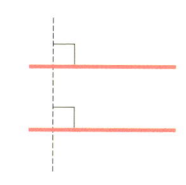

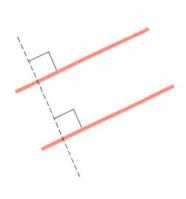

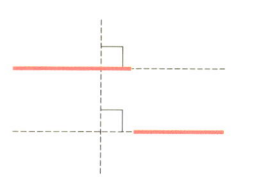

> 2本の直線がそろって並んでいなくても，もう1本の直線に垂直ならば，平行です。

平行な2本の直線のはばは，どこも等しい。

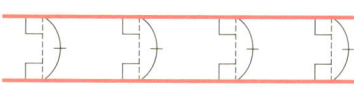

平行な直線どうしは，どこまでのばしても交わらない。

平行な直線は，ほかの直線と等しい角度で交わる。

## 形の調べ方を学ぼう

次の図形は，垂直な辺があって，直角がない四角形です。

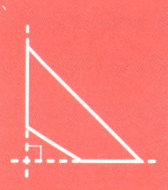

この四角形を見ると，垂直と直角はちがうことだとわかります。垂直は直線の関係を表し，直角は角の形を表しています。

# 三角形を調べる

三角形の仲間は，辺・頂点・角の数はすべて3つで同じです。
だから，三角形では，「辺の長さが等しい」ことや「直角がある」ことを調べれば，仲間分けができます。

正三角形　　二等辺三角形　　直角三角形

直角二等辺三角形　　そのほかの三角形

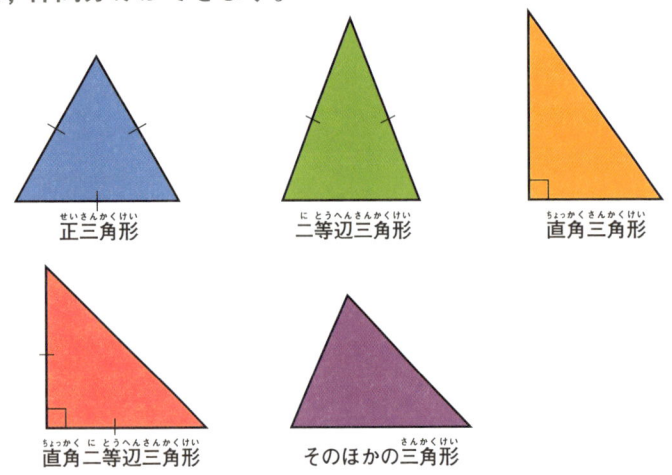

| 同じところ | 三角形の仲間 |
|---|---|
| 3つの辺の長さが等しい | 正三角形 |
| 2つの辺の長さが等しい | 正三角形　二等辺三角形　直角二等辺三角形 |
| 直角がある | 直角三角形　直角二等辺三角形 |

## 三角形の仲間

ベン図に表すと，仲間の関係がわかりやすくなるよ。

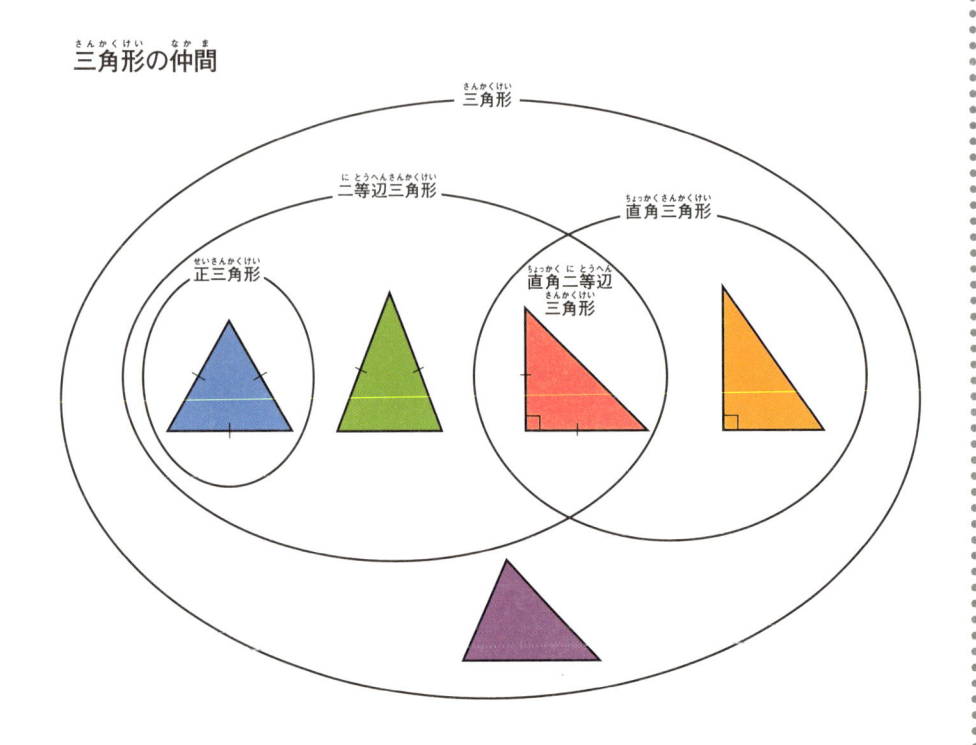

# 四角形を調べる

四角形の仲間は，辺・頂点・角の数はすべて4つで同じです。
だから，四角形では，「辺の長さが等しい」ことや「直角がある」こと，「平行である」ことを調べれば，仲間分けができます。

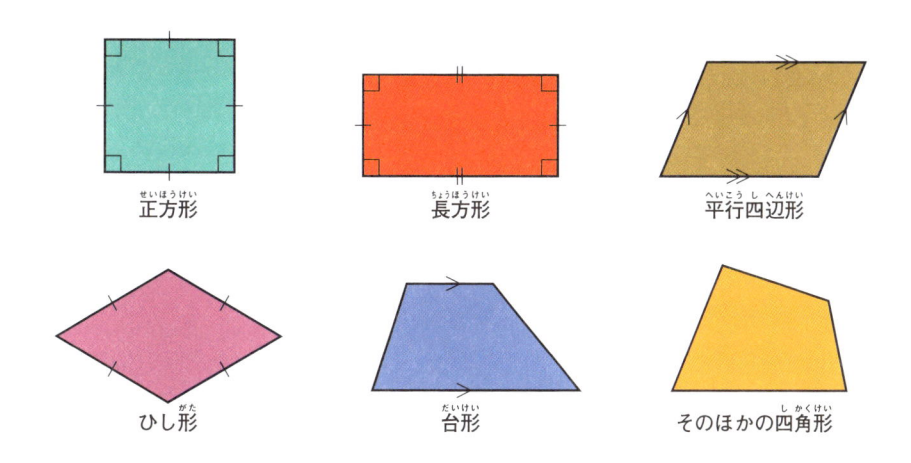

正方形　　長方形　　平行四辺形

ひし形　　台形　　そのほかの四角形

| 同じところ | 四角形の仲間 |
|---|---|
| 4つの辺の長さが等しい | 正方形　　　　　　　　　　ひし形 |
| 向かい合った2組の辺の長さが等しい | 正方形　長方形　平行四辺形　ひし形 |
| 4つの角が直角 | 正方形　長方形 |
| 向かい合った2組の辺が平行 | 正方形　長方形　平行四辺形　ひし形 |
| 向かい合った1組の辺が平行 | 正方形　長方形　平行四辺形　ひし形　台形 |

## 四角形の仲間

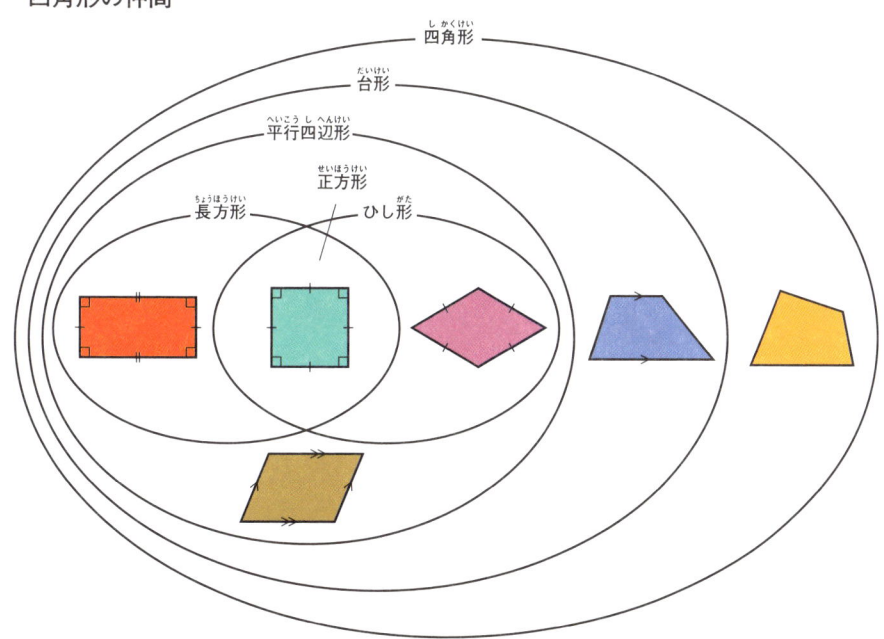

四角形 ⊃ 台形 ⊃ 平行四辺形 ⊃ 正方形・長方形・ひし形

いちばん外側の形は，特別ではない四角形なんだね。

形の調べ方を学ぼう

117

# 四角形の対角線を調べる

対角線の長さや交わり方の違いでも、四角形を仲間分けすることができます。

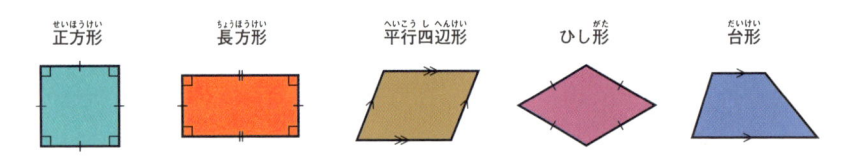

正方形　長方形　平行四辺形　ひし形　台形

| 対角線の長さや交わり方 | 四角形の仲間 |
| --- | --- |
| 2本の対角線の長さが等しい | 正方形　長方形 |
| 2本の対角線が交わる点から4つの頂点までの長さが等しい | 正方形　長方形 |
| 2本の対角線が垂直に交わる | 正方形　　　　　　　　　　ひし形 |
| 2本の対角線がたがいに他を2等分する | 正方形　長方形　平行四辺形　ひし形 |

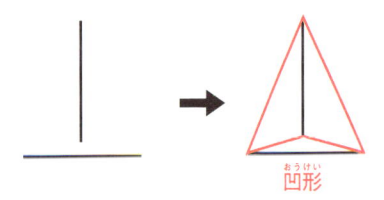

> 2本の対角線がたがいに他を2等分するとは、対角線が交わった点から両はしまでの長さが等しいことをいいます。
>
> 正方形
>
> 長方形

## 対角線と四角形の関係

㋐ 2本の対角線の長さが等しく、垂直に交わり、たがいに他を2等分する。
→ 正方形

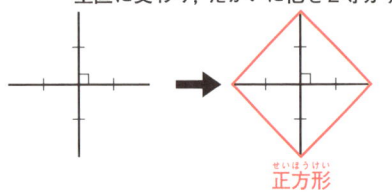

㋑ ㋐の対角線の長さを変える。
→ ひし形

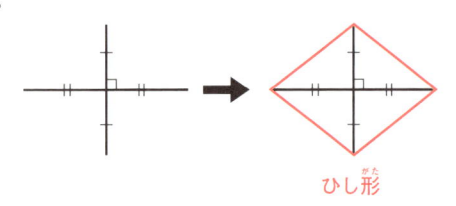

㋒ ㋐の対角線の交わり方を変える。
→ 長方形 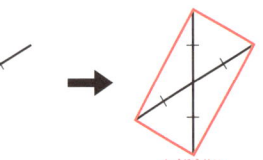 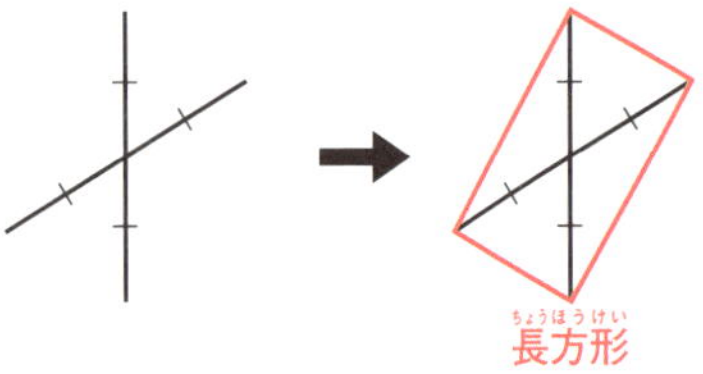

㋓ ㋒の対角線の長さを変える。
→ 平行四辺形

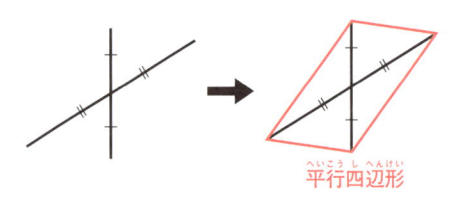

㋔ ㋐の対角線が交わらない。
→ 凹形

# 立体図形を調べる

角柱は，底面の形が多角形の柱体です。
底面の形がちがう角柱の辺の数・頂点の数・面の数を調べると，次のようになります。

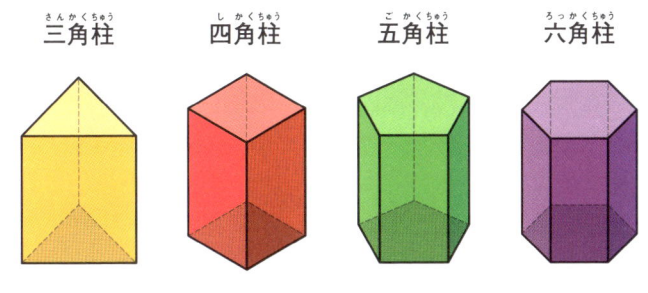

三角柱　四角柱　五角柱　六角柱

|  | 三角柱 | 四角柱 | 五角柱 | 六角柱 |
|---|---|---|---|---|
| 1つの底面の辺の数 | 3 | 4 | 5 | 6 |
| 頂点の数 | 6 | 8 | 10 | 12 |
| 辺の数 | 9 | 12 | 15 | 18 |
| 面の数 | 5 | 6 | 7 | 8 |

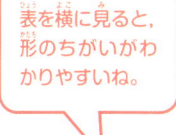

表を横に見ると，形のちがいがわかりやすいね。

## 角柱の頂点の数・辺の数・面の数の関係

**ひろがる算数**

角柱の頂点，辺，面は，底面の形によってそれぞれの数が決まります。

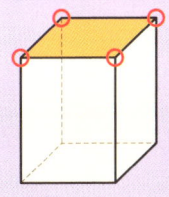

底面が2つあるから，
(頂点の数) = (底面の頂点の数)×2
底面の頂点の数は，底面の辺の数と同じだから，
(頂点の数) = (底面の辺の数)×2

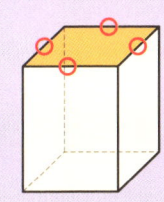

辺の数は，2つの底面の辺の数に，底面の頂点どうしをつなぐ辺の数を加えるから，
(辺の数) = (底面の辺の数)×3

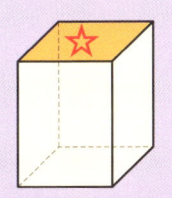

面の数は，底面の数2に，底面の辺どうしをつなぐ面の数を加えるから，
(面の数) = (底面の辺の数)+2

どれも，底面の辺の数で表すことができるので，頂点の数，辺の数，面の数の関係を1つの式に表してみると，
(頂点の数) − (辺の数) + (面の数) = 2
となります。つまり，すべての角柱は，頂点の数から辺の数をひいて，面の数をたすと2になるということです。
平面図形で，頂点の数・辺の数・面の数の関係を調べると，
(頂点の数) − (辺の数) + (面の数) = 1
となります。図形をかいて，調べてみましょう。

---

**形の調べ方を学ぼう**

この式は，有名なオイラーの多面体公式といいます。難しい言葉で表すと，「多面体の頂点の数をV，辺の数をE，面の数をFとするとき，次の関係が成り立つ。
$V - E + F = 2$」
となります。オイラーの多面体公式は，高校数学で習います。

# 立体図形を調べる観点

身の回りにある形もふくめると，立体図形はいろいろな調べ方ができます。

## 展開図を調べる

立体図形を切り開いた図が，展開図です。
展開図を調べると，組み立てた後にどんな立体になるかがわかります。

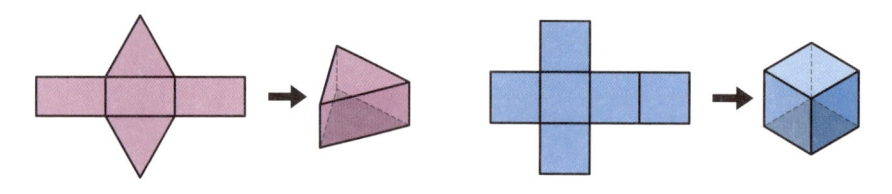

## 表面積を調べる

表面積とは，立体図形の表面の面積のことです。

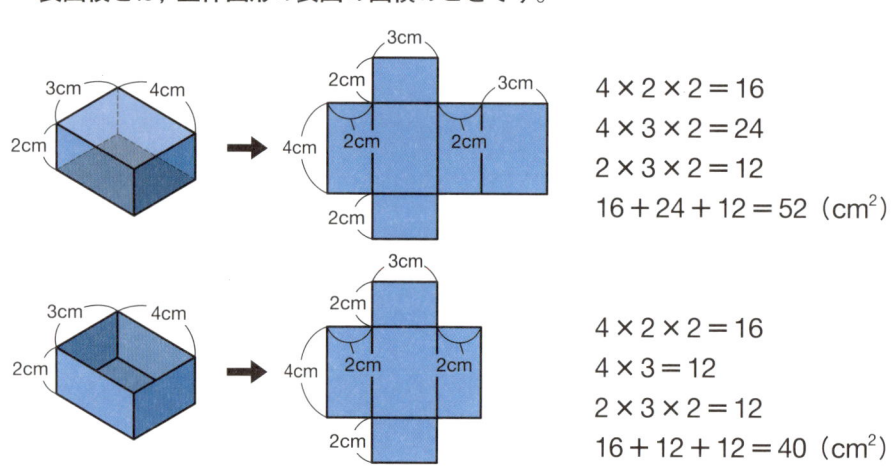

$4 \times 2 \times 2 = 16$
$4 \times 3 \times 2 = 24$
$2 \times 3 \times 2 = 12$
$16 + 24 + 12 = 52$ （cm²）

$4 \times 2 \times 2 = 16$
$4 \times 3 = 12$
$2 \times 3 \times 2 = 12$
$16 + 12 + 12 = 40$ （cm²）

下の直方体は，ふたのない箱の形なんだね。

## 真上から見た形・真横から見た形を調べる

真上から見た形や真正面・真横から見た形を，投影図といいます。

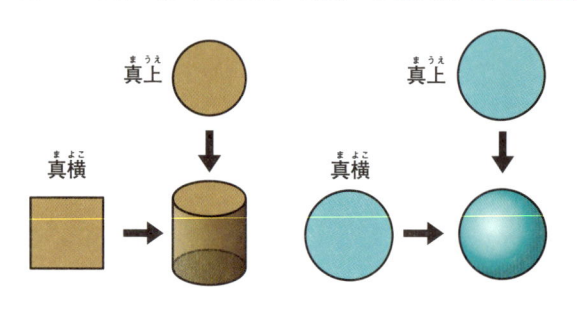

立体図形に光を当てて，後ろに映したかげの形も投影図といいます。

## 合同な図形

ぴったり重ねることのできる2つの図形は**合同**であるといいます。
合同な図形では，重なる頂点を**対応する頂点**，重なる辺を**対応する辺**，重なる角を**対応する角**といいます。

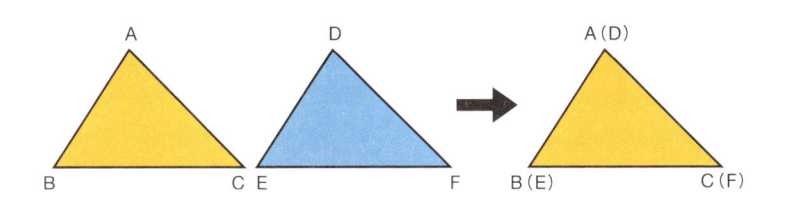

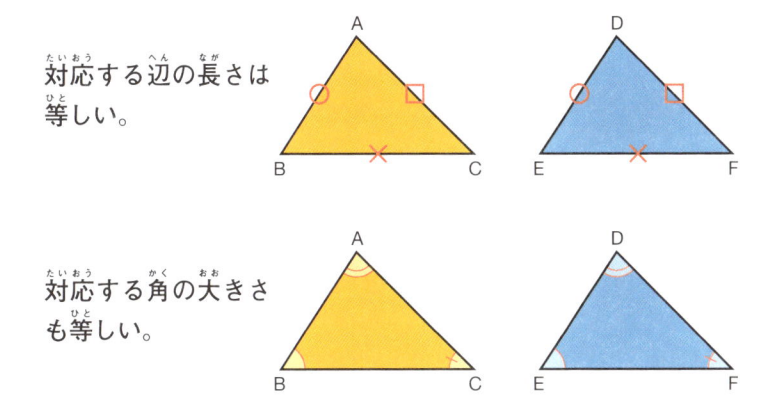

対応する辺の長さは等しい。

対応する角の大きさも等しい。

## ずらす，まわす，うらがえす

図形をずらしたり，まわしたり，うらがえしたりして重ねると，図形が合同であるかどうか調べられます。

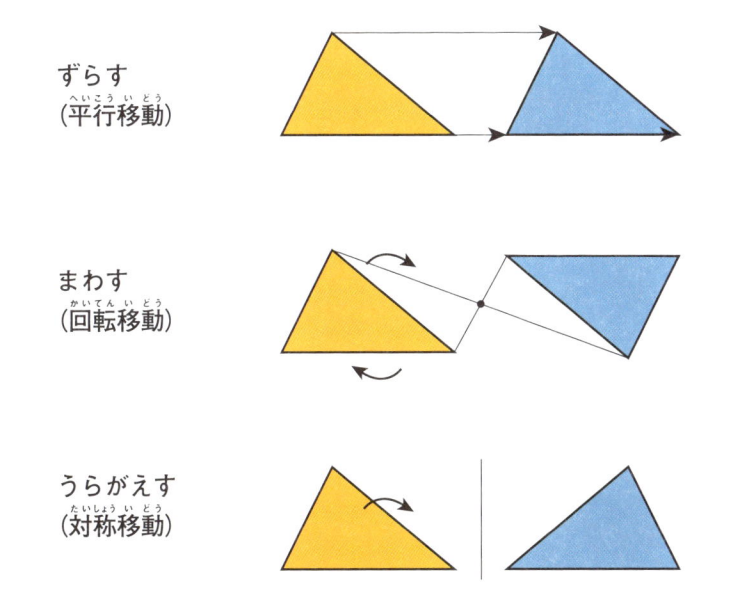

ずらす
（平行移動）

まわす
（回転移動）

うらがえす
（対称移動）

形の調べ方を学ぼう

動かしてぴったり重なれば合同なんだね。

# 対称な図形

対称な図形とは，折ったり回したりずらしたりして，ぴったり重ねあわせることのできる図形です。

## 線対称

1本の直線を折りめとして2つに折ったとき，折りめの両側の部分がぴったりと重なる図形を線対称な図形といいます。このときの折りめの直線を対称の軸といいます。

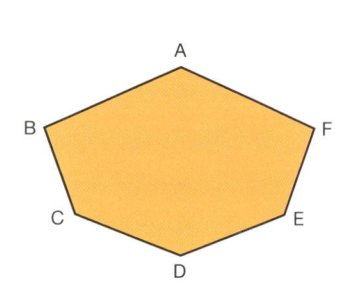

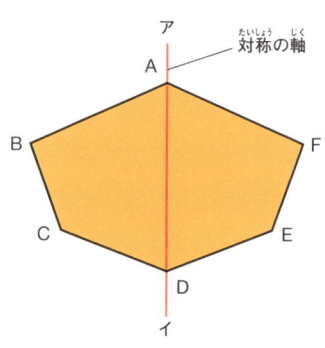

線対称な図形で，対称の軸を折りめとして2つに折ったとき，ぴったり重なる頂点を対応する頂点，重なる辺を対応する辺，重なる角を対応する角といいます。

線対称な図形では，対応する辺の長さと対応する角の大きさは等しい。

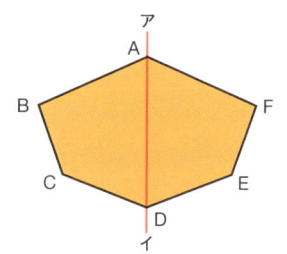

線対称な図形では，対応する2つの点を結ぶ直線と対称の軸は，垂直に交わる。

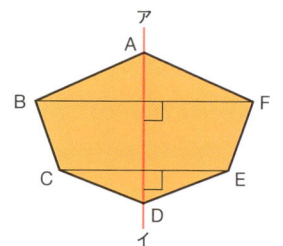

この交わる点から，対応する2つの点までの長さは等しい。

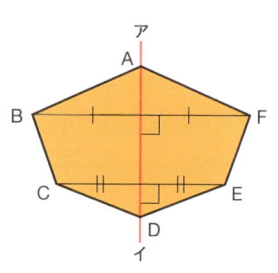

# 点対称

1つの点を中心にして180°回転させたとき，もとの形とぴったり重なる図形を<u>点対称な図形</u>といいます。このときの中心にした点を<u>対称の中心</u>といいます。

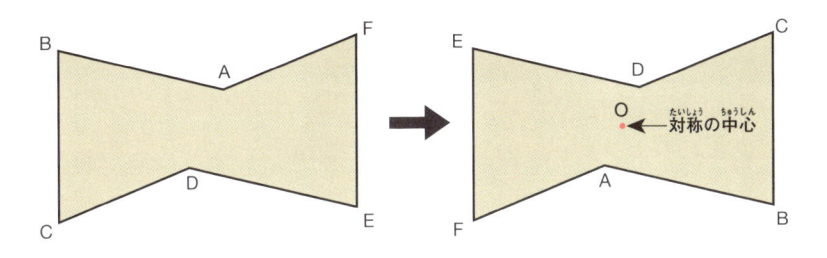

点対称な図形で，1つの点を中心にして180°回転させたとき，ぴったり重なる頂点を<u>対応する頂点</u>，重なる辺を<u>対応する辺</u>，重なる角を<u>対応する角</u>といいます。

点対称な図形では，対応する辺の長さと対応する角の大きさは等しい。

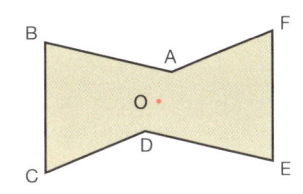

点対称な図形では，対応する2つの点を結ぶ直線は，対称の中心を通る。

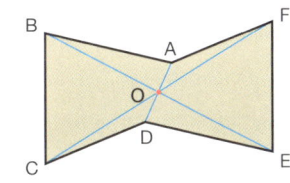

対称の中心から，対応する2つの点までの長さは等しい。

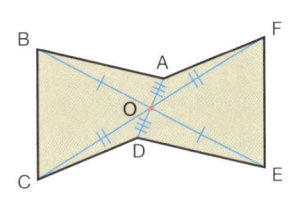

---

下の図のような，120°回転させたときに，元の図形とぴったり重なる図形を，120°回転対称な図形といいます。回転して元の図形と同じになることを回転対称といいます。
180°回転対称の場合は，特に点対称といいます。

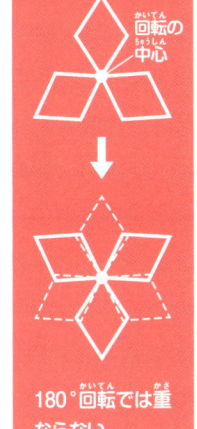

180°回転では重ならない。

形の調べ方を学ぼう

## 拡大図と縮図

もとの図を，形を変えないで大きくした図を**拡大図**といい，形を変えないで小さくした図を**縮図**といいます。

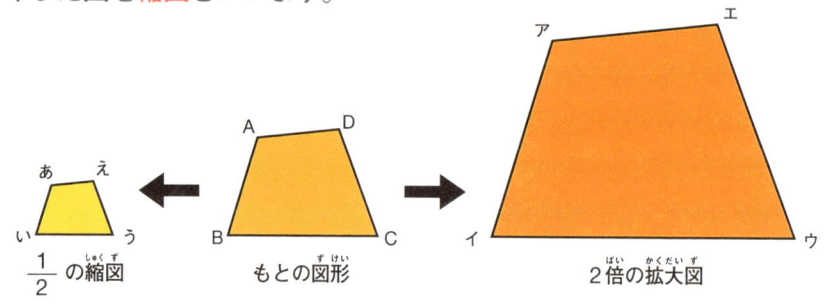

$\frac{1}{2}$の縮図　　もとの図形　　2倍の拡大図

$\frac{1}{2}$や2倍というのは，辺の長さの割合です。

拡大図，縮図では，対応する角の大きさは等しい。
角あ＝角A，角い＝角B，
角う＝角C，角え＝角D

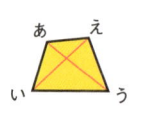

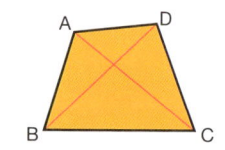

対応する辺の長さの比は等しい。
辺あい：辺AB＝1：2
辺いう：辺BC＝1：2
辺うえ：辺CD＝1：2
辺えあ：辺DA＝1：2

対角線の長さの比は等しい。
対角線あう：対角線AC＝1：2
対角線いえ：対角線BD＝1：2

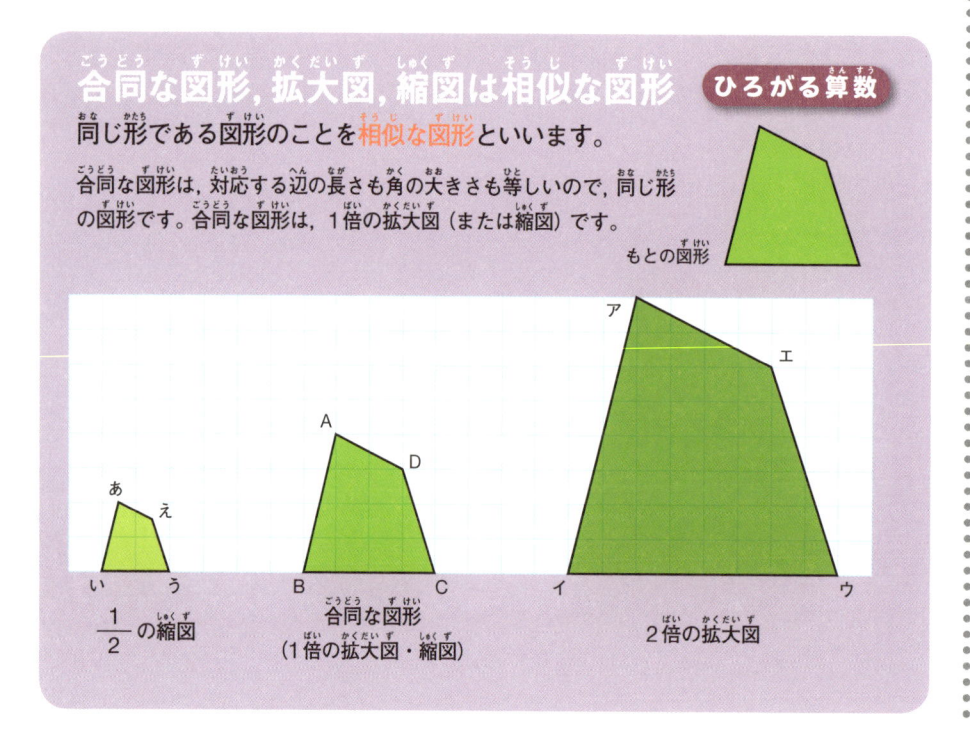

### 合同な図形，拡大図，縮図は相似な図形　〔ひろがる算数〕

同じ形である図形のことを**相似な図形**といいます。

合同な図形は，対応する辺の長さも角の大きさも等しいので，同じ形の図形です。合同な図形は，1倍の拡大図（または縮図）です。

もとの図形

$\frac{1}{2}$の縮図　　合同な図形（1倍の拡大図・縮図）　　2倍の拡大図

同じ形は，大きさがちがってもすべて同じ仲間だね。

# 位置の表し方

ものがある場所は, 数を使って表します。

## 平面上の点の位置

平面上の点の位置は, 2つの大きさの組で表すことができます。

> 点イ, ウの位置を, 点アをもとにして表しましょう。

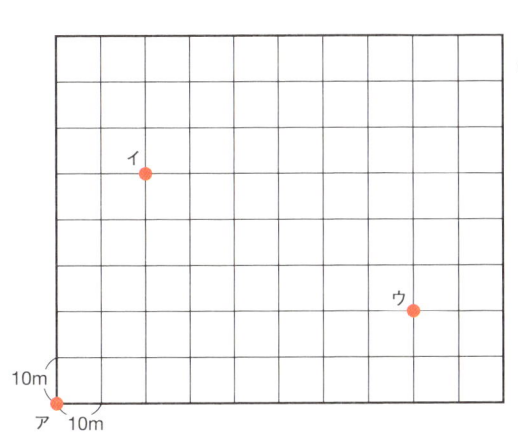

点イ（東20m, 北50m），
点ウ（東80m, 北20m）

> 点オの位置を, 点エをもとにして表しましょう。

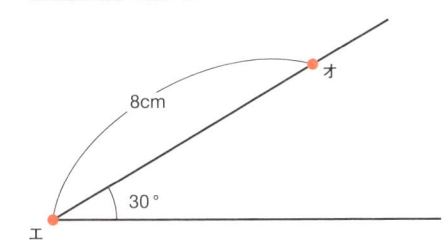

点オ（30°, 8cm）

## 空間にある点の位置

空間にある点の位置は, 3つの大きさの組で表すことができます。

> 点キの位置を, 点カをもとにして表しましょう。

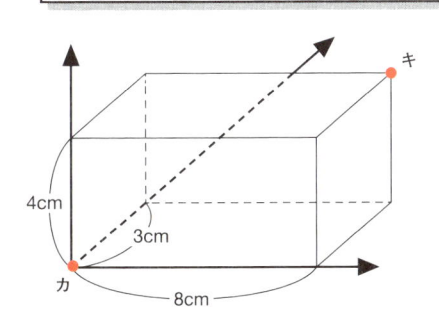

点キ（たて3cm, 横8cm, 高さ4cm）

---

形の調べ方を学ぼう

平面でも空間でも, 位置を表す大きさは, それぞれの場面にあったものを使います。

空間にある点の位置は, 平面から, 1方向の大きさが増えるだけです。

125

# 作図する
## 図形の性質を使って、作図します。

作図をするときに使う，三角定規，コンパス，分度器は便利な道具です。
それぞれ使い方を覚えると，図形を早く簡単に作図することができます。

## 三角定規を使う

三角定規は、形のちがう
直角三角形が
2枚で1組の道具です。

三角定規で、垂直な直線、平行な直線をかきます。

### 垂直な直線をかく

① もとの直線にAの三角定規を合わせる。
② Bの三角定規をAの三角定規にぴったり合わせて，直角をつくる。
　もとの直線からずれないように注意しながら，Bの三角定規の位置を決めて，直線をかく。

### 平行な直線をかく

① もとの直線にBの三角定規の直角のある辺を合わせる。
② Aの三角定規をBの三角定規にぴったり合わせて，直角をつくる。
　Aの三角定規がずれないように注意しながら，Bの三角定規の位置を決めて，直線をかく。

## コンパスを使う

コンパスは、円をかいたり、同じ長さを測ったりすることができる道具です。

円をかく

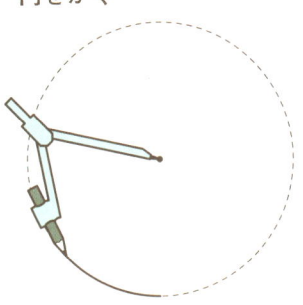

①半径の長さに開く。 
②中心となるところに針をさす。 
③ななめにかたむけて、ひとまわりさせる。

コンパスの針が動かないように気をつけよう。

同じ長さに区切る

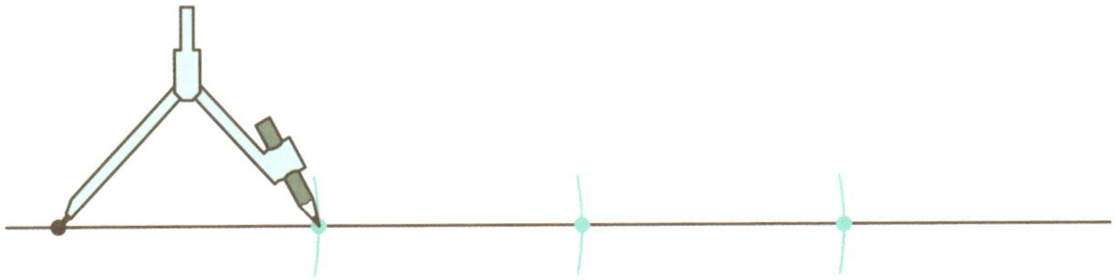

同じ長さを写しとる

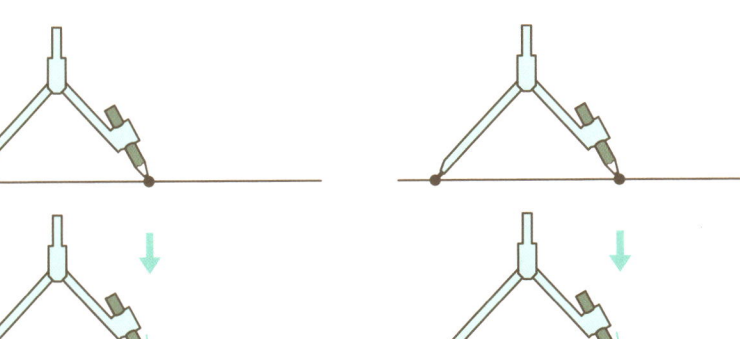

同じ長さであることを確かめる

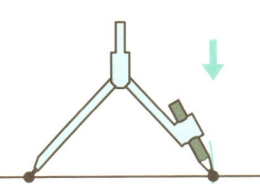

長さがわからない図形をかくときは、コンパスで長さを写しとることができます。

形の調べ方を学ぼう

### コンパスのもとは、ディバイダ

コンパスの鉛筆の部分も針になっているものをディバイダといいます。

このディバイダは、両方が針になっているので、コンパスよりも正確に長さを測り取ることができます。また、ディバイダとは区切るものという意味で、本棚の間仕切りや電気信号の分配器なども、ディバイダという名前でよばれます。

ひろがる算数

ディバイダ
ディバイダ（本棚の間仕切り）
ディバイダ（分配器）

写真提供／アンリツ株式会社（分配器）

# 分度器を使う

図形の角度を測るときは、分度器を使います。

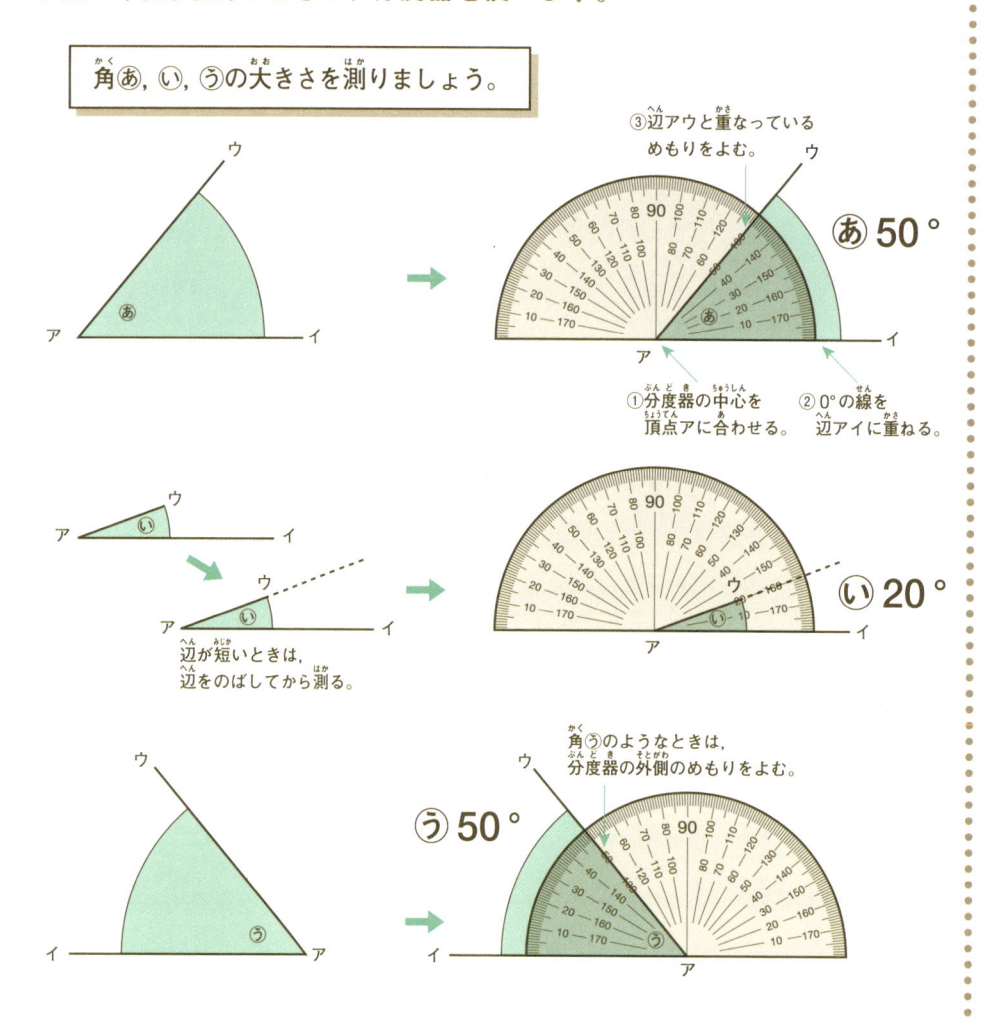

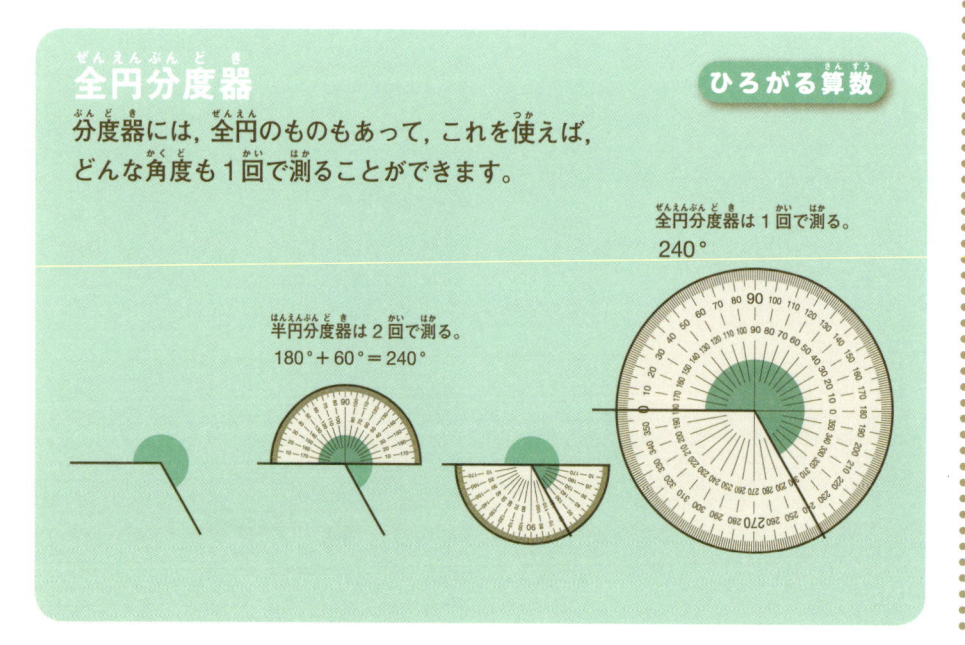

角あ、い、うの大きさを測りましょう。

③辺アウと重なっている めもりをよむ。

あ 50°

①分度器の中心を 頂点アに合わせる。
②0°の線を 辺アイに重ねる。

辺が短いときは、 辺をのばしてから測る。

い 20°

角うのようなときは、 分度器の外側のめもりをよむ。

う 50°

## 全円分度器

**ひろがる算数**

分度器には、全円のものもあって、これを使えば、どんな角度も1回で測ることができます。

全円分度器は1回で測る。
240°

半円分度器は2回で測る。
180°+60°=240°

全円とは、360°の円のことです。半分の180°の円は、半円です。

128

2枚の三角定規は，同じ長さの部分があるように作られています。

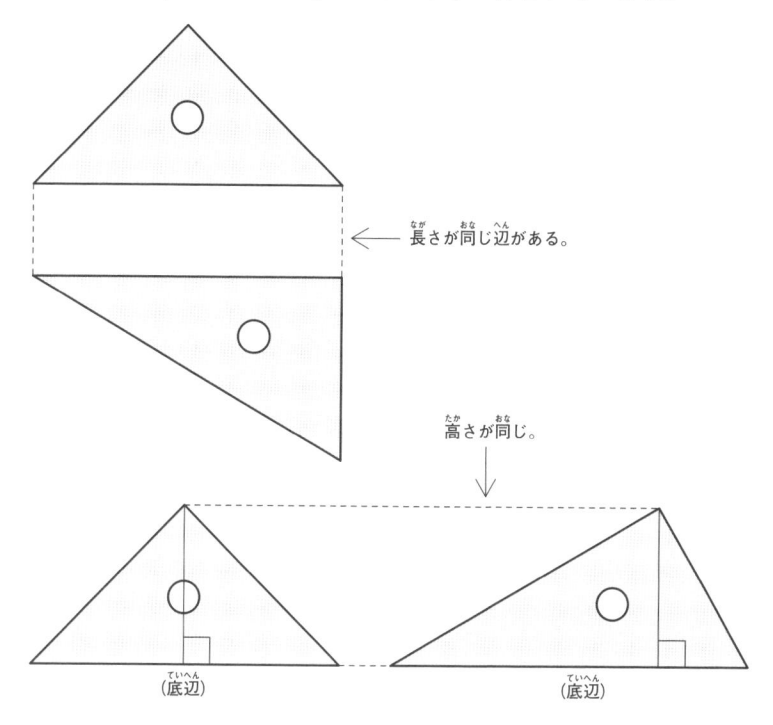

← 長さが同じ辺がある。

高さが同じ。
↓

(底辺)　　(底辺)

2枚の三角定規で，12個の角の大きさをつくることができます。

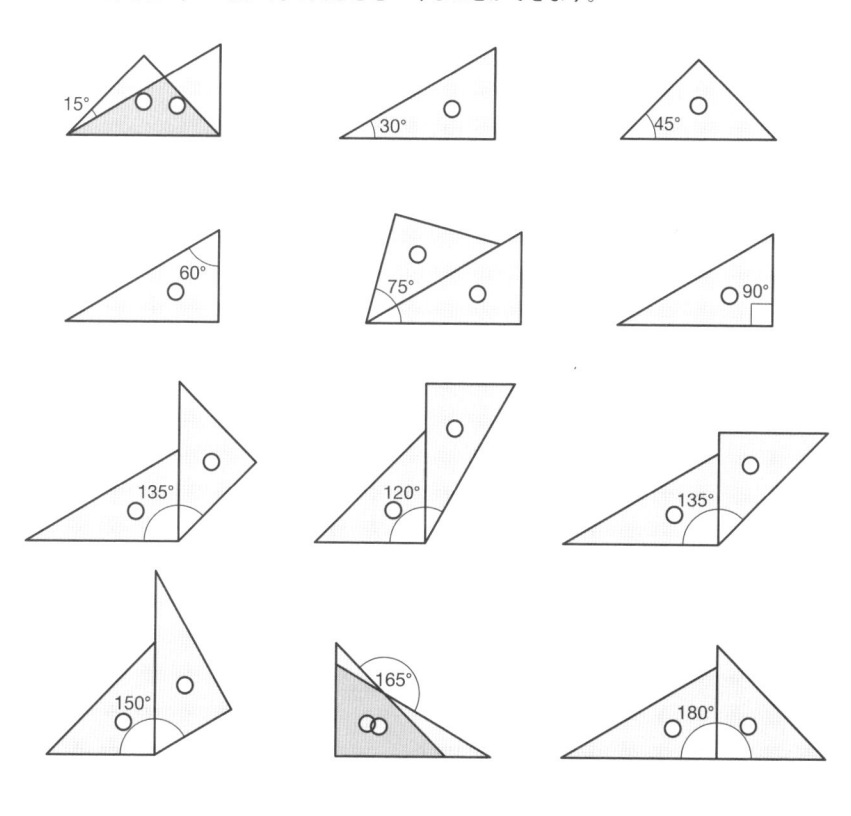

15°　　30°　　45°

60°　　75°　　90°

135°　　120°　　135°

150°　　165°　　180°

# 三角形をかく

辺の長さが等しい三角形は，コンパスを使って等しい長さを測り取ります。

## 二等辺三角形の作図

二等辺三角形は，2本の辺の長さが等しい三角形です。

> 4cm，4cm，3cmの二等辺三角形をかきましょう。

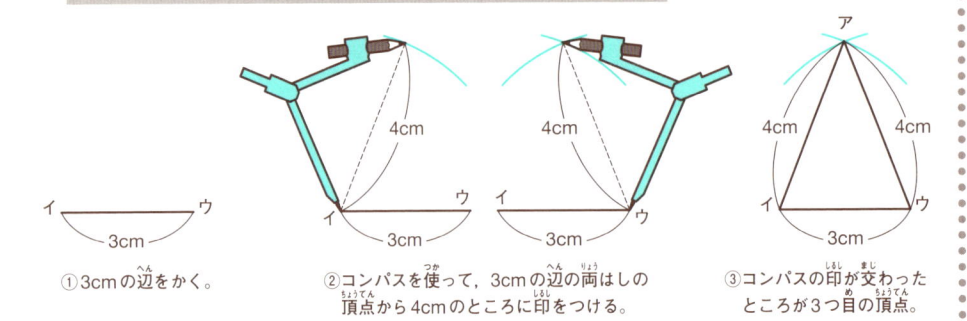

① 3cmの辺をかく。
② コンパスを使って，3cmの辺の両はしの頂点から4cmのところに印をつける。
③ コンパスの印が交わったところが3つ目の頂点。

## 正三角形の作図

正三角形は，3本の辺の長さが等しい三角形です。

> 一辺が3cmの正三角形をかきましょう。

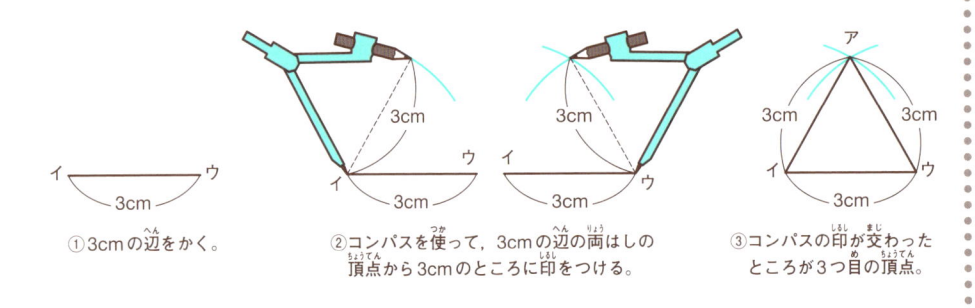

① 3cmの辺をかく。
② コンパスを使って，3cmの辺の両はしの頂点から3cmのところに印をつける。
③ コンパスの印が交わったところが3つ目の頂点。

> 二等辺三角形のような同じ長さの辺がある図形をかくときに便利だね。

### コンパスで長さの等しい辺がかけるわけ　　ひろがる算数

コンパスを一回りさせると，円がかけます。
この円の半径はコンパスを広げた長さです。

円の半径はすべて長さが等しいので，コンパスで印をつけた長さはどれも等しいといえます。
コンパスを使って，長さの等しい辺がかけるのは，円の半径を利用しているからです。

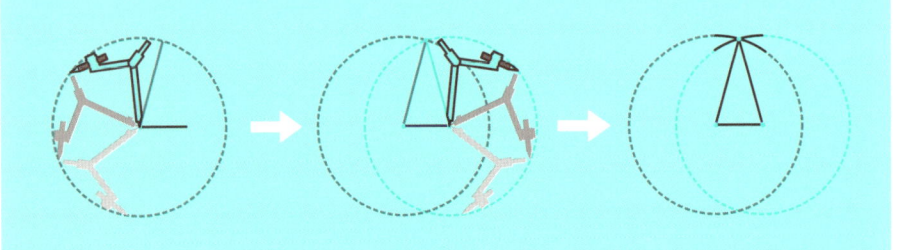

## ジオボードで二等辺三角形をつくる　　　ひろがる算数

点と点をむすんで二等辺三角形をつくります。
辺アイはかならず使います。二等辺三角形は何個できるでしょう。

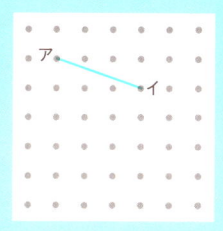

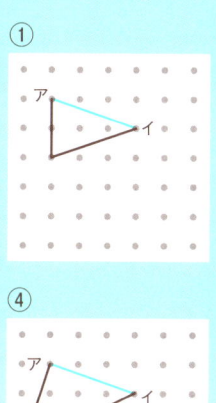

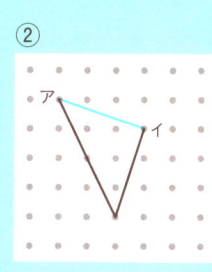

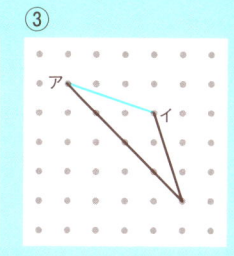

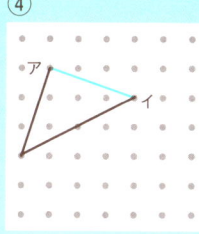

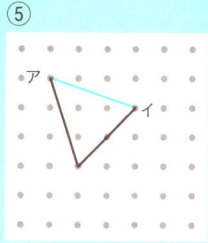

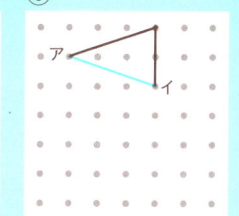

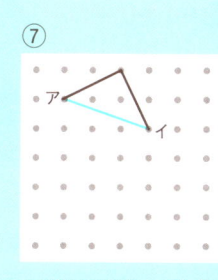

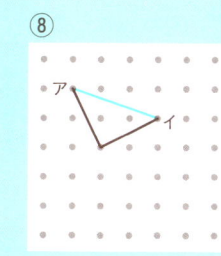

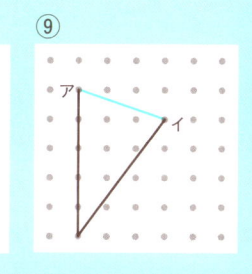

① ② ③

④ ⑤ ⑥

⑦ ⑧ ⑨

二等辺三角形は、全部で9個できます。
二等辺三角形の性質を使うと、この9個を簡単に見つける方法があります。
辺アイを、二等辺三角形のどの辺にするのかを考えながら三角形をつくっていく方法です。

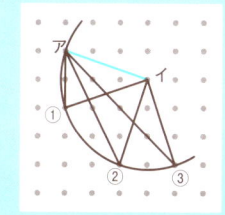

辺アイを等しい辺の1つと考えて、頂点イを半径アイの円の中心にして円をかく。

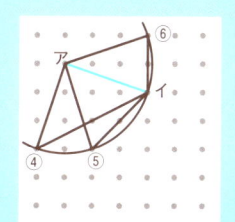

辺アイを等しい辺の1つと考えて、頂点アを半径アイの円の中心にして円をかく。

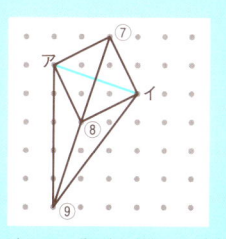

辺アイを底辺と考えて、頂点ア、イから等しい長さにある点を探す（辺アイの中点を通り、垂直に交わる線をひく）。

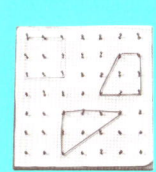

ジオボードは、図形を学ぶときに使う道具です。板に等間隔でうたれたクギに輪ゴムをひっかけて、いろいろな図形をつくることができます。

形の調べ方を学ぼう

## 四角形をかく

四角形も三角形と同じように，図形の性質を使って作図します。

### 長方形（正方形）の作図

長方形は，4つの角がすべて直角で，向かい合った辺の長さが等しいことを使います。

次の長方形をかきましょう。

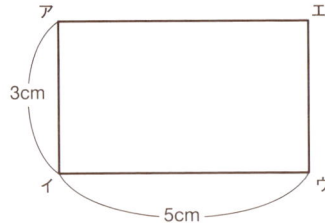

① 5cmの辺イウをかく。

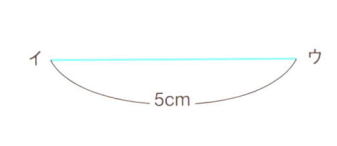

② 頂点イから辺イウに垂直な直線をかく。

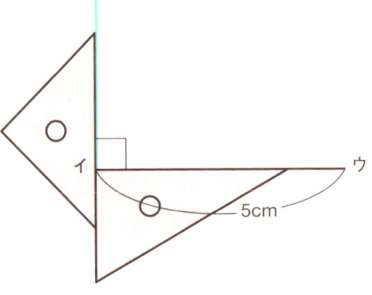

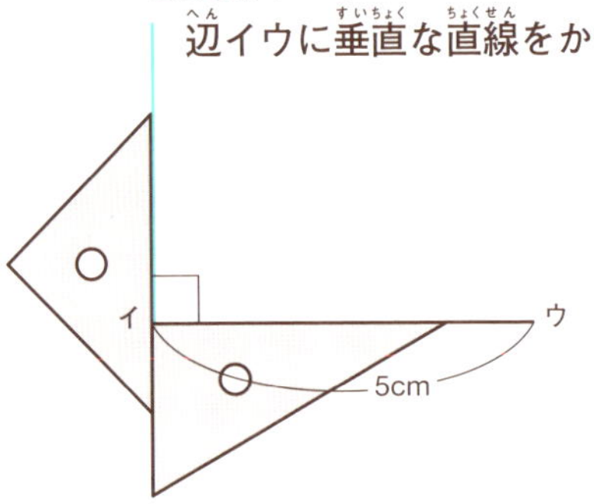

③ 辺アイの3cmを測り取る。

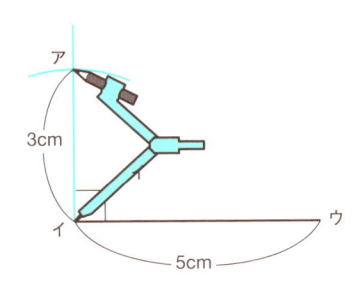

④ 頂点アから5cmを測る。

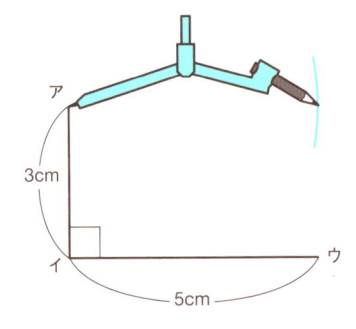

⑤ 頂点ウから3cmを測る。

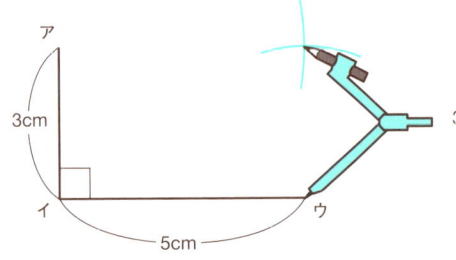

⑥ 交点をエとし，頂点ア，ウと結ぶ。

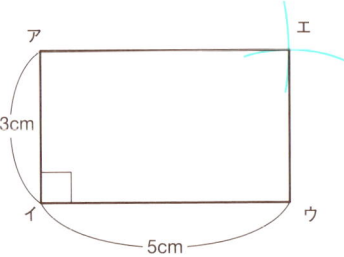

> 正方形は，さらに，4つの辺の長さがすべて等しいので，③，④，⑤で辺イウと同じ長さを測り取ればいいね。

## 平行四辺形の作図

平行四辺形は，2組の向かい合った辺が平行で長さが等しいことを使います。

> 次の平行四辺形をかきましょう。

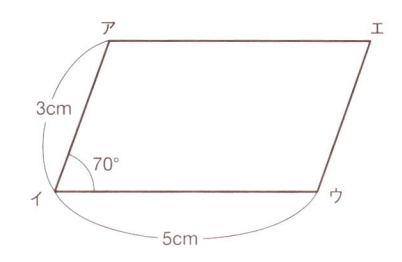

① 5cmの辺イウをかく。
② 角イの70°を測る。
③ 辺アイの3cmを測り取る。

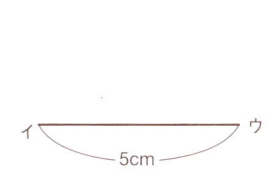

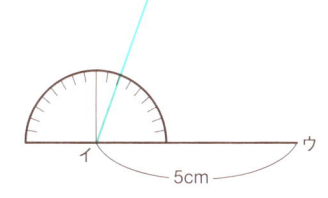

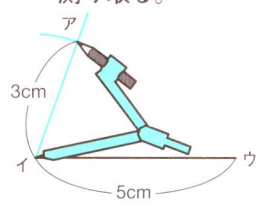

残りの2辺，辺エアと辺ウエをかく方法は2通りあります。

④ 頂点アを通り，辺イウに平行な直線をかく。
⑤ 頂点アから5cmを測り取り，頂点ウと結ぶ。

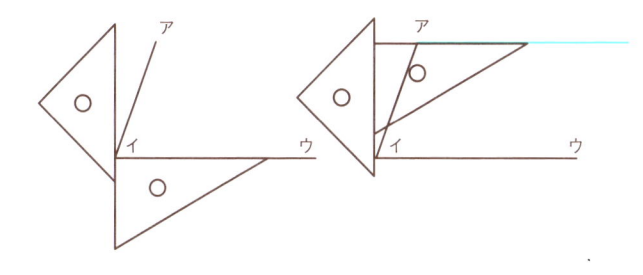

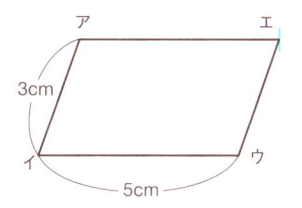

④´ 頂点アから5cmを測る。
⑤´ 頂点ウから3cmを測る。
⑥´ 交点をエとし，頂点ア，ウと結ぶ。

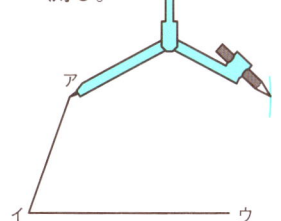

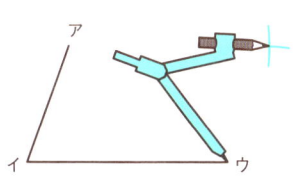

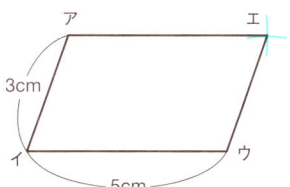

> 四角形の作図は，同じかき方とちがうかき方に注目しましょう。

> 平行四辺形は，2組の向かい合う辺の長さが等しいことを使って作図しています。

形の調べ方を学ぼう

## 台形の作図

台形は，向かい合った1組の辺が平行であることを使います。

> 次の台形をかきましょう。

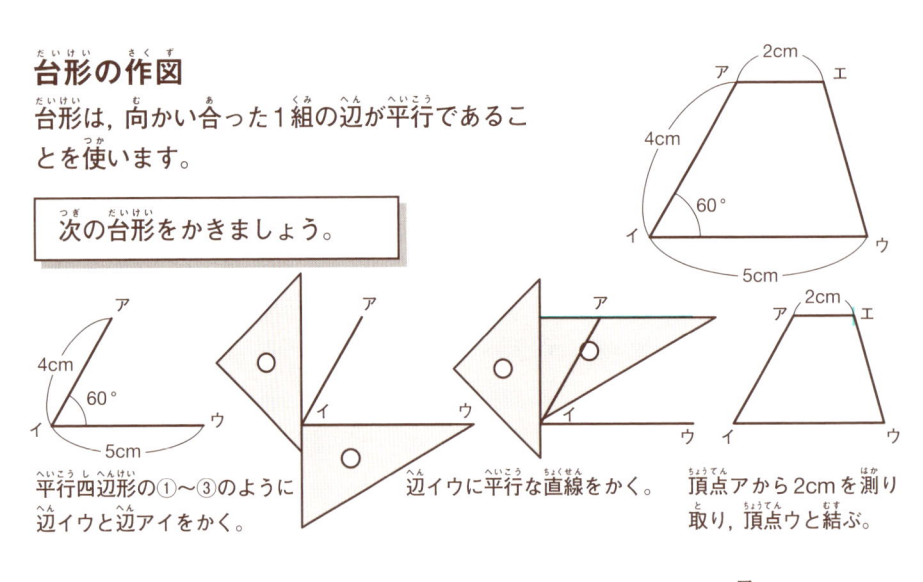

平行四辺形の①〜③のように辺イウと辺アイをかく。

辺イウに平行な直線をかく。

頂点アから2cmを測り取り，頂点ウと結ぶ。

台形では，辺ウエの長さがわからないので，頂点ウからコンパスで長さを測り取ることはできないね。

## ひし形の作図

ひし形は，4つの辺の長さがすべて等しいことを使います。

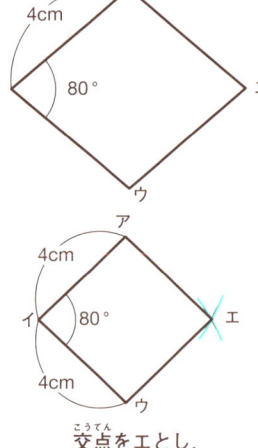

> 次のひし形をかきましょう。

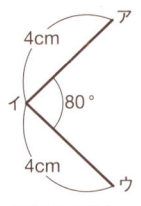

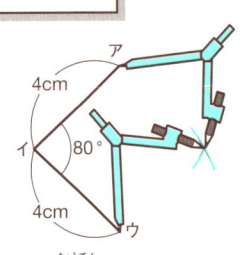

平行四辺形の①〜③のように辺イウと辺アイをかく。

頂点ア，ウからそれぞれ4cmを測る。

交点をエとし，頂点ア，ウと結ぶ。

---

### 1本のテープで四角形をつくる　　ひろがる算数

次のようなテープを使って四角形をつくります。

**長方形**　垂直に切る。

**正方形**　テープの幅と同じ長さで垂直に切る。

**平行四辺形**　平行な直線で切る。

**ひし形**　4つの辺の長さが等しくなるように切る。

**台形**　2本の直線で切る。

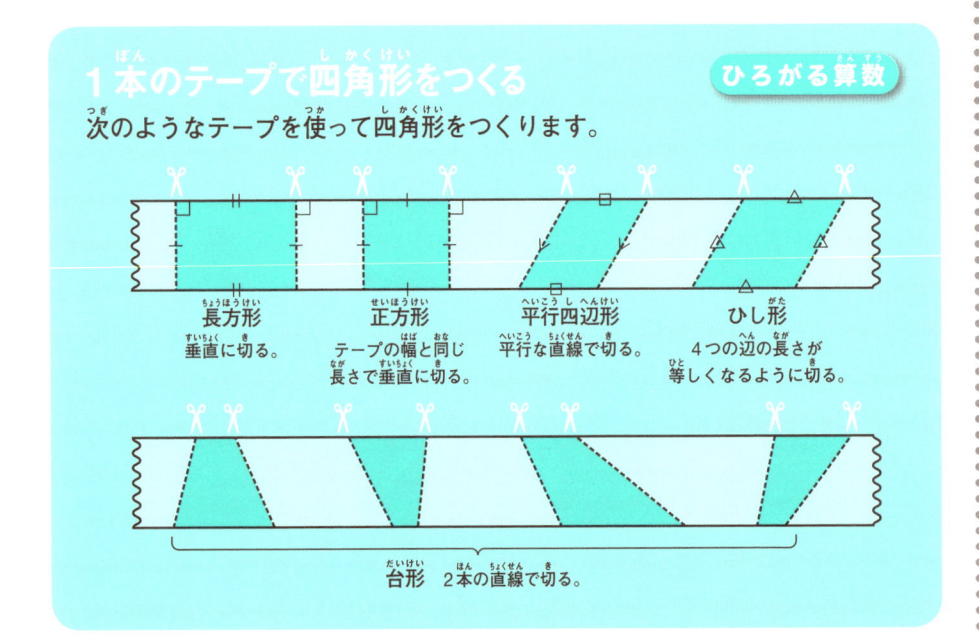

台形は，向かい合った1組の辺が平行であればいいので，どのように切っても台形になります。

## 円をかく

半径がわかれば，コンパスで簡単に円をかくことができます。

> 次の円をかきましょう。

① （6cm）

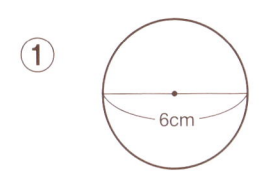

半径は，直径の半分なので，
6 ÷ 2 = 3 （cm）
半径3cmの円をかく。

② 円周が 25.12cm

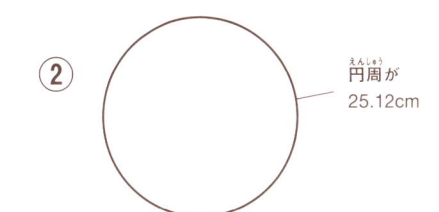

円周が25.12cmなので，
25.12 ÷ 3.14 = 8 （cm） ←直径
直径が8cmだから，8 ÷ 2 = 4 （cm）
半径4cmの円をかく。

---

### 同心円を使って，四角形を作図する　　ひろがる算数

同じ中心の円のことを同心円といいます。
同心円を使うと，簡単に四角形をかくことができます。
同心円の半径・直径を，四角形の対角線とみて作図します。

**もとにする同心円**

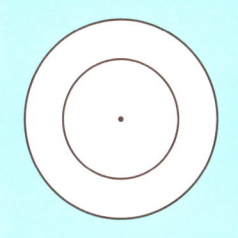

**外側の円の2本の直径の頂点を結ぶ（内側の円でもよい）。**
**長方形** 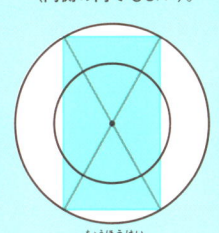
2本の対角線の長さが等しく
たがいに他を2等分する。

**両方の円の直径の頂点を結ぶ。** 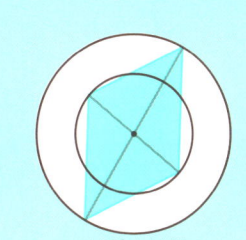
**平行四辺形**
2本の対角線がたがいに他を
2等分する。

**垂直に交わる両方の円の直径の頂点を結ぶ。** 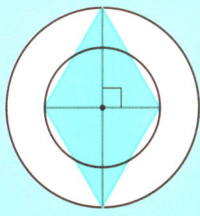
**ひし形**
対角線が垂直に交わり，
たがいに他を2等分する。

**垂直に交わる内側の円の直径の頂点を結ぶ（外側の円でもよい）。** 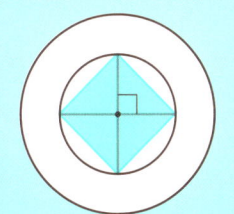
**正方形**
対角線の長さが等しく，垂直に交わり，たがいに他を2等分する。

**内側の直径をのばして，外側の円までひいた直線の頂点を結ぶ。** 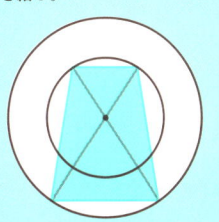
**等脚台形**
2本の対角線の長さが
等しい。

半径の長さをかえると，いろいろな四角形がかけるよ。

形の調べ方を学ぼう

135

## 多角形をかく

円の中心の周りの角（中心角）を等分するように半径をかき，
半径のはしの点を順に結ぶと，正多角形がかけます。

### 正五角形
円の中心角を5等分する。
360°÷5＝72°

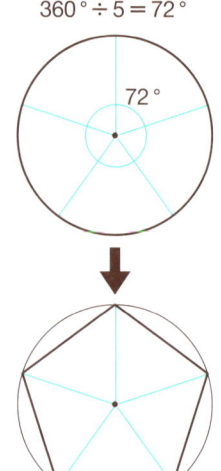

### 正六角形
円の中心角を6等分する。
360°÷6＝60°

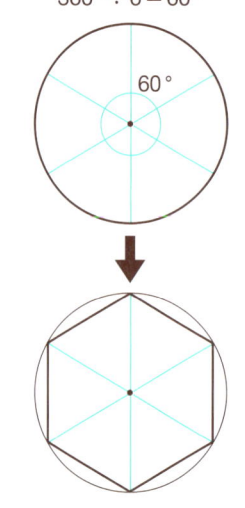

### 正八角形
円の中心角を8等分する。
360°÷8＝45°

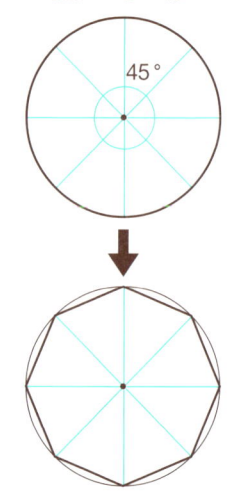

> 360°を等分する数と正多角形の角の数は同じなんだね。

## 一辺が5cmの正五角形をかく　　ひろがる算数

正多角形は，辺の長さがすべて等しく，角の大きさもすべて同じです。
辺の長さは5cmとわかっているので，角の大きさがわかれば一辺が5cmの正五角形がかけます。角の大きさは，次のように調べられます。

### 対角線を使って三角形に分けて調べる

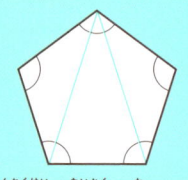

三角形の内角の和は180°なので，
五角形の内角の和は三角形が3つ分で，
180°×3＝540°
1つの角の大きさは，540°÷5＝108°

### 中心角を分けて調べる

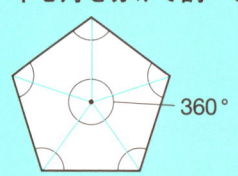

360°

三角形の内角の和は180°なので，
三角形が5つ分で，180°×5＝900°
まん中の角は360°なので外側の角の和は，
900°－360°＝540°
1つの角の大きさは，540°÷5＝108°

> 上のかき方では，辺の長さがわからないんだね。

正五角形の1つの角の大きさが108°とわかりました。
一辺が5cmの正五角形をかいてみましょう。

①5cmの直線をかく。
②108°を測る。
③5cmを測り取る。
④②③を繰り返してかく。

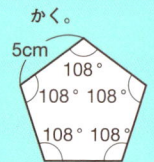

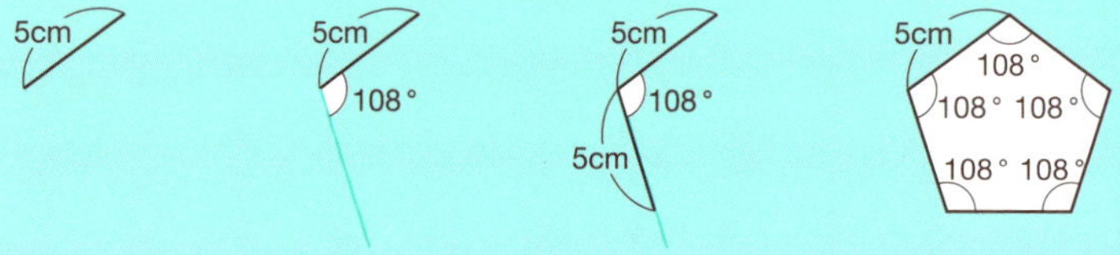

136

# 合同な図形をかく

合同な図形とは，ぴったり重ねあわせることのできる，辺の長さや角の大きさが等しい図形です。

## 合同な三角形をかく

合同な三角形をかくためには，何がわかればよいかを調べます。

> 次の三角形アイウで，辺イウの長さは
> 5cmです。あとは何がわかれば
> 合同な三角形がかけるでしょう。

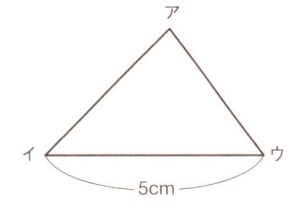

### 方法1

① 角イの大きさ（45°）がわかれば，頂点イから直線をかくことができる。

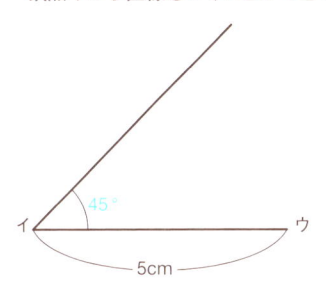

② 頂点アは，頂点イからのばした直線のどこかにある。

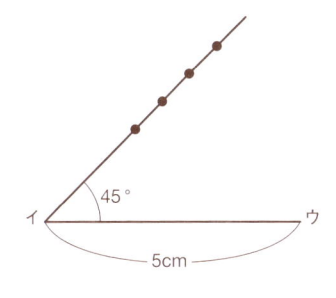

③ 辺アイの長さ（4cm）がわかれば，頂点アの位置が決まる。

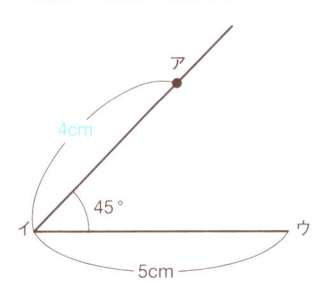

④ 頂点アと頂点ウを結べば，辺ウアになる。

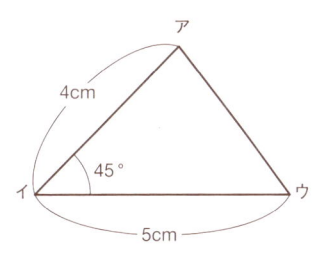

### 方法2

① 角イの大きさ（45°）がわかれば，頂点イから直線をかくことができる。

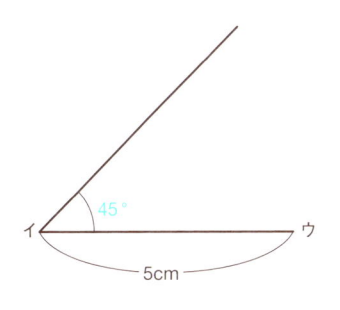

② 頂点アは，頂点イからのばした直線のどこかにある。

形の調べ方を学ぼう

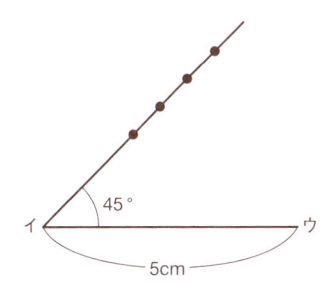

③ 角ウの大きさ（55°）がわかれば，
頂点ウから直線をかくことができる。

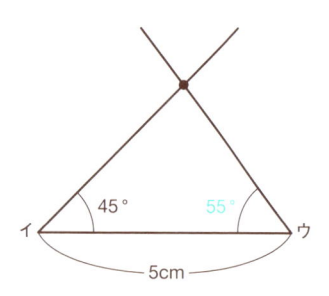

④ 頂点イからのばした直線と頂点ウから
のばした直線の交点が頂点アに決まる。

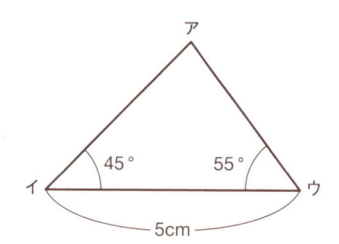

## 方法3

① 辺アイの長さ（4cm）がわかれば，
頂点アは辺アイを半径とした半円上の
どこかにある。

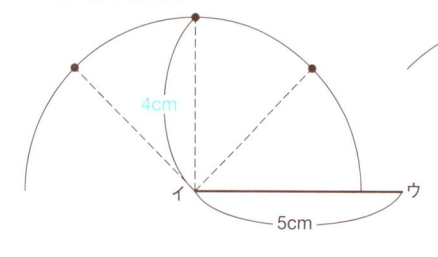

② 辺ウアの長さ（3.5cm）がわかれば，
頂点アは辺ウエを半径とした半円上の
どこかにある。

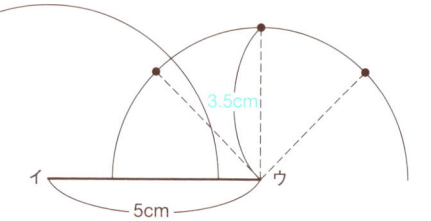

③ 2つの円の交点が頂点アに決まる。

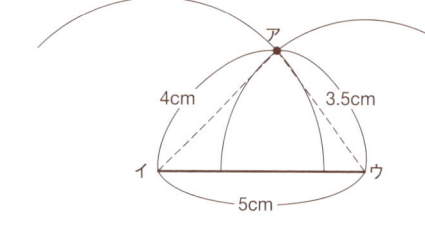

④ 頂点アと頂点イ，ウを結べば
それぞれ辺アイと辺ウアになる。

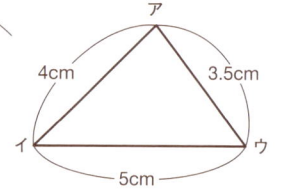

どの方法も，3つの大きさがわかればいいんだね。

## 合同な三角形をかくために

合同な三角形は，次の3つのうちのどれかがわかればかくことができます。

① 2つの辺の長さと
　その間の角の大きさ

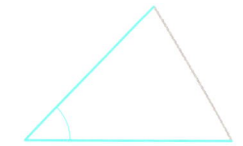

② 1つの辺の長さと
　その両はしの角の大きさ

③ 3つの辺の長さ

## 合同な四角形，五角形をかく

三角形がかければ，合同な四角形，五角形，六角形，……もかけます。

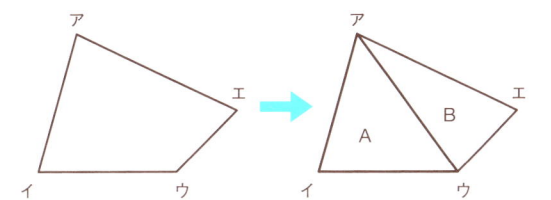

四角形は2つの三角形に分けられます。左のように2つの三角形を考えると，三角形Aをかいて，あとは，頂点エの位置が決まれば三角形Bもかくことができます。

合同な三角形をかく方法は3通りあるので，合同な四角形をかく方法は下の9通りになります。

| | | 三角形Bのかき方 |||
|---|---|---|---|---|
| | | 3つの辺 | 2つの辺と間の角 | 1つの辺と両はしの角 |
| | | 頂点ア，ウから辺の長さを測る | 角アウエの角度を測り，辺ウエの長さを測り取る | 角エアウと角アウエの角度を測る |
| 三角形Aのかき方 | 3つの辺 | | | |
| | 2つの辺と間の角 | | | |
| | 1つの辺と両はしの角 | | | |

もう1点増やせば，五角形がかけます。

**形の調べ方を学ぼう**

### 辺と角は，どれでもいいわけではない　　ひろがる算数

合同な三角形のかき方で，「2つの辺とその間の角」，「1つの辺とその両はしの角」とありますが，辺の間の角と辺の両はしの角ということが大切です。

次のような角の大きさがわかっても，
合同な三角形をかくことはできません。

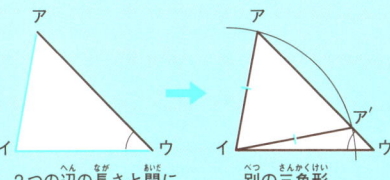

2つの辺の長さと間にない角の大きさがわかる → 別の三角形（ア'イウ）ができる

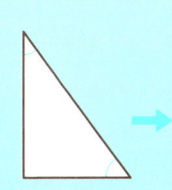

2つの角の大きさだけがわかる → 三角形が1つに決まらない

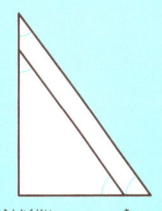

※直角三角形は合同な図形がかける。

# 拡大図と縮図をかく

拡大図, 縮図は, 合同な図形と同じようにかくことができます。合同な図形では, 対応する辺の長さが等しく, 拡大図と縮図は, 対応する辺の長さの割合が拡大・縮小の割合と等しくなります。

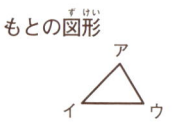

もとの図形

| | | 2倍の拡大図をかく | | |
|---|---|---|---|---|
| 合同の図形をかく | 3つの辺 | 辺イウの2倍の長さの辺をかく。 | 辺アイの2倍の長さを測る。 | 辺ウアの2倍の長さを測り, 交点を結ぶ。 |
| | 2つの辺と間の角 | 辺イウの2倍の長さの辺をかく。 | 角イの大きさを測る。 | 辺アイの2倍の長さを測り, 交点を結ぶ。 |
| | 1つの辺と両はしの角 | 辺イウの2倍の長さの辺をかく。 | 角イの大きさを測る。 | 角ウの大きさを測り, 交点を結ぶ。 |

縮図は, 縮小する割合に合わせて, 辺の長さを測ります。

## 拡大図と縮図の割合に注意しましょう　　ひろがる算数

次の図形で, 大きい図形が小さい図形の2倍の拡大図になっているのは, アとイのどちらでしょう。

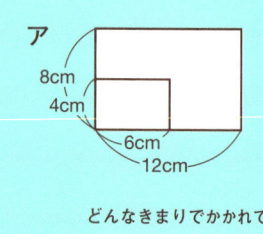

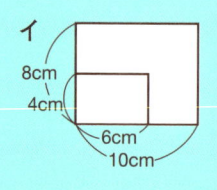

どんなきまりでかかれているかを考えると, どちらが拡大図かがわかります。

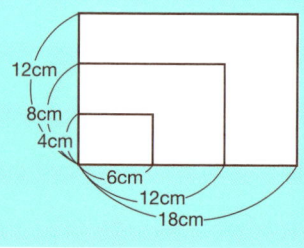

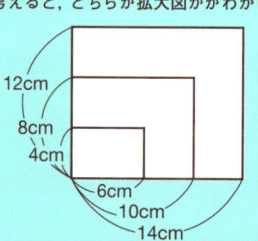

アは, 辺の長さが同じ割合で, イは辺の長さが4cmずつ増えています。
拡大図は, アです。

> 辺の長さが変わっても, 角の大きさは変わらないんだね。

> 辺の長さが, 同じ数ずつ増えている図形を拡大図とまちがいやすいのです。

140

## 縮尺

実際の長さを縮めた割合のことを縮尺といいます。
縮尺は地図でよく使われていて，次のような表し方をします。

【2kmの長さを1cmで表す縮尺】

分数で表す　$\frac{1}{200000}$

比で表す　　1：200000

図で表す　　0　2km

---

次の長さを求めましょう。

① 1：2000000の縮尺で表された地図で，距離を測ったら3.6cmありました。実際の距離は何kmでしょう。

② $\frac{1}{2000}$ の縮尺の地図をかきます。
1.5kmの道は何cmになるでしょう。

---

① 1：2000000の縮尺なので，
1cmは2000000倍の長さになる。
$3.6 \times 2000000 = 7200000$
$7200000 \text{cm} = 72 \text{km}$

② 1.5kmを $\frac{1}{2000}$ にする。
1.5km = 1500m
$1500 \times \frac{1}{2000} = 0.75 \text{（m）}$
0.75m = 75cm

### 相似の中心から作図する　ひろがる算数

下の図のように，拡大図や縮図を作図したときの点アを**相似の中心**といいます。

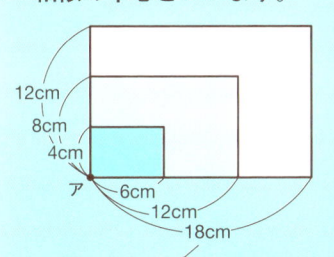

相似の中心から，図形の頂点までの長さの割合は，等しくなっています。
相似の中心が，図形の頂点や辺の上にはない場合でも，拡大図や縮図をかくことができます。

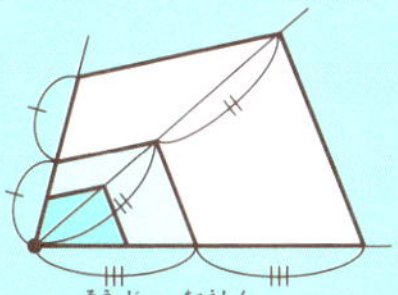

12cm
8cm
4cm
ア　6cm
12cm
18cm

相似の中心が頂点にある。
相似の中心が辺上にある。 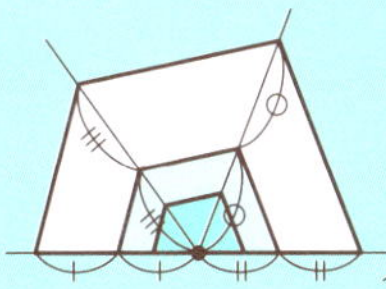
相似の中心が図形の中にある。 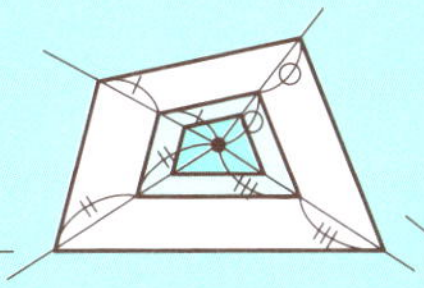
相似の中心が図形の外にある。 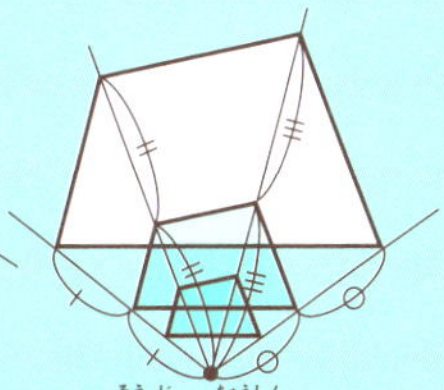

**立体版の相似な形**
ロシアの民芸品「マトリョーシカ」は，少しずつ大きさのちがう同じ形をした人形です。このように，立体でも相似な形があります。

形の調べ方を学ぼう

## 対称な図形をかく

対称な図形とは，折ったり回したりずらしたりして，ぴったり重ねあわせることのできる図形です。

### 線対称な図形の作図

線対称な図形では，対応する2つの点を結ぶ直線と対称の軸は，垂直に交わり，この交わる点から，対応する2つの点までの長さは等しくなっています。これを使って，線対称な図形をかきます。

① それぞれの頂点から，対称の軸に垂直な直線をひく。
② 対称の軸から同じ長さをとる。
③ 頂点を直線で順に結ぶ。

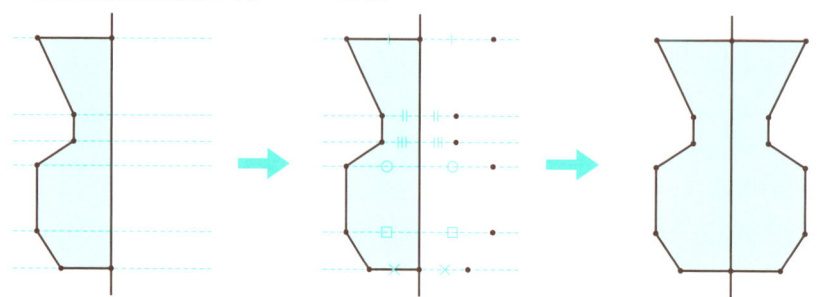

### 点対称な図形の作図

点対称な図形では，対応する2つの点を結ぶ直線は，対称の中心を通り，対称の中心から，対応する2つの点までの長さは等しくなっています。これを使って，点対称な図形をかきます。

① 対称の中心と頂点を通る直線をひく。
② 対称の中心から同じ長さをとる。
③ 頂点を直線で結ぶ。

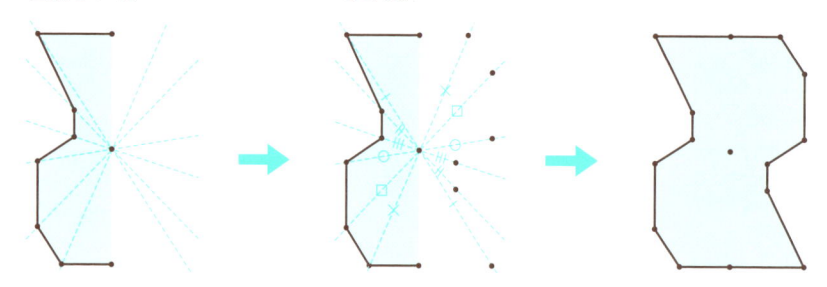

対称な図形は，どんな形でもきれいだね。

### 線対称な図形の立体版，面対称　ひろがる算数

立体にも対称な図形があります。
鏡に映した図形は辺の長さと角の大きさが等しい立体図形です。
鏡に映った図形は鏡映図形といい，2つの立体を面対称な図形といいます。

## 立体図形の作図

立体図形を平面に表すには，次のような方法があります。

### 見取図をかく
見取図では，見たままの形に加えて，見えない部分まで点線でえがきます。全体のおよその形がわかります。

### 展開図をかく
展開図とは，立体を辺などにそって切り開いて，平面の上に広げてかいた図です。展開図をかいた立体について，面や辺の数，形や大きさがわかります。

### 投影図をかく
投影図は，立体を真上，真正面，真横から見た平面の形をかきます。
（平成9年までは，算数でも学んでいました）

|  | 四角柱 | 円柱 | 五角柱 |
|---|---|---|---|
| 見取図 | | | |
| 展開図 | | | |
| 投影図 | 真上／真正面／真横 | 真上／真正面／真横 | 真上／真正面／真横 |

形の調べ方を学ぼう

立体を平面に表すと，形を調べやすくなるんだね。

### ひろがる算数

立方体の辺を何か所切ったら、展開図ができるでしょう。

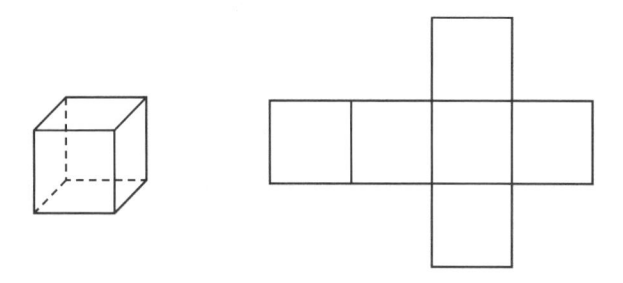

実際に、何回か試してみると、7か所切れば展開図ができることがわかります。
7か所切ればよいことを、図を使って説明しましょう。

> なぜ、立方体の辺を7か所切れば展開図ができるのでしょう。

①立方体の辺が12本、展開図の内側の辺が5本であることから考える。

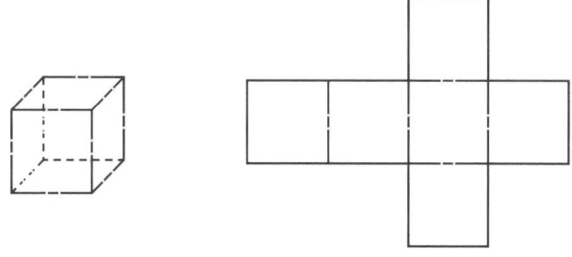

もとの立方体には12本の辺があり、展開図の中で切られていない辺の数は5本。
だから、12－5＝7で7か所切ったことになる。

②辺を1か所切ると、2倍になることから考える。

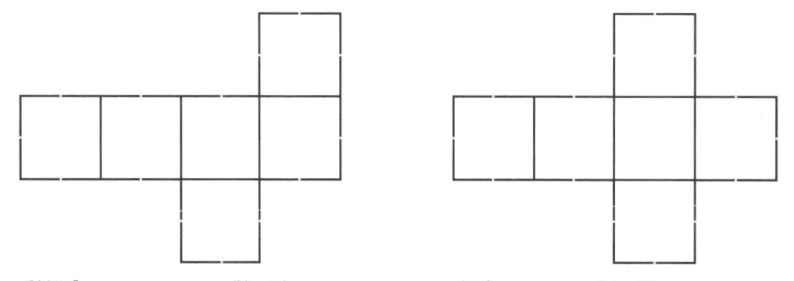

展開図のまわりには14本の辺があり、これは1か所切るごとに2本の辺になったもの。
だから、14÷2＝7で7か所切ったことになる。

# 問題の解き方を学ぼう
## 数量関係 PROBLEM SOLVING

## いろいろな関係を表す

数や量の関係を，たし算・ひき算・かけ算・わり算で表すことができます。
また，割合，比例・反比例，比など，特別な言葉で表す数量の関係もあります。

● 赤リボンの長さと黄リボンの長さの関係

1m　　2m

黄リボンの長さは，赤リボンの長さの**2倍**。

● 1個20円のアメを買うときのアメの数と代金の関係

1個20円　　2個40円

アメの数と代金は**比例**する。

## 数量の関係を調べる

表やグラフ，図に表して，数量の関係を人に伝えることができます。また，表やグラフを読み取って，数量の関係を調べることができます。

ボールの色の数調べ（個）

| 青 | 赤 | 黄 | 緑 |
|---|---|---|---|
| 9 | 7 | 8 | 6 |

よんだ本しらべ（3年生）

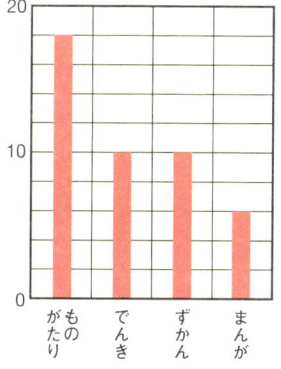

## 式を使って説明する

数量の関係を人に説明したり，算数の問題を解いたりするときは，言葉や表や図，式を使います。式を使うと，自分の考えを人に伝えたり，いつでも使える形に表したりすることができます。

ご石を，正方形にぴったりしきつめたときの，まわりのご石の数とご石全部の数の関係を調べる。

正方形の一辺の4倍から重なりをひく

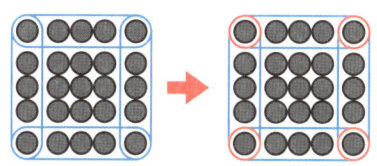

正方形の一辺の数を $x$ 個として，数量の関係を式に表す。
まわりの数は，$(x×4-4)$ 個と表せる。
正方形の一辺の数が $x$ 個なので，ご石全部の数は，
$(x×x)$ 個と表せる。

145

# 数量関係

算数で学ぶ，特別な数量関係があります。

## 割合は，倍を表す数

1つの数量をもとにして，ほかの数量がその何倍あるかを表した数を**割合**といいます。

りんご1個の値段は150円，
もも1個の値段は300円です。
ももの値段は，りんごの値段の 2倍 です。

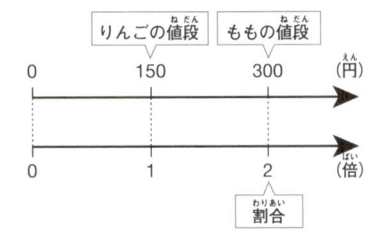

## 割合を求める

割合は，もとにする量と比べられる量から，次のように求めます。

比べられる量 ÷ もとにする量 ＝ 割合

　　　↓ももの値段　　　　↓りんごの値段
　　　300　　　÷　　　150　　　＝　2

「ももの値段は，りんごの値段の2倍」は，
「りんごの値段を1とみると，ももの値段は2」ということです。

反対にももの値段を1とみて，割合を求めることもできます。

比べられる量 ÷ もとにする量 ＝ 割合

　　　↓りんごの値段　　　　↓ももの値段
　　　150　　　÷　　　300　　　＝　$\frac{1}{2}$（半分）

割合がわかれば，どちらかの数がわからなくても，それを求めることができます。

### もとにする量を求める

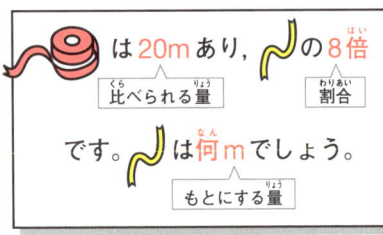

🎀は20mあり，🐍の8倍です。🐍は何mでしょう。

### 比べられる量を求める

🧃が200mLあります。🧴は🧃の6倍あります。🧴は何Lでしょう。

もとにする量を■mとする。

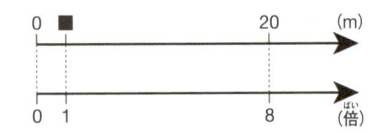

もとにする量＝比べられる量÷割合
20÷8＝2.5（m）

比べられる量を■mLとする。

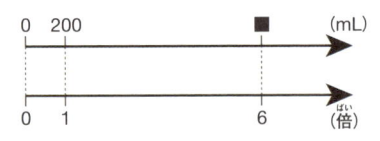

比べられる量＝もとにする量×割合
200×6＝1200（mL）＝1.2（L）

> わり算は，割合を求めているんだね。

> 「半分」も，割合を表しています。

> 割合は，小数や分数でも表します。

# 単位量あたりの大きさも割合

単位量あたりの大きさは，種類のちがう2つの数量の割合を表しています。

人口密度は，面積1km²に対する人数を表している割合です。

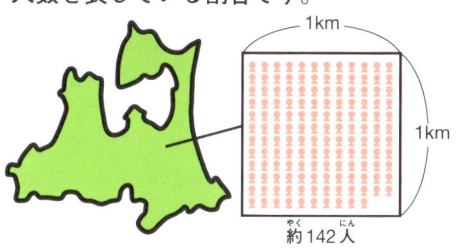

青森県の人口密度　約 142人/km²

速さは，時間に対する道のりを表している割合です。

新幹線の速さ　270km/h

> 単位の「/」は，わるということです。
> 人/km² ⇒ (人数)÷(面積)
> km/h ⇒ (道のり)÷(時間)

> 「/」は分数の「－」(括線)と同じことだね。

# まちがいやすい割合の問題

割合の問題では，**もとにする量**，**比べられる量**，**割合**が，問題の中のどの数で表されているか，どの数を求めるのかを考えることが大切です。

> まさみさんの学校で，5年生がイヌとネコのどちらが好きかを調べました。イヌが好きと答えた子どもは72人でした。
> これは，5年生全体の0.6にあたります。
> 5年生は，全部で何人でしょう。

① 割合の3つの数量を見つける。

|  | 問題文 | 数 | 割合 |
|---|---|---|---|
| もとにする量 | 5年生全体 | (求める数) | 1 |
| 比べられる量 | イヌが好きな子ども | 72人 | 0.6 |

② 図に表す。
5年生全体の人数を■人として図に表す。

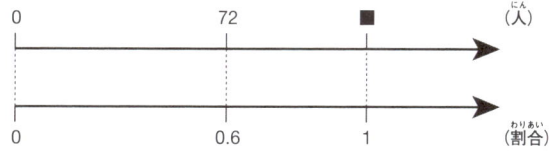

```
0        72       ■           (人)

0       0.6       1          (割合)
```

> 5年生全体の人数がもとにする量だから，割合は1になるんだね。

③ 式をかいて，答えを求める。
**もとにする量＝比べられる量÷割合**
式　72÷0.6＝120　　答え　120人

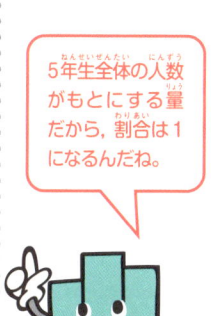

問題の解き方を学ぼう

## 百分率

割合の表し方の1つで、もとにする量を100とみた割合の表し方です。
割合を表す数の0.01を、1パーセントといい、1%と書きます。

> ある小学校の児童200人の中で、男子の児童数は120人います。
> 男子の児童数の割合を百分率で表しましょう。

式　120 ÷ 200 = 0.6　0.6 × 100 = 60　　答え　60 %

## 歩合

割合の表し方の1つで、もとにする量を10とみた割合の表し方です。割合を表す数の0.1を、1わりといい、1割と書きます。1割よりも小さい数の単位は、分・厘・毛・糸・忽・微・繊・沙・塵・埃……となっています。

> ある小学校の児童200人の中で、男子の児童数は120人います。
> 男子の児童数の割合を歩合で表しましょう。

式　120 ÷ 200 = 0.6　0.6 × 10 = 6　　答え　6割

## 百分率, 歩合の関係

小数や整数で表された割合を百分率や歩合で表すと、次のような関係になります。

| もとにする量を1とみた場合 | 1 | 0.1 | 0.01 | 0.001 | 0.0001 |
|---|---|---|---|---|---|
| 百分率 | 100 % | 10 % | 1 % | 0.1 % | 0.01 % |
| 歩合 | 10割 | 1割 | 1分 | 1厘 | 1毛 |

歩合には、単位がたくさんあるね。

## 百分率, 歩合を求める問題

百分率や歩合を求める問題では、まず、もとにする量を1とみた割合を求めます。百分率は、求めた割合の数を100倍します。歩合は割合の数を10倍して求めます。

> ある学校で、5年生120人中、算数が好きな人は78人でした。
> 算数が好きな人の割合を百分率と歩合で求めましょう。

① 割合を求める　78 ÷ 120 = 0.65　　答え　0.65
② 百分率で表す　0.65 × 100 = 65　　答え　65 %
③ 歩合で表す　　0.65 × 10 = 6.5　　答え　6割5分

# 小さくても大切な、割合の単位 ppm　ひろがる算数

百分率, 歩合のほかにも小さい割合を表すのに, 千分率と百万分率という割合が使われています。千分率は,「千」という字の通り, もとにする量を1000とみた割合の表し方です。単位はパーミルといって‰と書きます。

千分率は, 鉄道の線路の坂の勾配を表すときに使われている。

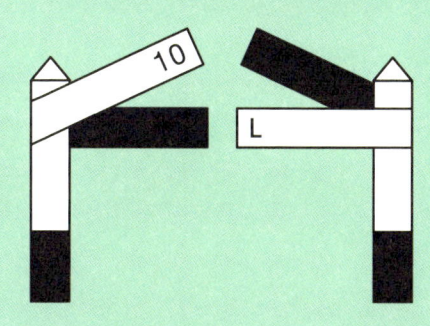

**勾配標**
鉄道線路の勾配を表す標識。左の「10」は, 10パーミルを表し, 標識のある地点から1000m先の地点が, 高さ10m分上がっていることを表している。
右の「L」は, その地点までが水平であることを表している。

百万分率は, もとにする量を1000000とみた割合の表し方です。
単位は, パーツ パー ミリオンといって, ppmと書きます。

百万分率は, 光化学スモッグ注意報が出される判断基準を表すときに使われている。
光化学スモッグ注意報は, 光化学スモッグの原因とされる光化学オキシダントの濃度が1時間値0.12ppm以上になると発令される。

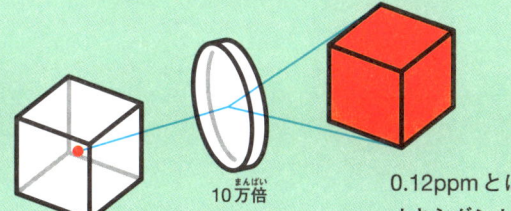

10万倍

0.12ppmとは, 1m³の立方体の中にある光化学オキシダントを100000倍に拡大したとして, ようやく1.2cm³の大きさで見えるという大きさだ。

0.12ppmはとても小さな割合のようですが, 注意報が発令されるような場合は, 人によって, 目が痛くなったり, せきが出たり, 気分が悪くなったりします。光化学スモッグは, マスクをしても防げないので, 注意報を聞いたら外に出ないようにしましょう。

> 濃度は, 水や空気などの中に, どのくらいその物質がふくまれているかを表す割合のことです。

> 百万分率で表す数量の関係は, 少ない量でも, その割合が多いか少ないかがとても大切なんだね。

問題の解き方を学ぼう

## 2つ以上の関係を表す，比

比 ratio

割合の表し方の1つで，2つ以上の数量の割合を，「：」の記号を使って表します。2と3の割合を2：3と表し，2：3を「二対三」とよみます。

> 200mLの牛乳と，300mLのコーヒーを混ぜると，おいしいコーヒー牛乳ができました。牛乳とコーヒーの量の割合を比で表しましょう。

牛乳の量を2とみると，コーヒーの量は3とみられる。
答え　牛乳とコーヒーの割合は2：3

> 牛乳とコーヒーの比も，200：300をそれぞれ100でわって，2：3なんだね。

## 比の表し方

$a:b$ の $a$ と $b$ に同じ数をかけたり，同じ数でわったりしてできる比は，すべて等しい比になります。比を，それと等しい比で，できるだけ小さい整数どうしの比になおすことを，**比を簡単にする**といいます。

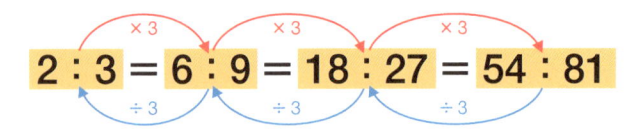

$$2:3 \xrightarrow{\times 3}_{\div 3} 6:9 \xrightarrow{\times 3}_{\div 3} 18:27 \xrightarrow{\times 3}_{\div 3} 54:81$$

比は，3つ以上の数量の関係も1つの式で表すことができる割合です。

> みそ10mL，マヨネーズ15mL，豆乳10mLでドレッシングを作りました。3つの材料の量の割合を比で表しましょう。

3つの量の比は，みその量：マヨネーズの量：豆乳の量＝10：15：10
比を簡単にするために，5でわる。(10÷5)：(15÷5)：(10÷5)＝2：3：2
答え　みそとマヨネーズと豆乳の比は2：3：2

> 2：3と6：9が等しいときに，2：3＝6：9と等号で結びます。

> 比は，比べる数が増えても，「：」でつなげていけば，1回で割合を表すことができます。

## 比の大きさを比べる

$a:b$ で表された比で，$b$ を1とみたときに $a$ がいくつにあたるかを表した数を**比の値**といいます。$a:b$ の比の値は，$a\div b$ の商になります。2つの比が等しいかどうかを調べるときは，比の値を比べます。

> コーヒー牛乳を2種類つくります。
> 同じ割合のコーヒー牛乳ができるでしょうか。
> ① 牛乳 200mL　コーヒー 300mL
> ② 牛乳 600mL　コーヒー 900mL

式　①の比の値　$200\div 300 = \dfrac{2}{3}$　　②の比の値　$600\div 900 = \dfrac{2}{3}$

答え　①と②の比の値が等しいので，同じ割合のコーヒー牛乳ができる。

## 比を利用する

比がわかっていれば，同じ割合のものを作ることができます。

酢とサラダ油の量の比が
2：3になるドレッシングを作ります。

### ●2つの数量のうち一方の量がわかっている場合

同じ割合のドレッシングを作るのに，サラダ油が180mLあるとき，酢は何mL必要でしょう。

酢の量を $x$ mLとして，比を表す
　2：3＝$x$：180
2つの比が等しいことから求めると，

×60だから
　2：3＝$x$：180
　　　　×60になるはず

式　2×60＝120　　答え　120mL

### ●2つの数量を合わせた量がわかっている場合

同じ割合のドレッシングを600mL作るとき，酢とサラダ油はそれぞれ何mL必要でしょう。

全体に対する酢とサラダ油の割合から求める。

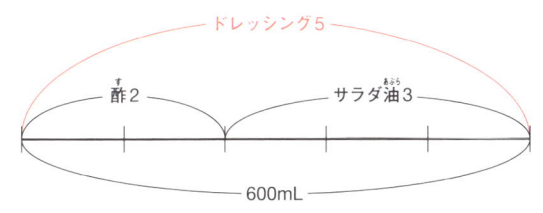

ドレッシング5
酢2　　サラダ油3
600mL

図から，ドレッシングの量全体を2＋3で5とみると，酢の量の割合は $\frac{2}{5}$，サラダ油の量の割合は $\frac{3}{5}$
割合を使って酢の量を求めると，
　$600 \times \frac{2}{5} = 240$
同じようにサラダ油の量を求めると，
　$600 \times \frac{3}{5} = 360$

答え　酢240mL
　　　サラダ油360mL

---

比の値が等しいことからも求められます。

2：3 →
2÷3＝$\frac{2}{3}$
$x$：180 →
$x$÷180＝$\frac{2}{3}$
$x$÷180×180
＝$\frac{2}{3} \times \overset{60}{\cancel{180}}$
$x$＝2×60
$x$＝120

答え　120mL

---

量の割合とドレッシングの量（もとにする量）がわかったから，もとにする量×割合で，酢の量（比べられる量）が求められるんだね。

問題の解き方を学ぼう

## 比例

direct proportion

数量関係の表し方の1つです。

2つの数量 $x$ と $y$ があって、$x$ の値が2倍、3倍、……になると、それにともなって $y$ の値も2倍、3倍、……になるとき、**$y$ は $x$ に比例する**といいます。$y$ が $x$ に比例するとき、$x$ の値でそれに対応する $y$ の値をわった商は、きまった数になります。

$x$ と $y$ の関係は、次の式に表すことができます。

$$y = きまった数 \times x$$

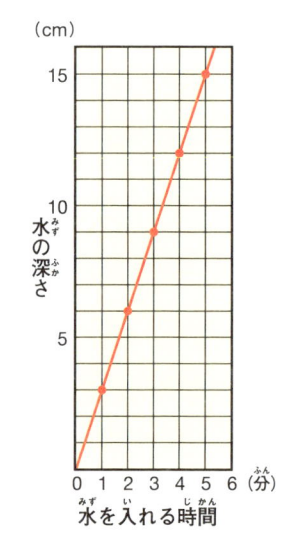

> $y \div x$ ＝きまった数 ということだね。

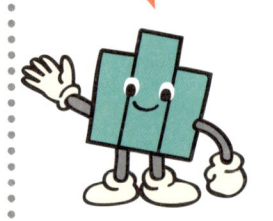

空の水そうに水を入れます。1分間で水の深さは3cmになりました。水を入れる時間と水の深さの関係を調べましょう。

水を入れる時間と水の深さの関係を表に表す。

| 水を入れる時間（$x$分） | 1 | 2 | 3 | 4 | 5 |
|---|---|---|---|---|---|
| 水の深さ（$y$cm） | 3 | 6 | 9 | 12 | 15 |

水を入れる時間が2倍、3倍、…になると、水の深さも2倍、3倍、…になる。

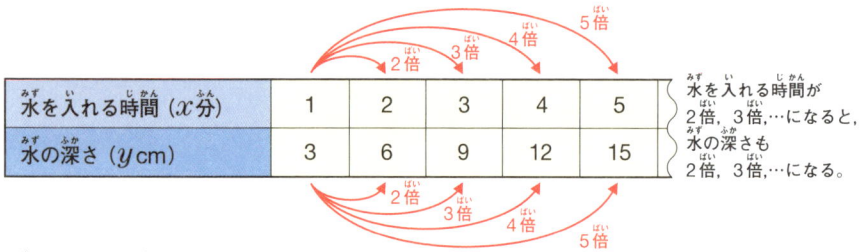

水の深さを水を入れる時間でわってみると、

$3 \div 1 = 3$
$6 \div 2 = 3$ 　商はすべて3になる。
$9 \div 3 = 3$
 ⋮

**答え　水の深さは水を入れる時間に比例する**

## 比例のグラフ

比例する2つの数量の関係を表すグラフは、**0の点（原点）を通る直線**になります。

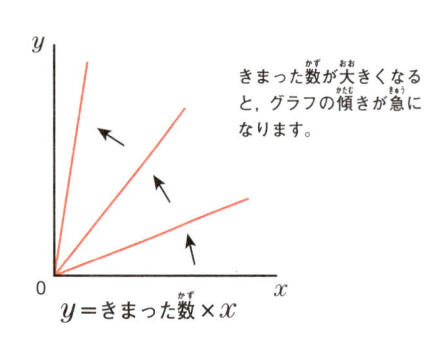

きまった数が大きくなると、グラフの傾きが急になります。

$y = きまった数 \times x$

> 比例のグラフは、「右上がりの直線」ということがあります。

> グラフとは、たてと横の線のことではないよ。この場合は、比例を表す直線のことをいうよ。

# 反比例

inverse proportion

数量関係の表し方の1つです。
2つの数量 $x$ と $y$ があって，$x$ の値が2倍，3倍，……になると，それにともなって $y$ の値が $\frac{1}{2}$ 倍，$\frac{1}{3}$ 倍，……になるとき，**$y$ は $x$ に反比例する**といいます。
$y$ が $x$ に反比例するとき，$x$ の値とそれに対応する $y$ の値の積は，きまった数になります。$x$ と $y$ の関係は，次の式に表すことができます。

$$y = きまった数 \div x$$

> 比例の反対の関係ということだね。

面積が24m² になる長方形の花だんを作ります。
たてと横の長さの関係を調べましょう。

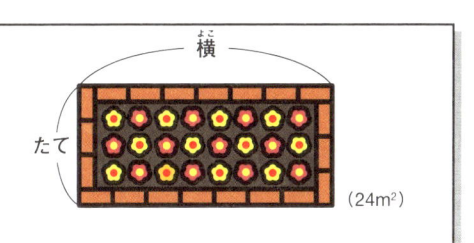

（横，たて，24m²）

たての長さと横の長さの関係を表に表す。

| たての長さ ($x$ m) | 1 | 2 | 3 | 4 | 6 | 8 | 12 | 24 |
|---|---|---|---|---|---|---|---|---|
| 横の長さ ($y$ m) | 24 | 12 | 8 | 6 | 4 | 3 | 2 | 1 |

2倍，3倍／$\frac{1}{2}$ 倍，$\frac{1}{3}$ 倍

たての長さが2倍，3倍，…になると，横の長さは $\frac{1}{2}$ 倍，$\frac{1}{3}$ 倍，…になる。

たての長さと横の長さをかけてみると，
1 × 24 ＝ 24
2 × 12 ＝ 24
3 × 8 ＝ 24
⋮

積はすべて24になる。

**答え** 横の長さはたての長さに反比例する

## 反比例のグラフ

反比例する2つの数量の関係を表すグラフは，次のような**なめらかな曲線**になります。

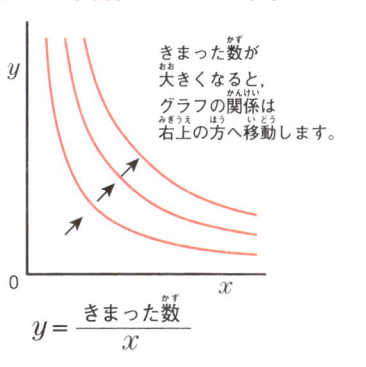

きまった数が大きくなると，グラフの関係は右上の方へ移動します。

$$y = \frac{きまった数}{x}$$

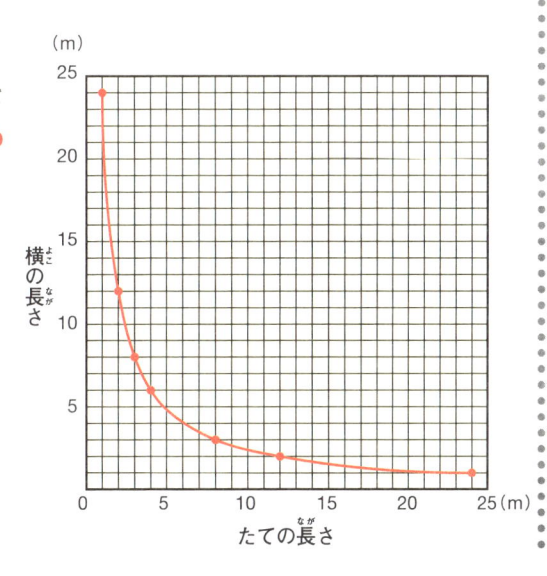

（グラフ：横の長さ／たての長さ）

> 一方の数が増えて，もう一方が減るという関係だけでは，反比例とはいえません。

問題の解き方を学ぼう

# 数量の関係を調べる
## 表やグラフ，図を使って数量関係を調べます。

## 表で数量を整理する

表 table

数量関係を調べるときに，どのような数や量があるかを整理するために，表をつくります。

大きさや色がちがうボールがたくさんあります。
どのようなボールが何個ありますか。

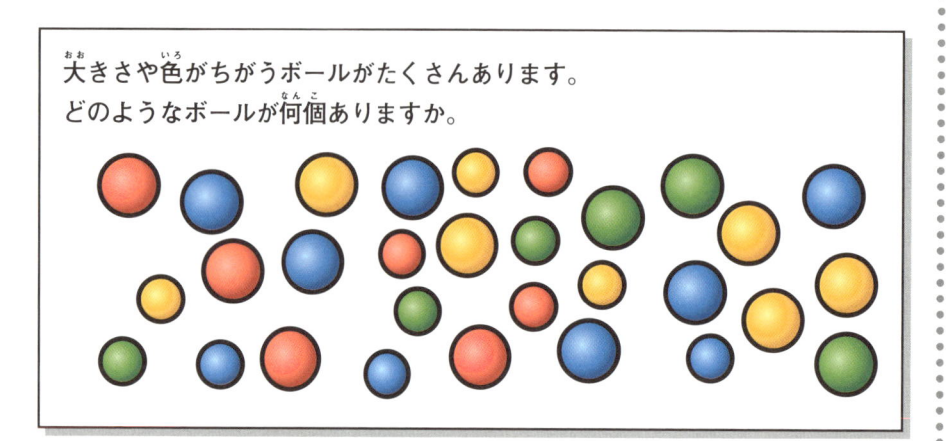

① ボールの大きさと色をそれぞれ調べる。

ボールの大きさの数調べ（個）

| 大 | 小 |
|---|---|
| 18 | 12 |

← 上の段に大きさを書く
← 下の段にボールの数を書く

ボールの色の数調べ（個）

| 青 | 赤 | 黄 | 緑 |
|---|---|---|---|
| 9 | 7 | 8 | 6 |

← 上の段に色の種類を書く
← 下の段にボールの数を書く

色を調べるときに，ボールの絵を入れるとわかりやすいね。

② ボールの大きさと色を1つの表に整理する。

ボールの大きさと色の数調べ（個）

|  | 青 | 赤 | 黄 | 緑 | 合計 |
|---|---|---|---|---|---|
| 大 | 6 | 4 | 5 | 3 | 18 |
| 小 | 3 | 3 | 3 | 3 | 12 |
| 合計 | 9 | 7 | 8 | 6 | 30 |

表から，どのような大きさの何色のボールが，それぞれ何個あるかがすぐにわかる。

上の2つの表を1つの表にしました。このような表を二次元表といいます。

154

## 範囲を区切って整理する

度数分布表
frequency tables

記録したことなどは，いくつかの範囲を区切って整理した表をつくります。このような表のことを**度数分布表**といいます。

6年生のまさみさんのクラスでソフトボール投げをしました。
次の20人の記録をわかりやすく表に整理しましょう。

| 番号 | 距離 | 番号 | 距離 | 番号 | 距離 | 番号 | 距離 |
|---|---|---|---|---|---|---|---|
| ① | 29 | ⑥ | 29 | ⑪ | 34 | ⑯ | 25 |
| ② | 31 | ⑦ | 16 | ⑫ | 18 | ⑰ | 31 |
| ③ | 35 | ⑧ | 27 | ⑬ | 38 | ⑱ | 36 |
| ④ | 28 | ⑨ | 22 | ⑭ | 34 | ⑲ | 23 |
| ⑤ | 20 | ⑩ | 32 | ⑮ | 22 | ⑳ | 25 |

20人の記録から，いちばん短い距離は16m，
いちばん長い距離は38mとわかる。
↓
距離を5mごとに区切って範囲を決めて，人数を入れる。

ソフトボール投げの記録

| 距離(m) | 人数(人) |
|---|---|
| 15～20<br>以上　未満 | 2 |
| 20～25 | 4 |
| 25～30 | 6 |
| 30～35 | 5 |
| 35～40 | 3 |

この範囲に入るのは，16mの⑦と18mの⑫の2人。

距離のこう目は，それぞれ次の範囲を表している。
「15～20」　15m以上20m未満
「20～25」　20m以上25m未満
「25～30」　25m以上30m未満
「30～35」　30m以上35m未満
「35～40」　35m以上40m未満

15未満は15をふくまない15より小さい数で，40以上は40をふくむ40より大きい数だったね。

問題の解き方を学ぼう

155

## グラフでわかりやすく表す

グラフ　chart／graph

数量関係を調べて，それをさらにわかりやすく表すためにグラフを使います。また，グラフを読み取れば，そこから数量について知ることができます。

## 大小を比べるグラフ

棒グラフや絵グラフは，数量の大小を比べるのにわかりやすいグラフです。棒グラフは，棒の長さで数を表します。絵グラフは，絵の数で量を表します。

> 絵グラフは，こう目にあてはまるものの絵で表します。

> この絵グラフは，絵を見れば，誕生日の人もわかるから便利だね。

## いろいろな棒グラフ

棒グラフは，グラフ全体の大きさとグラフに表すいちばん大きい数に合わせて，1めもりの大きさを決めます。また，1つの種類について2本以上の棒で表したり，棒をたてに並べて表すこともあります。

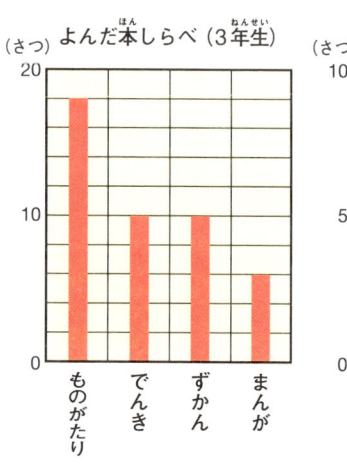

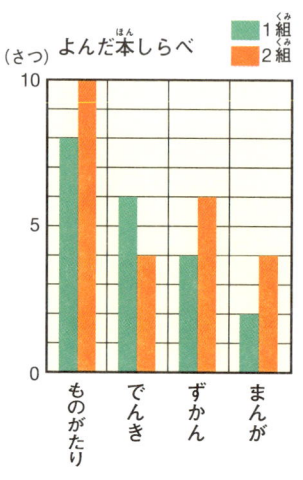

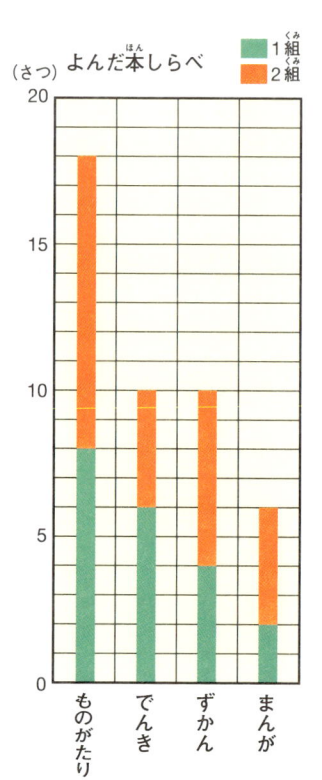

# 変わっていくものを表す折れ線グラフ

折れ線グラフ　line graph

数量の大きさを点で表し、それらの点を直線で結んだグラフを**折れ線グラフ**といいます。折れ線グラフは、気温などの時間とともに変わっていくものの様子を表すときに便利です。

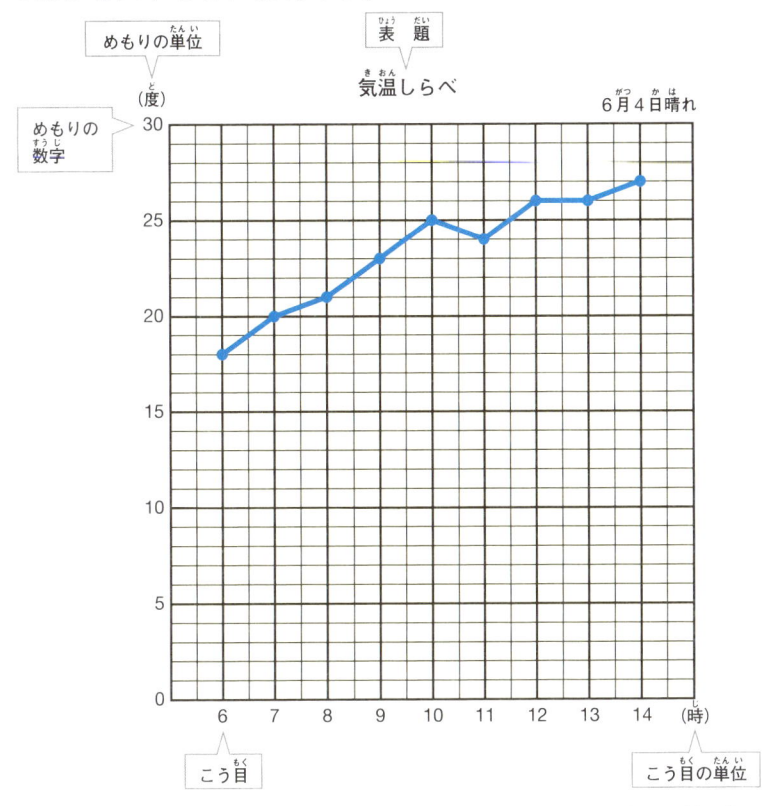

めもりの単位　表題

(度)　気温しらべ　6月4日晴れ

めもりの数字

こう目　こう目の単位

> 6時から10時までは気温が上がり続けて、10時から11時は一度下がっていることがわかるね。

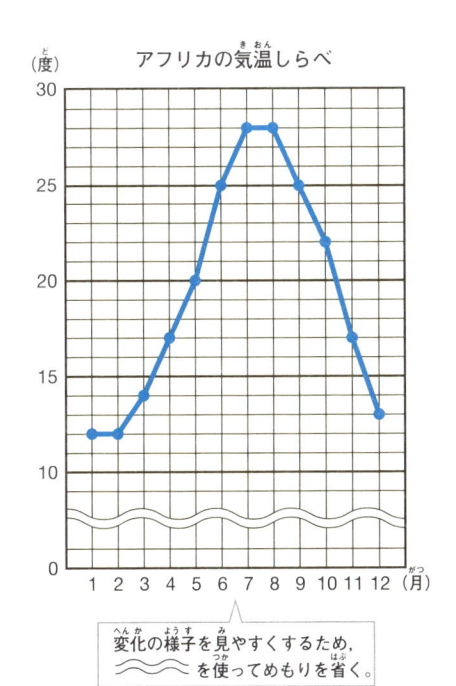

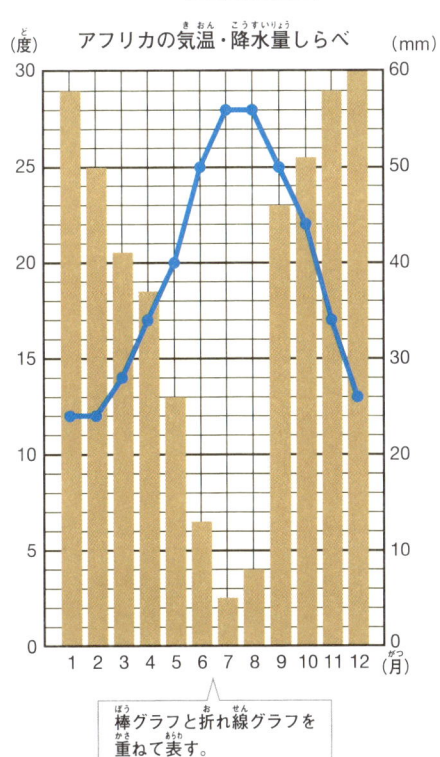

(度)　アフリカの気温しらべ

(度)　アフリカの気温・降水量しらべ　(mm)

変化の様子を見やすくするため、～を使ってめもりを省く。

棒グラフと折れ線グラフを重ねて表す。

> 棒グラフと折れ線グラフを重ねると、2つの量の関係を読み取ることができます。このグラフでは、気温が高いときと低いときに、それぞれ降水量がどのようになっているかがわかります。

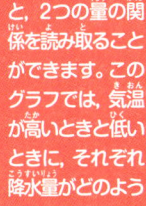

**問題の解き方を学ぼう**

157

# 割合を表す帯グラフと円グラフ

帯グラフ　band graph
円グラフ　pie chart

割合の変化の様子を調べるときは，帯グラフや円グラフに表します。
**帯グラフ**は1つの帯を1とみて，**円グラフ**は1つの円を1とみて，割合の大きさに区切って表します。
帯グラフは数が大きいものを左からかいていき，円グラフは，数が大きいものから右回りにかいていきます。

> 色分けをすると，割合の大きさがわかりやすいね。

**桃の県別収穫量の割合**
(合計 1370百 t)
(2014年) 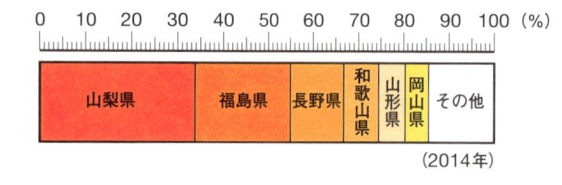

**桃の県別収穫量の割合**
(合計 1370百 t) 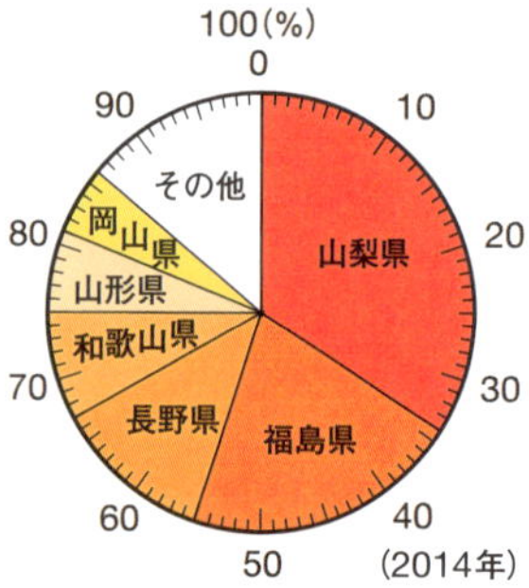
(2014年)

## グラフから読み取る

グラフに表された割合から，もとの数量を計算したり，グラフどうしを比べたりすることができます。

昭和61年に比べ，平成25年で割合が大きく増えた家族構成は何でしょう。

> 2つのグラフから，1人のみ世帯が大きく増えたことがわかる。

**家族構成別の割合**

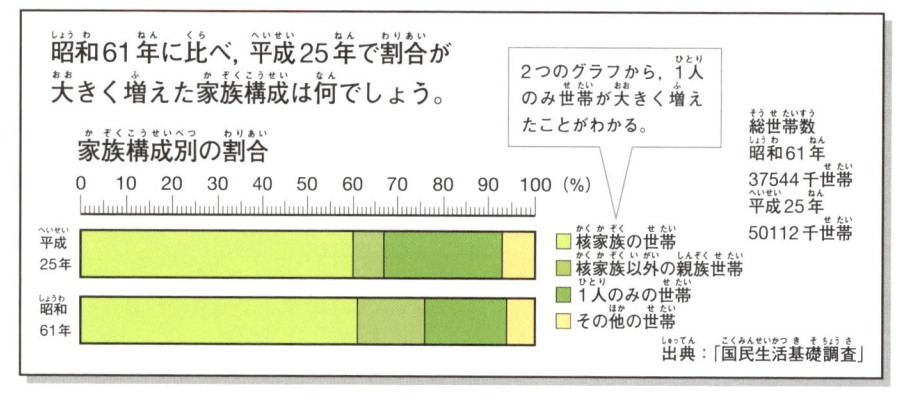

総世帯数
昭和61年　37544 千世帯
平成25年　50112 千世帯

- 核家族の世帯
- 核家族以外の親族世帯
- 1人のみの世帯
- その他の世帯

出典：「国民生活基礎調査」

静岡県のみかんの収穫量は約何万 t でしょう。

**全国のミカンの収穫量の割合**
(全国の収穫量 895900t)

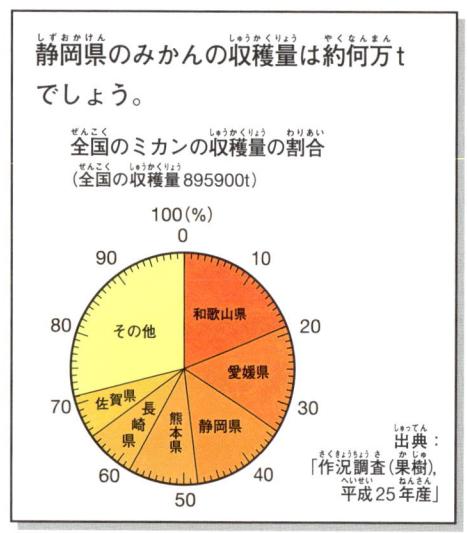

出典：「作況調査(果樹)，平成25年産」

グラフから，静岡県のみかんの収穫量は全国の14%とわかる。
全国の収穫量は895900tなので，
895900 × 0.14 = 125426
上から2けたの概数で表すと，
125426 ≒ 13万 (t)

---

円グラフは，一部をぬいて見ても，割合と対応する量がわかります。

熊本県

この図では，中心角を測ると36°なので10%です。
帯グラフは，一部だけではわかりません。

全体の長さがわからないと，その割合が決められないからです。帯グラフは，並べて比べやすくすることができます。

## 散らばりを調べる柱状グラフ

記録をいくつかの範囲に区切ってグラフに表したものを**柱状グラフ**といいます。散らばりの特徴がとらえやすくなります。

ソフトボール投げの記録

| 距離（m） | 人数（人） |
|---|---|
| 15〜20（以上〜未満） | 2 |
| 20〜25 | 4 |
| 25〜30 | 6 |
| 30〜35 | 5 |
| 35〜40 | 3 |

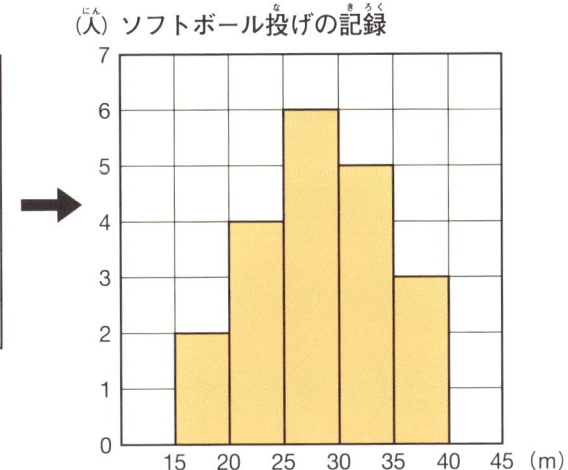

（人）ソフトボール投げの記録

> 短い距離、長い距離の人が少なくて、まん中の25m以上30m未満が多いことがはっきりわかるね。

### グラフのコンクールにチャレンジ！　ひろがる算数

**統計グラフ全国コンクール**は、全国の小学生、中学生、高校生などが自分で作ったグラフの良さを競うコンクールです。

平成26年には、第62回のコンクールが開かれ、全国から25094作品の応募がありました。最終審査に残った168作品から、部門別に特選6作品と、さらに、特選の中から、特に優秀と認められた作品が「総務大臣特別賞」と「文部科学大臣奨励賞」に選ばれました。

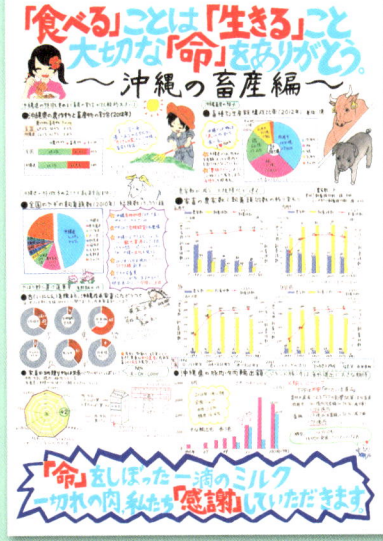

「総務大臣特別賞」

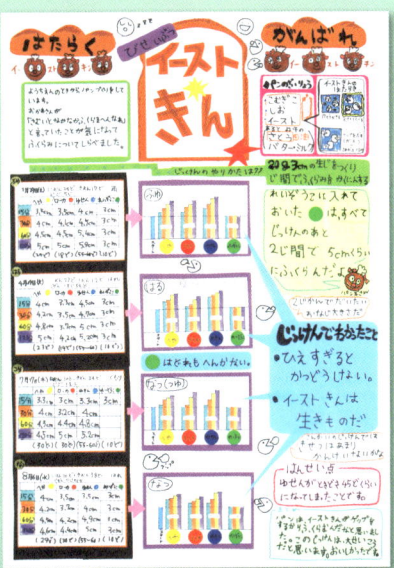

「文部科学大臣奨励賞」

> 自分でグラフを作ってぜひ、このコンクールにチャレンジしてみよう！

くわしくは、「統計グラフ全国コンクール」のホームページへ。
http://www.sinfonica.or.jp/tokei/graph/index.html

問題の解き方を学ぼう

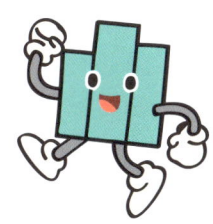

# 生活の中にあるグラフ

## 階段状グラフ

階段状グラフは，区切られた範囲で同じ値をとる数量の大きさを表します。

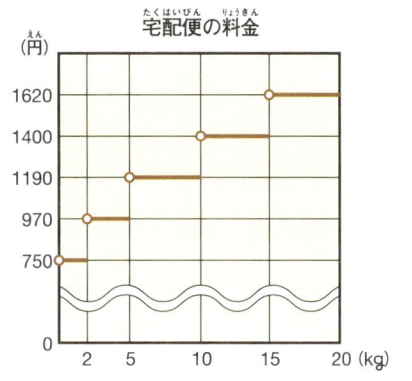

宅配便の料金

左のように，荷物を送るときの重さと料金や，交通機関の距離と料金などを表すグラフです。

重さが2kgの荷物の料金は750円
重さが5.5kgの荷物の料金は1190円

> 重さが2kgから5kgのところは，2kgより重く5kgまでは970円ということだね。

## ダイヤグラム

ダイヤグラムは，鉄道やバスなどの交通機関の運行状況を表します。

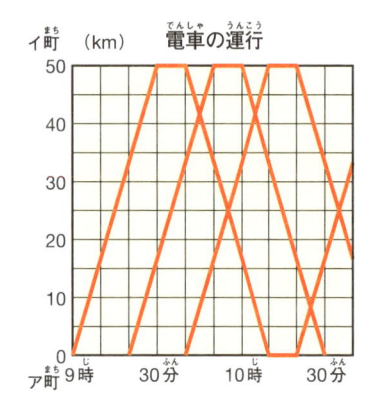

電車の運行

左のダイヤグラムからは，
2つの地点の距離や
電車の速さを求めることができます。

ア町からイ町までの距離　50km
電車の速さ　50kmを
30分（0.5時間）で進むので，
$50 ÷ 0.5 = 100$（km/h）

---

### グラフにだまされない！　　ひろがる算数

次のような棒グラフをよく目にしますが，このようなグラフにだまされないように気をつけましょう。

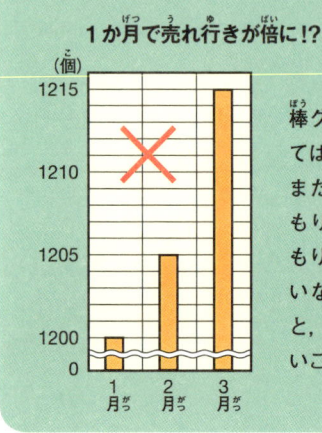

**1か月で売れ行きが倍に!?**

棒グラフには，省略する線を使ってはいけません。
また，めもりをよく見ると，1めもりが1個になっています。1めもりを100個で表した，省略していない右のグラフと比べてみると，売れた数は2倍になっていないことがわかります。

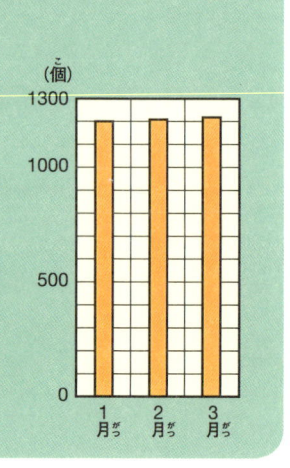

160

# 図に表して問題を解く

図 figure

数量の関係を調べたり，算数の問題を解いたりするときには，図に表します。

> 電線に，すずめが何わかとまっていました。
> そこへ3わとんできたので，5わになりました。
> はじめに何わいたのでしょう。

①問題の場面をかんたんな絵で表す。

> 絵は，自分がわかればいいから，かんたんにかけばいいんだね。

②問題の場面を線分図に表す。

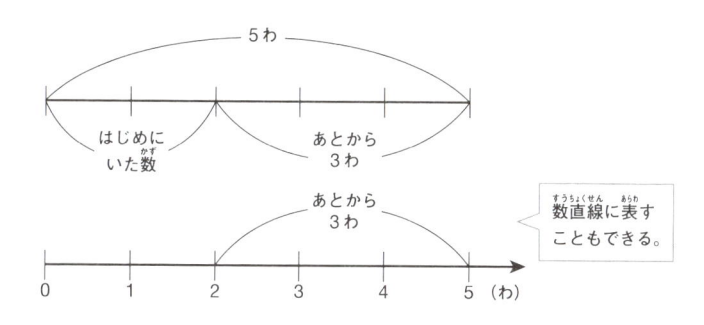

数直線に表すこともできる。

③表した図から，数量の関係を読み取って，式に表す。
　　　5−3＝2　　答え　2わ

## 線分図のかき方

線分図では，1めもりを同じ長さで表すことが大切です。

①全体を表す線を1本かく。

②わかっている数をもとに1めもりの大きさを決める。

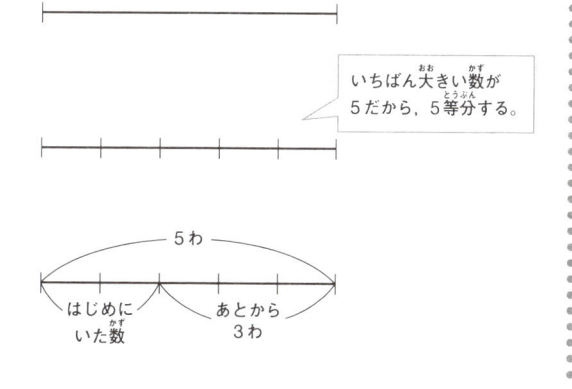

いちばん大きい数が5だから，5等分する。

③問題に出てくる数をかく。

わからない数は，言葉でかいておけばいいね。

問題の解き方を学ぼう

## かけ算は面積図

かけ算は、面積図に表すことができます。

2つの数を長方形のたてと横の長さで表します。

1個60円のりんごを
10個買ったときの代金

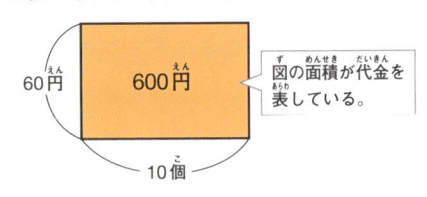

60円 | 600円

10個

図の面積が代金を表している。

> 図のたてと横をかけた数がかけ算の答え（積）になるから、面積図というんだね。

わからない数があっても、面積図に表すことができます。

> 1個40円のみかんを何個か買って、640円はらいました。何個買ったでしょう。

みかんの数を□個とすると、

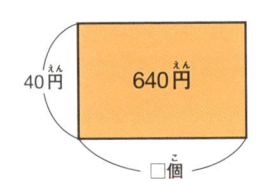

40円 | 640円

□個

図から、
40 × □ = 640
640 ÷ 40 = 16

答え　16個

---

### いろいろな関係を表す、ベン図　　**ひろがる算数**

下の図のような、数や図形などの集合の関係を表す図を、ベン図といいます。
集合とは、いろいろな条件にあてはまるものを、1つの集まりとみることです。

いくつかの野菜やくだものがあります。
いろいろな仲間分けをしましょう。

2つの集まりがあり、両方の集まりに入るものがある場合
野菜　　赤い野菜　　赤い食べ物

2つの集まりがあり、両方に入るものがない場合
緑の野菜　　くだもの

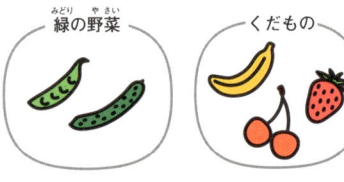

2つの集まりがあり、一方がもう一方にふくまれる場合
野菜　　赤い野菜

> 集合については、高校の数学で学びます。

## 場合の数を調べる

図や表を使って、起こり得る場合を順序よく整理して調べます。

## 順番があるものを調べる

順番があるものを調べる場合は、樹形図を使います。

> A, B, C, Dの4人がリレーを走ります。走る順番は全部で何通りあるでしょう。

①Aが第一走者の場合を調べる。

第一走者　第二走者　第三走者　第四走者

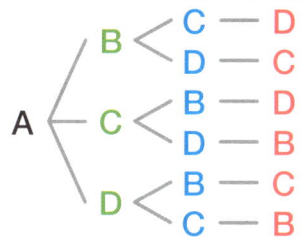

Aが第一走者とすると、第二走者はB, C, Dが走る3通りある。
Bが第二走者とすると、第三走者はC, Dが走る2通りがある。
Aが第一走者の場合は6通りある。

②同じように、B, C, Dが第一走者の場合を調べる。

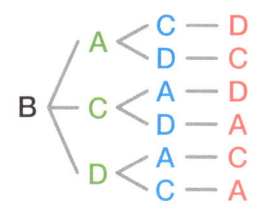

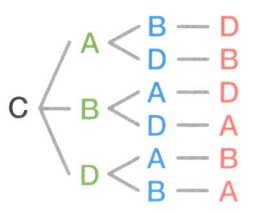

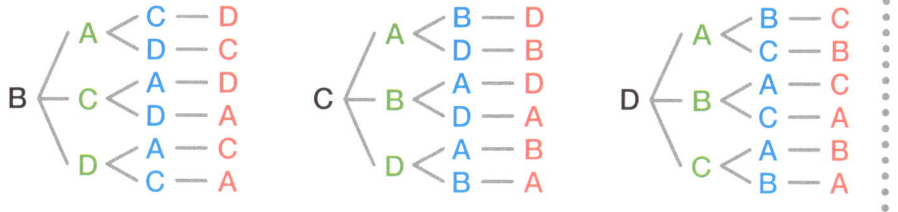

それぞれ6通りあるので、
6×4＝24

**答え　24通り**

## 組み合わせを調べる

組み合わせを調べる場合は、表などを使います。

> 野球の大会で、A～Dの4つのチームが総当たり戦で戦います。試合は、全部で何試合になるでしょう。

|   | A | B | C | D |
|---|---|---|---|---|
| A |   | ① | ② | ③ |
| B |   |   | ④ | ⑤ |
| C |   |   |   | ⑥ |
| D |   |   |   |   |

表の番号が、試合の数になる。
①A対Bの試合　②A対Cの試合
③A対Dの試合　④B対Cの試合
⑤B対Dの試合　⑥C対Dの試合

■のところは、同じチームどうしで、
■のところは、①～⑥と同じ組み合わせ。
だから、試合数は全部で6になる。

**答え　6試合**

---

第一走者から第四走者まで順番に並べてかくと、木の枝を広げたような図になるので、樹形図といいます。

---

総当たり戦の数は図形の辺と対角線の数でも調べられます。4チームの場合は、四角形で調べます。

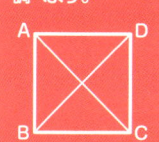

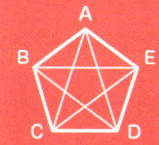

辺の数が4本と対角線の数2本で合わせて6本が試合数です。チーム数が増えても同じように調べられます。

（5チームの場合）

五角形で辺の数5本対角線の数5本試合数は10試合。

163

# 式を使って説明する
## 問題の解き方を，式を使って説明します。

## 言葉，○，□，文字を使う

算数では，わからない数や変わっていく数を，数字ではない形や文字などで表します。6年生は，$a$ や $x$ などの文字で表しますが，3，4，5年生は，○や□などの形，1，2年生は言葉を使います。

> 公園で子どもが遊んでいました。そこに，7人来たので，全部で19人になりました。はじめに，何人いたでしょう。

### ①図に表す

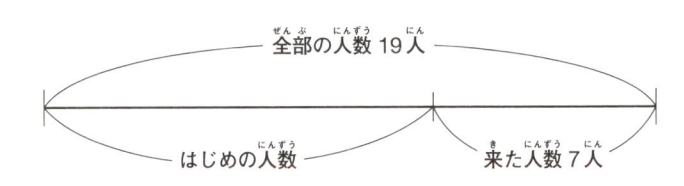

全部の人数 19人
はじめの人数　　来た人数 7人

### ②式に表す

数量の関係を言葉の式に表すと，
（はじめの人数）＋（来た人数）＝（全部の人数）
わかっている数をあてはめると，（はじめの人数）＋7＝19 ── 1，2年生の式
はじめの人数を□人とすると，　□＋7＝19 ── 3〜5年生の式
はじめの人数を $x$ 人とすると，　$x$＋7＝19 ── 6年生の式

### ③答えを求める

（はじめの人数）は，（全部の人数）－（来た人数）で求める。
19－7＝12　　　答え　12人

> □や文字 $x$ は，何を使うかを，自分で決めます。だから，式に表す前に，決めたこと（何を□や文字で表すか）を説明します。

## いつでも使える式に表す

数量の関係の中で，変わっていく数を文字などにおきかえて式に表すと，数が変わっても答えが求められます。

> 図のように，マッチ棒をならべて正方形をつくっていきます。正方形を10個，100個つくるとき，それぞれ，マッチ棒は全部で何本になるでしょう。

> 正方形の数が10個なら，図をかいて，簡単に求められるけど……。

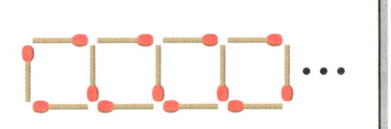

①図に表す

図にかいて，正方形の数が1個，2個，3個，…と数が小さい場合で，マッチ棒の数を調べる。

正方形1個　　　　　　　　　　マッチ棒4本

正方形2個　　　　　　　　　　マッチ棒7本

正方形3個　　　　　　　　　　マッチ棒10本

正方形4個　　　　　　　　　　マッチ棒13本

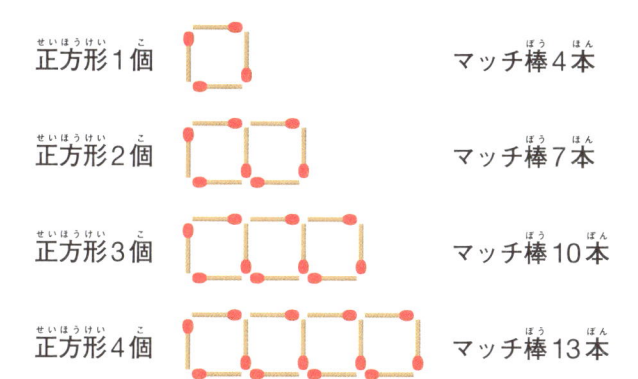

図⇒表⇒式の順で表して考えます。

②表に表す

マッチ棒の増え方を表にまとめる。

| 正方形の数（個） | 1 | 2 | 3 | 4 |
|---|---|---|---|---|
| マッチ棒の数（本） | 4 | 7 | 10 | 13 |

正方形の数が1個増えると，マッチ棒は3本増える。

③式に表す

図や表からわかったマッチ棒の増え方を式に表す。

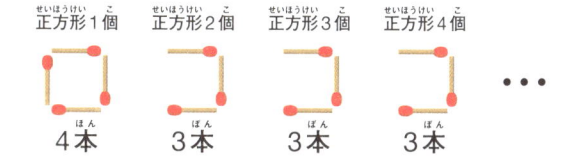

正方形1個　　正方形2個　　正方形3個　　正方形4個
4本　　　　　3本　　　　　3本　　　　　3本　　　…

正方形が 1個目はマッチ棒4本 ，2個目からはマッチ棒が3本 ずつ増える

（マッチ棒全部の数）＝ 4＋3×{（正方形の数）－1}

正方形の数を□個とすると，（マッチ棒全部の数）＝4＋3×（□－1）
正方形の数を$x$個とすると，（マッチ棒全部の数）＝4＋3×（$x$－1）

③の式がわかれば正方形の数が何個でも，マッチ棒全部の数がわかるね。

④答えを求める

式を使って，正方形が10個，100個のときのマッチ棒全部の数を求める。
正方形の数が10個　　　4＋3×（10－1）＝31（本）
正方形の数が100個　　4＋3×（100－1）＝301（本）

問題の解き方を学ぼう

## 図や式を使って，自分の考えを表す

算数では，図や式などを使って自分の考えを表します。ある数量がどのような関係にあると考えたのか，問題をどのように解いたのか，など，自分が考えたことを人に伝えるためです。

> 前のページのマッチ棒の数を，図のような考え方で表します。
> それぞれ，どのような考え方をしたのか，式に表しましょう。

図や式は，算数の説明文なんだね。言葉だけで説明するより，図や式で伝えたほうがわかりやすいんだね。

### 考え方①

はじめに4本あり，正方形が1個増えると3本増える。

正方形1個　正方形2個　正方形3個　正方形4個

（マッチ棒全部の数）＝4＋3×｛（正方形の数）－1｝

### 考え方②

はじめに1本あり，正方形が1個増えると3本増える。

正方形1個　正方形2個　正方形3個　正方形4個

（マッチ棒全部の数）＝1＋（正方形の数）×3

### 考え方③

正方形が1個増えると4本ずつ増えると数えて，重なる部分の1本をひく。

正方形1個　正方形2個　正方形3個　正方形4個

（マッチ棒全部の数）＝4×（正方形の数）－1×｛（正方形の数）－1｝

### 考え方④

正方形が1個増えると，上下の2本が1組増える。
まん中は，初めに1本あって，あとは1本ずつ増える。

正方形1個　正方形2個　正方形3個　正方形4個

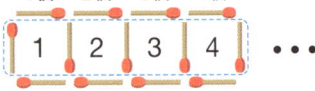

（マッチ棒全部の数）＝2×（正方形の数）＋1×｛（正方形の数）＋1｝

## 問題を解く

算数の問題で，文章で説明されている問題を文章題といいます。
文章題は，文章から読み取った数量の関係を図やグラフに表し，
式を使って問題を解きます。

> A，B2人の持っているお金を合わせると750円で，BはAより150円
> 多く持っています。A，Bそれぞれが持っているお金は何円でしょう。

### 手順1

答えること，わかっていること，わからないことを簡単に書き出す。

  答えること────Aのお金とBのお金
  わかっていること─ A，B2人のお金の和は750円
         BはAより150円多い

### 手順2

わかっていることを図にかいてみる。

① A，B2人のお金の和は750円

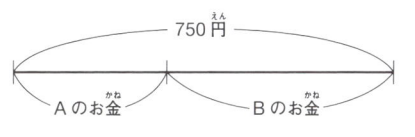

② BはAより150円多い。

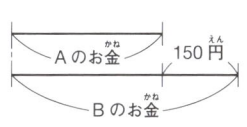

③ Bのお金をAのお金を使って表す。

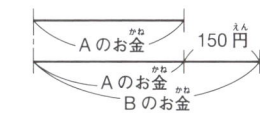

④ ①のお金の和を表す図の
  Bのお金もAのお金で表す。

図は，まとめられるときはできるだけ簡単にします。この問題は，2人のお金の和をAひとりのお金で表します。

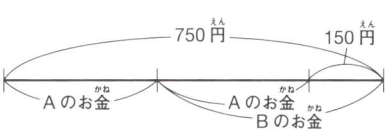

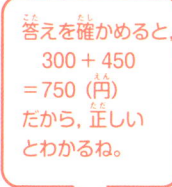

### 手順3

図から式に表す。

  Aが持っているお金を$x$円として，④の図を式に表す。
  $x \times 2 + 150 = 750$

### 手順4

答えを求める。

  $x \times 2 + 150 = 750$  $x \times 2 = 750 - 150$  $x = 600 \div 2 = 300$
  Aが持っているお金は300円なので，Bが持っているお金は，
  300＋150で，450円。

答えを確かめると，300＋450＝750（円）だから，正しいとわかるね。

問題の解き方を学ぼう

# いろいろな文章題を解く

文章題には，昔から名前のついたものがたくさんあります。
そのような問題のことを古典算ともいいます。

### 和差算
和と差が決まっている2つの数量の関係

5mのひもを2つに切って，長い方が短い方より40cm長くなるようにしたいと思います。それぞれ何mにすればいいでしょう。

① 2本のひもの長さの和と差の関係を，図に表す。

2本のひもの長さの和は5m

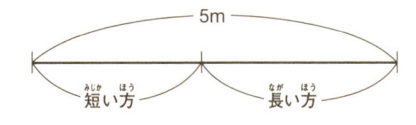

2本のひもの長さの差は40cm

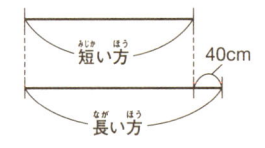

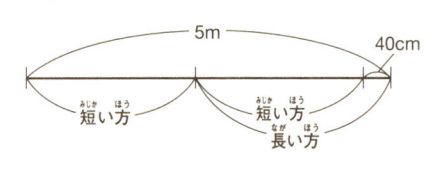

↓ 2つの図から

② 3つ目の図を式に表す。

短い方のひもの長さを$x$cmとすると，
$x \times 2 + 40 = 500$
$x = 230$（cm）$= 2.3$（m）
短い方のひもの長さが2.3mなので，
$5 - 2.3 = 2.7$（m）

答え　短い方2.3m，長い方2.7m

> 1本のひもを切るから，切った後の2本の長さの和は変わらないんだね。

### 和一定
和が決まっている2つの数量の関係

姉は妹の4倍の数の色紙を持っていました。姉が妹に色紙を14枚あげたら，姉が持っている色紙の数は，妹の持っている色紙の数の2倍になりました。
はじめに，姉と妹はそれぞれ色紙を何枚持っていたでしょう。

① はじめの姉妹の色紙の枚数と姉が妹にあげた後の枚数を，図に表す。

姉の色紙の枚数は妹の4倍

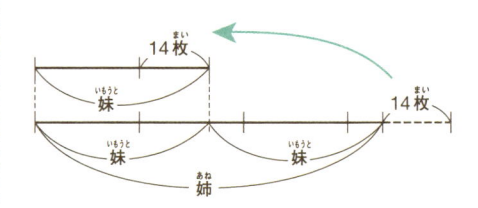

姉が妹に14枚あげると，姉は妹の2倍

② 14枚あげた後の姉の図を式に表す。

妹がはじめに持っていた枚数を$x$枚とすると，
$(x+14) \times 2 = x \times 4 - 14$
$x = 21$

妹が21枚なので，姉の枚数は，
$21 \times 4 = 84$（枚）

答え　姉84枚　妹21枚

---

**差一定**
差が変わらない2つの数量の関係

Aの持っているお金はBの金額の3倍でしたが，AがCから300円もらったので，Aの金額はBの金額の5倍になりました。はじめのAの金額は何円でしょう。

① AがCから300円をもらう前と後の2人の金額を，図に表す。

Aのお金はBのお金の3倍

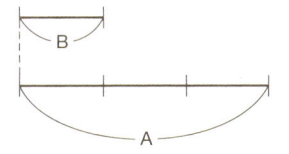

300円もらった後のAのお金はBのお金の5倍

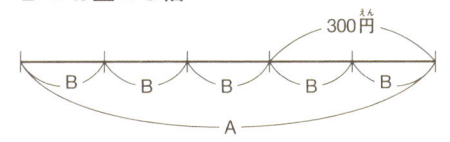

② 図から，Bの持っているお金の2倍が300円だとわかるので，

Bのお金は，
$300 \div 2 = 150$（円）
はじめのAのお金はBの3倍なので，
$150 \times 3 = 450$（円）

答え　450円

> AがCから300円もらった後でも，はじめにAがBの3倍だったことは変わらないんだね。

---

## 年齢は数が増えても差一定

年齢の問題では，それぞれの年齢が増えても，年齢の差は変わりません。

> まさおさんはお父さんと25歳ちがいます。10年後に，2人の年齢の和は67歳になります。2人の年齢の関係を図に表しましょう。

図に表すと右のようになります。
⑦は67歳，④は10年後のまさおさんの年齢，⑨は10年後のお父さんの年齢です。

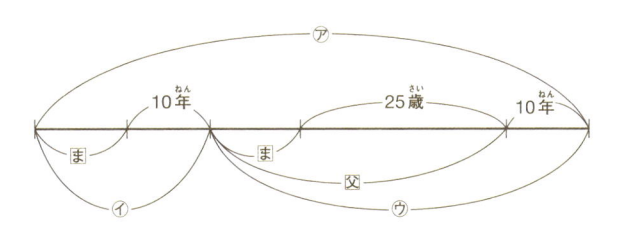

問題の解き方を学ぼう

**積一定** 積が決まっている2つの数量の関係

たてが6cm, 横が8cmの長方形をひもで作りました。面積を変えずに, たての長さ4cmの長方形をもう1つ作ると, ひもは何cm必要でしょう。

① 問題文から, 2つの長方形を図に表す。

はじめの長方形

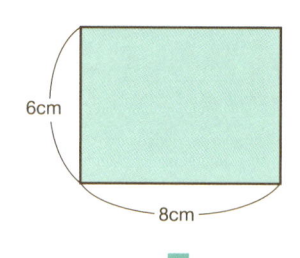

6cm × 8cm

↓

2つ目の長方形。横の長さを$x$cmとする。

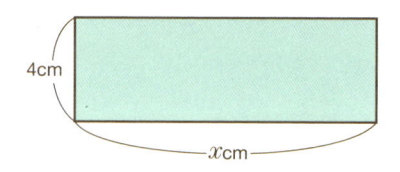

4cm × $x$cm

② はじめの長方形の面積から, 2つ目の長方形の横の長さを求める。

はじめの長方形の面積は
$6 \times 8 = 48$ (cm$^2$)
2つ目の長方形の面積も48cm$^2$なので, 横の長さ$x$cmが求められる。
$4 \times x = 48$
$x = 48 \div 4 = 12$
たて4cm, 横12cmなので, 周りの長さは
$(4 + 12) \times 2 = 32$

答え 32cm

> 面積を変えないから, たてと横をかけた積が変わらないんだね。

---

**商一定** 商が決まっている2つの数量の関係

Aの水そうには水が18L, Bの水そうには水が45L入ります。Aの水そうに, 1分間に2Lずつ水を入れていっぱいにしました。同じ時間で, Bの水そうをいっぱいにするには, 1分間に何Lずつ入れればよいでしょう。

① 問題文から水そうに入れる水の量と時間の関係を, 図に表す。

Aの水そうがいっぱいになる時間を$x$分として, 線分図に表す。

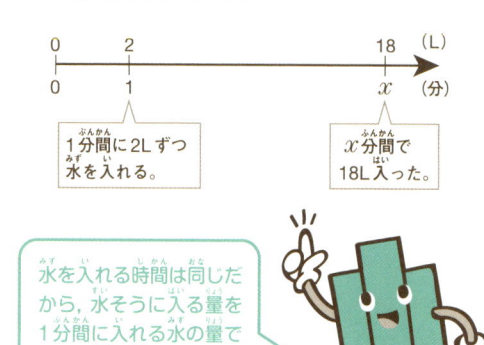

```
0    2              18 (L)
0    1              x  (分)
```

1分間に2Lずつ水を入れる。
$x$分間で18L入った。

> 水を入れる時間は同じだから, 水そうに入る量を1分間に入れる水の量でわった商が同じだ。

② Aの水そうがいっぱいになる時間$x$分から, Bの水そうに1分間に入れる水の量を求める。

Aの水そうには, 1分間に2Lずつ18Lまで水を入れたので
$x = 18 \div 2 = 9$ (分)
Bの水そうには水が45L入る。
Bの水そうもAと同じ9分間で水がいっぱいになるようにする。
Bの水そうで, 1分間に入れる水の量は
$45 \div 9 = 5$

答え 5L

**植木算**

植木を植えたときの植木の数，間の数，植木の両はしの長さなどの数量の関係

道にそって，いちょうの木を 16m ごとに植えていきます。はしからはしまで植えるとき，次の問いに答えましょう。
(1) いちょうの木が 8 本のとき，1 本目と 8 本目の間の長さは何 m でしょう。
(2) 両はしの間の長さが 400m のとき，いちょうの木は何本でしょう。

① 問題場面を絵や図に表す。(いちょうの木が 8 本のときの両はしの間の長さを■m とする)

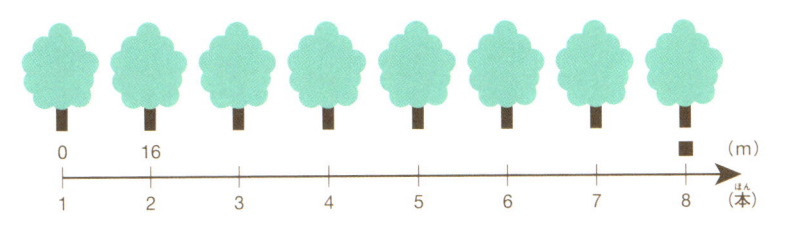

場面を絵に表すと，わかりやすくなるね。絵はかんたんにかけばいいね。

② 表を作って，両はしの間の長さを求める。

| いちょうの木の数 (本) | 1 | 2 | 3 | 4 | 5 | 6 | 7 | 8 |
|---|---|---|---|---|---|---|---|---|
| 間の数 | 0 | 1 | 2 | 3 | 4 | 5 | 6 | 7 |
| 両はしの間の長さ (m) | 0 | 16 | 32 | 48 | 64 | 80 | 96 | 112 |

(1)の答え　112 m

③ いちょうの木の本数と両はしの間の長さの関係を式に表す。

表から，木の数が 1 本増えるごとに，長さが 16m 増えることがわかる。
木の数を $x$ 本とすると，両はしの長さは $(x-1) \times 16$ と表せる。
　　　　　　　　　　　　　　　　　　　　　　　　↑
　　　　　　　　　　　　　　　　　　　　　　　間の数
両はしの長さが 400m のとき，
$(x-1) \times 16 = 400$
$x = 26$　　　　(2)の答え　26 本

## 絵に表すとわかりやすい

問題場面を絵に表すと，数量の関係がわかりやすくなります。

> 20cm のテープを，のりしろを 5cm として 10 本，はり合わせます。

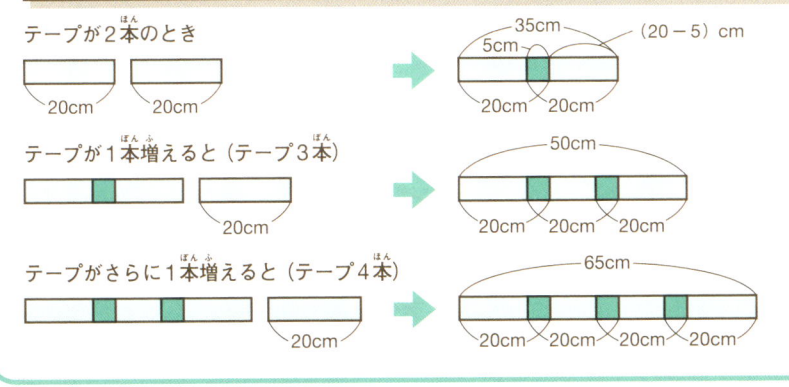

テープが 2 本のとき → 35cm　(20-5)cm

テープが 1 本増えると（テープ 3 本）→ 50cm

テープがさらに 1 本増えると（テープ 4 本）→ 65cm

テープが 1 本増えると，15cm 長くなっています。
テープの本数を $x$ 本とすると，
(テープの長さ)
$= 20 + 15 \times (x-1)$
となります。

問題の解き方を学ぼう

### 消去算
同じところを消すと，わからない数を求めることができる問題

りんご5個をかごに入れて買うと代金は1350円です。このかごに同じ値段のりんご9個を入れて買うと，代金は1950円になりました。りんご1個の値段とかごの値段はそれぞれ何円でしょう。

① 問題文から，2つの買い方を図に表す。

| かご | りんご | 代金 |
|---|---|---|
| 🧺 | 🍎🍎🍎🍎🍎 | 1350円 |
| 🧺 | 🍎🍎🍎🍎🍎🍎🍎🍎🍎 | 1950円 |
| 差 | 🍎🍎🍎🍎 | (1950 − 1350)円 |

> 図をたてに見ると，2つの代金のちがいが，りんご4個分の代金であることがわかるね。

② わかったことから，りんご1個の値段を計算する。

(1950 − 1350) ÷ 4 = 150
かごの値段は
1350 − 150 × 5 = 600

**答え　りんご1個150円　かご600円**

---

## 数をそろえて同じところをつくる
同じところがない問題では，何倍かして同じところをつくって消します。

> 文ぼう具がA，B2つのセットで売っています。Aセットは，ボールペン1本とノート3冊で530円です。Bセットはボールペン2本とノートが5冊で920円です。ボールペンとノートの値段は，それぞれいくらでしょう。

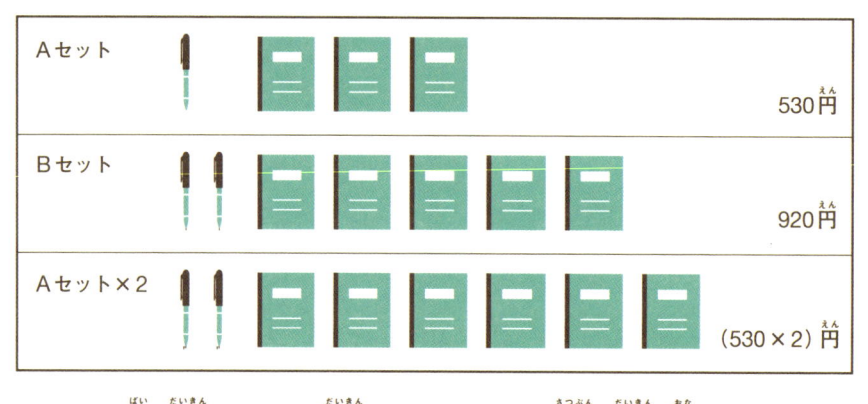

| | | |
|---|---|---|
| Aセット | 🖊 📓📓📓 | 530円 |
| Bセット | 🖊🖊 📓📓📓📓📓 | 920円 |
| Aセット×2 | 🖊🖊 📓📓📓📓📓📓 | (530×2)円 |

> Aセットを2セット買うと，Bセットとボールペンの数が同じになるね。

Aセットの2倍の代金とBセットの代金のちがいは，ノート1冊分の代金と同じです。
530 × 2 − 920 = 140 (円)　……ノートの値段
530 − 140 × 3 = 110 (円)　……ボールペンの値段

### 鶴亀算
2つのものを、2種類の数量の関係で表す問題

1個30円のあめと50円のチョコレートを合わせて9個買って、ちょうど350円にしたいと思います。
それぞれ何個買えばいいでしょう。

## 問題文から図や表に表す。

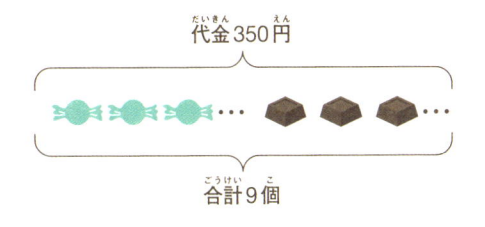

代金350円
合計9個

| | の数（個） | 1 | 2 | 3 | 4 | 5 |
|---|---|---|---|---|---|---|
| あめ | の代金（円） | 30 | 60 | 90 | 120 | 150 |
| チョコ | の数（個） | 8 | 7 | 6 | 5 | 4 |
| チョコ | の代金（円） | 400 | 350 | 300 | 250 | 200 |
| | 全部の数（個） | 9 | 9 | 9 | 9 | 9 |
| | 全部の代金（円） | 430 | 410 | 390 | 370 | 350 |

表から
答え あめ5個　チョコレート4個

## 面積図を使って、鶴亀算を解く

面積の図を使って、鶴亀算を解くことができます。

① たてをお金、横をおかしの数として、もとになる図をかく。

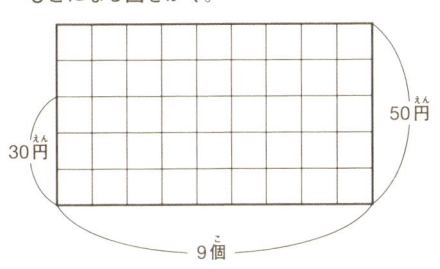

50円
30円
9個

② 金額が多いチョコレートを9個買うと考える。代金は450円になる。

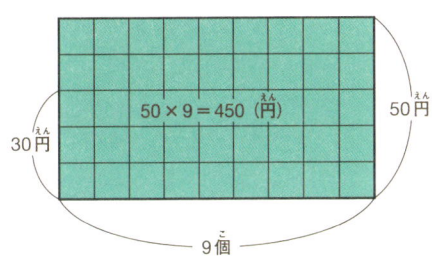

$50 \times 9 = 450$（円）
50円
30円
9個

450円の図から、100円分減らすことを考えるんだね。

③ 代金を350円にするために、20円安いあめに置き換える。 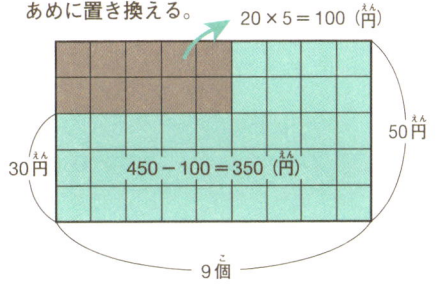
$20 \times 5 = 100$（円）
$450 - 100 = 350$（円）
50円
30円
9個

④ 30円のあめは5個、50円のチョコレートは4個買ったとわかる。

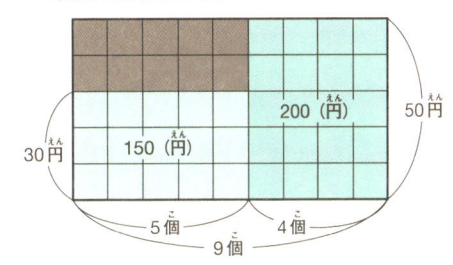

200（円）
150（円）
50円
30円
5個　4個
9個

$50 \times 4 = 200$（円）　$30 \times 5 = 150$（円）

問題の解き方を学ぼう

### 還元算①
割合をもとに，数量を求める問題

しおりさんはある本を読み始めました。1日目に全体の $\frac{1}{3}$ を読み，2日目に残りの $\frac{2}{5}$ を読んだところ，78ページ残りました。
① 2日目に読んだのは何ページでしょう。
② この本は何ページでしょう。

① **問題文から図に表す。**

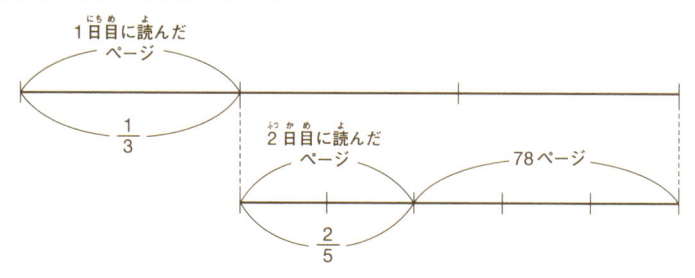

> 2日目の $\frac{2}{5}$ は，残りのページを5等分した2つ分だね。
> 1日目の残りのページは，全体の $\frac{2}{3}$ だよ。

② **図から，式を立てて答えを求める。**

2日目に読んだページを $x$ ページとすると，
$78 \div 3 = 26$    $x = 2 \times 26 = 52$
1日目に残ったページ数は　$78 + 52 = 130$（ページ）
1日目に読んだページ数は　$130 \div 2 = 65$（ページ）
　　本全体のページ数は　$130 + 65 = 195$（ページ）

**答え** ①52ページ ②195ページ

---

### 還元算②
ある数量に足りない関係と多い関係からわからない数を求める問題

会費として1人200円ずつ集めると600円不足し，250円ずつ集めると750円余りました。
会員の数は何人でしょう。また，会費は全部でいくら必要でしょう。

① **問題文から図に表す。**

会員の数を $x$ 人とする。

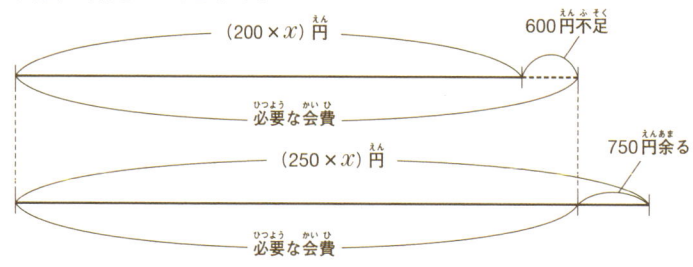

② **2つの数量関係を式に表す。**

$(200 \times x + 600)$ 円　　$(250 \times x - 750)$ 円
同じ「会費」を表しているので，2つの式は等しい。
$200 \times x + 600 = 250 \times x - 750$　　　$x = 27$
$200 \times 27 + 600 = 6000$（円）

**答え** 会員27人　会費6000円

### 方陣算①
ご石などを規則的に並べたときのご石の数などの数量の関係

ご石を、正方形にぴったりしきつめたら、まわりのご石の数は72個でした。しきつめたご石全体の数は何個でしょう。

① 問題文から図に表す。

ご石全体の数は，(一辺の数)×(一辺の数)で求められる。

一辺の数1個　一辺の数2個　一辺の数3個　一辺の数4個　一辺の数5個　一辺の数6個

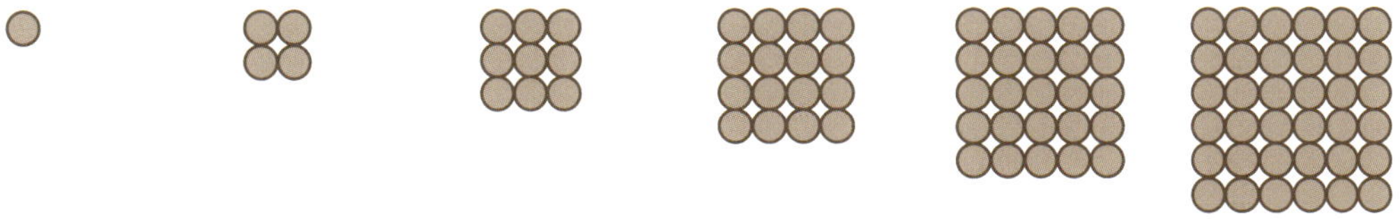

周りの数1個　周りの数4個　周りの数8個　周りの数12個　周りの数16個　周りの数20個

② 図から，2つの数量関係を考える。

● 正方形の一辺の4倍から重なりをひく

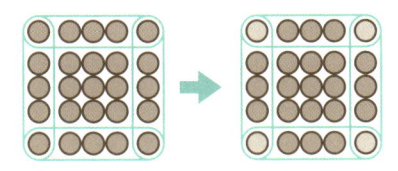

| 一辺の数（個） | 1 | 2 | 3 | 4 | 5 | 6 |
|---|---|---|---|---|---|---|
| 一辺×4（個） | 4 | 8 | 12 | 16 | 20 | 24 |
| 重なりの数（個） | 0 | 0 | 4 | 4 | 4 | 4 |
| 周りの数（個） | 1 | 4 | 8 | 12 | 16 | 20 |

● 上下の数と間の数をたす

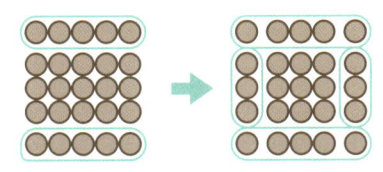

| 一辺の数（個） | 1 | 2 | 3 | 4 | 5 | 6 |
|---|---|---|---|---|---|---|
| 上下の数（個） | 1 | 4 | 6 | 8 | 10 | 12 |
| 間の数（個） | 0 | 0 | 2 | 4 | 6 | 8 |
| 周りの数（個） | 1 | 4 | 8 | 12 | 16 | 20 |

● 全部の数からまん中の数をひく

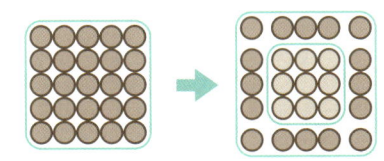

| 一辺の数（個） | 1 | 2 | 3 | 4 | 5 | 6 |
|---|---|---|---|---|---|---|
| 一辺×一辺（個） | 1 | 4 | 9 | 16 | 25 | 36 |
| まん中の数（個） | 0 | 0 | 1 | 4 | 9 | 16 |
| 周りの数（個） | 1 | 4 | 8 | 12 | 16 | 20 |

ご石の数え方は，1通りではないんだね。

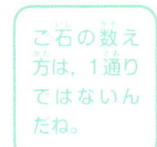

③ 正方形の一辺に並ぶご石の数を$x$個として，数量の関係を式に表し，答えを求める。

● 周りの数は，$(x \times 4 - 4)$個と表せる。

$x \times 4 - 4 = 72$　$x = 19$

● 周りの数は，$\{x \times 2 + (x-2) \times 2\}$個と表せる。

$x \times 2 + (x-2) \times 2 = 72$　$x = 19$

● 周りの数は，$\{x \times x - (x-2) \times (x-2)\}$個と表せる。

$x \times x - (x-2) \times (x-2) = 72$　$x = 19$

正方形の一辺の数が19個なので，$19 \times 19 = 361$（個）　**答え　361個**

問題の解き方を学ぼう

## 方陣算②

ご石などを規則的に並べたときのご石の数などの数量の関係

ご石を、⑦の図のように並べました。全部の数を工夫して求めます。
①〜⑦の図に表された求め方に合う式をかきましょう。

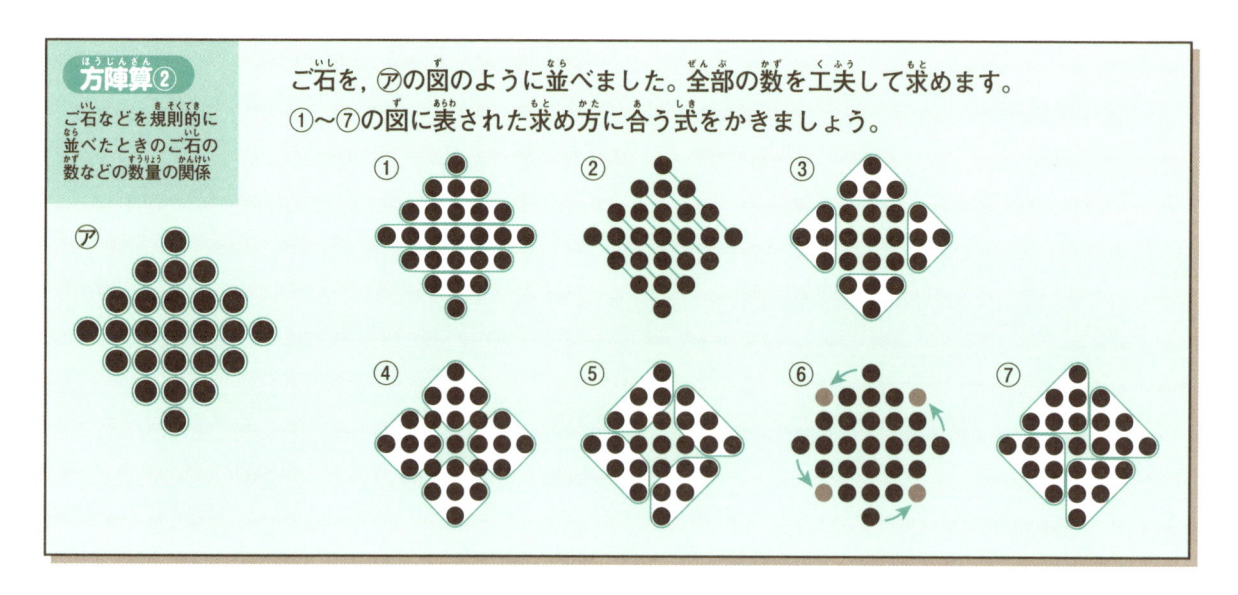

① 上から順に数をたす。

$1+3+5+7+5+3+1=25$

② ななめに見ると、4個が4列、3個が3列ならんでいる。

$4×4+3×3=25$

③ 四すみに4個の三角形と、まん中に9個の正方形がある。

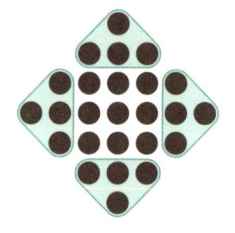

$4×4+3×3=25$

④ 四すみに5個の正方形と、まん中に5個の正方形がある。

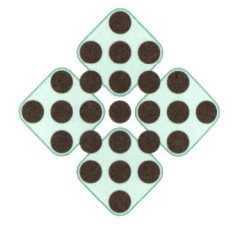

$5×5=25$

⑤ 四すみに5個の台形と、まん中に5個の正方形がある。

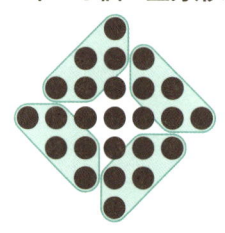

$5×5=25$

⑥ 四すみの1個ずつを移すと、大きな正方形になる。

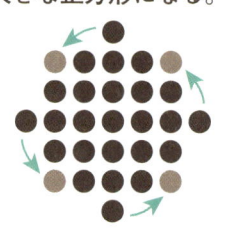

$5×5=25$

⑦ 四すみに6個の三角形と、まん中に1個ある。

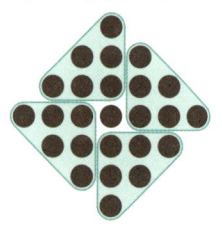

$6×4+1=25$

⑦は風車の4つの羽根のように見えるよ。似た形を探すことも、問題を解くコツだよ。

176

### 数列算
数があるきまりで並べられる数量の関係

次のように，数が並んでいるとき100番目の数はいくつでしょう。
1，5，9，13，17，21，25，29，…

① **数がどのように増えているのかを調べる。**

数が増えているので，いくつずつ増えているのかを調べる。

| 順番 | 1 | 2 | 3 | 4 | 5 | 6 | 7 | 8 |
|---|---|---|---|---|---|---|---|---|
| 数 | 1 | 5 | 9 | 13 | 17 | 21 | 25 | 29 |

+4 +4 +4 +4 +4 +4 +4

4ずつ増えている。

② **増え方のきまりを式に表し，100番目の数を求める。**

順番を $x$ 番目とすると，$x$ 番目の数は $1+4×(x-1)$ と表せる。
だから100番目の数は， $1+4×(100-1)=397$

答え　397

数列の問題は，自分でもカンタンに作ることができるよ。

---

### 周期算
数がくり返し並べられる数量の関係

ご石が，白，白，黒，白，白，黒，…の順に，58個並んでいます。
いちばん右のご石は何色でしょう。○○●○○●○○●…

① **問題文から図に表す。**

ご石の並び方を調べるために，番号をふってみる。

1 2 3 4 5 6 7 8 9 …
○ ○ ● ○ ○ ● ○ ○ ● …

ご石は，白白黒と3個で1組になっているので，番号を3でわってみる。

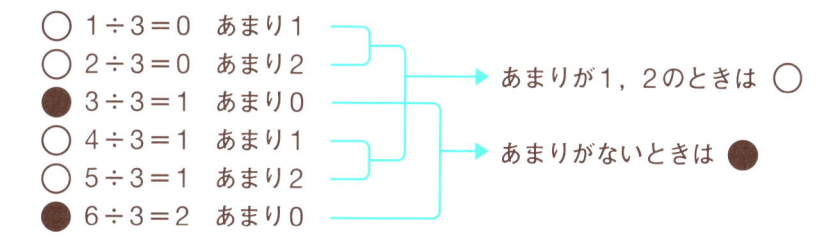

○ 1÷3＝0 あまり1
○ 2÷3＝0 あまり2
● 3÷3＝1 あまり0
○ 4÷3＝1 あまり1
○ 5÷3＝1 あまり2
● 6÷3＝2 あまり0

→ あまりが1，2のときは ○
→ あまりがないときは ●

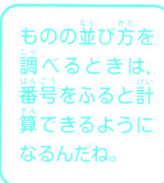

ものの並び方を調べるときは，番号をふると計算できるようになるんだね。

② **並び方のきまりから，58個目のご石の色を求める。**

ご石が58個なので， 58÷3＝19 あまり1

答え　白

問題の解き方を学ぼう

177

## 平均算

平均に関係する数量の関係

町内会でハイキングの参加希望を調べたところ，希望者の平均年齢は 18 才でした。ハイキングの当日に，20 才，28 才，32 才の 3 人が参加しなかったので，平均年齢は 16 才になりました。ハイキングに参加したのは何人でしょう。

### ① 問題文から図に表す。

ハイキングの参加希望を出した人数を $x$ 人とする。

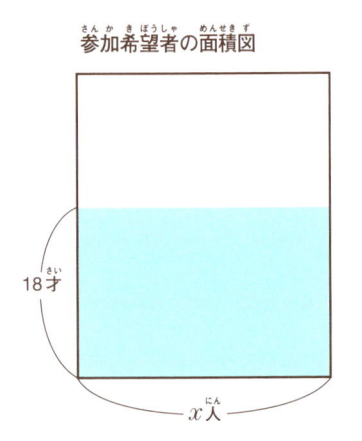

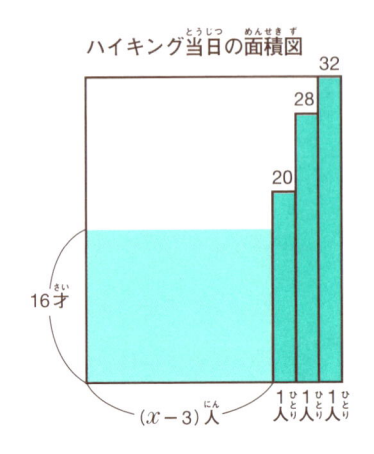

参加希望者の面積図　　　ハイキング当日の面積図

### ② 図を使って考える。

2 つの面積図の面積は等しいことから，2 つの図を重ねてみる。

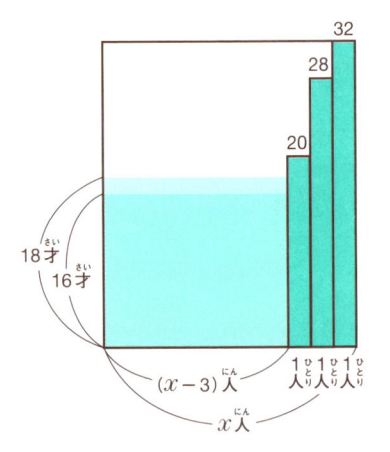

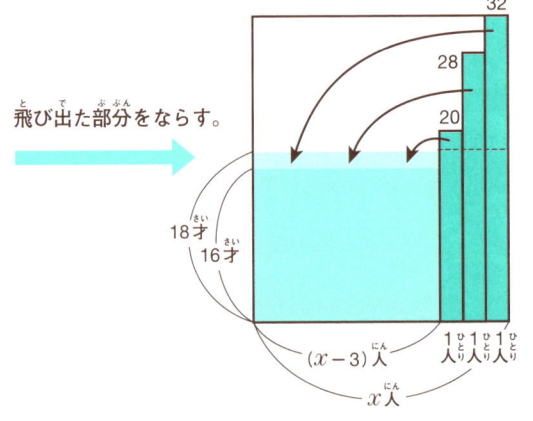

飛び出た部分をならす。

□の部分は，20 才，28 才，32 才の 18 才より上に飛び出た部分と等しいよ。

### ③ 式に表して，答えを求める。

$(x-3) \times (18-16) = (20-18) + (28-18) + (32-18)$

$x \times 2 - 6 = 2 + 10 + 14$　　$x = 16$

最初の 2 つの図が等しいことからも，式に表して求められる。

$18 \times x = 16 \times (x-3) + 20 + 28 + 32$　　$x = 16$

ハイキングに参加した人数は　$16 - 3 = 13$　　答え　13 人

**旅人算①** 速さに関係する数量の関係

1400mはなれたA，Bの2地点から，CさんはA地点から分速80mでB地点に向かい，DさんはB地点から分速60mでA地点に向かって同時に出発しました。2人が出会うのはA地点から何mのところで，出発してから何分後でしょう。

## ① 問題文からグラフに表す。

グラフのたてじくは，A地点とB地点の間の距離を表し，横じくはCさんとDさんの歩く時間を表す。

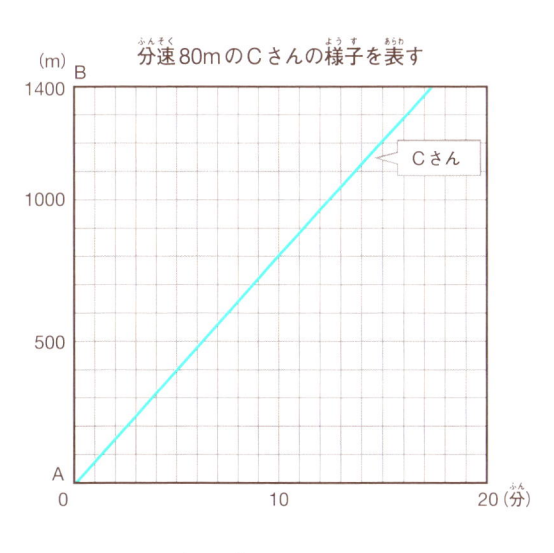

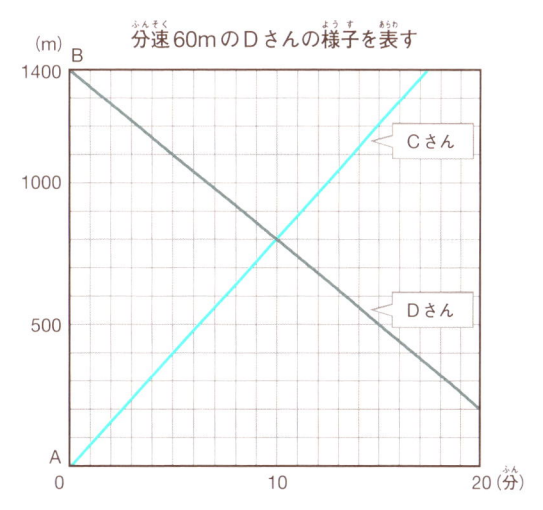

分速80mのCさんの様子を表す

分速60mのDさんの様子を表す

## ② グラフを読み取る。

2本のグラフの交点は，CさんとDさんが出会ったところを表す。
その交点から，グラフのたてじく，横じくに直線をのばすと，出会った時間と距離がわかる。

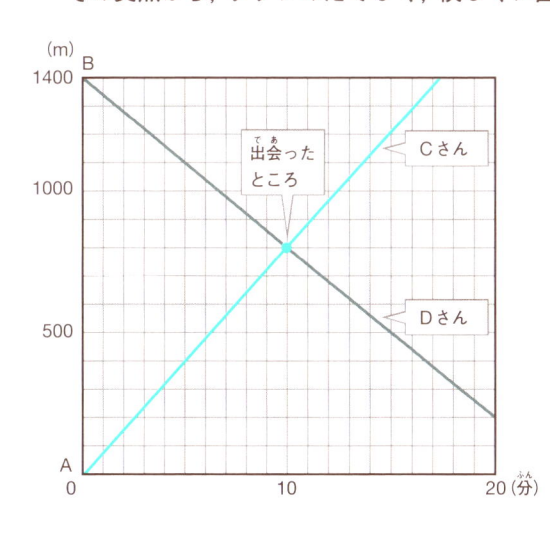

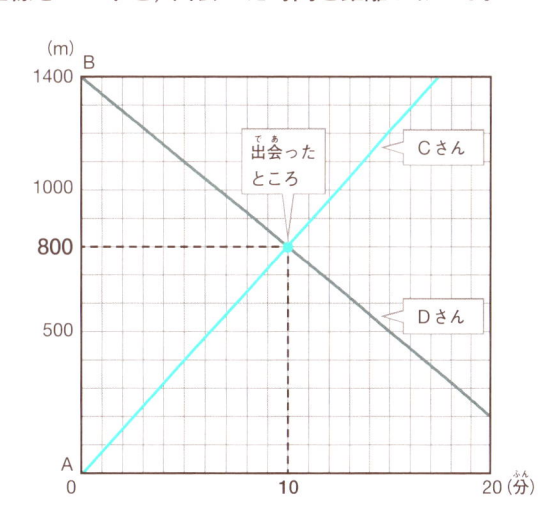

答え　800mで10分後

問題の解き方を学ぼう

**旅人算②**
速さに関係する数量の関係

駅から, 時速120kmの電車が出発し, 10分遅れで時速200kmの特急列車が出発しました。
特急列車が電車に追いつくのは, 電車が出発してから何分後でしょう。

### ① 問題文からグラフに表す。

グラフのたてじくは, 駅からの距離を表し, 横じくは電車と特急列車が走る時間を表す。

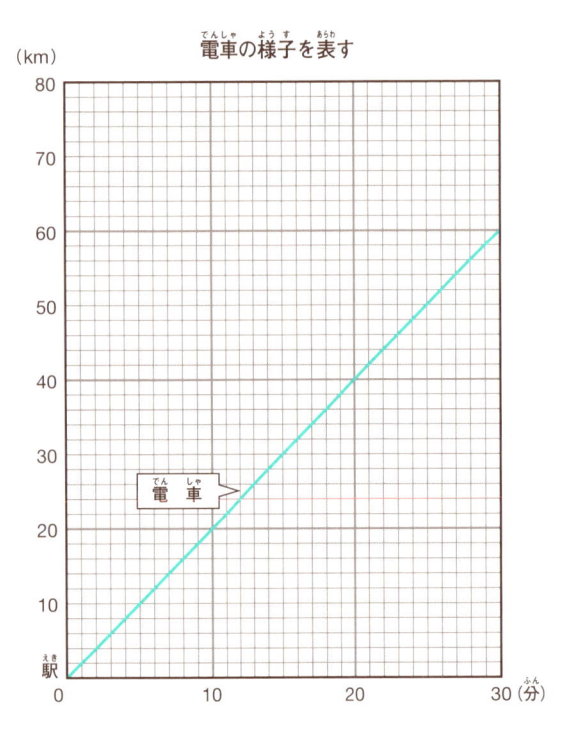

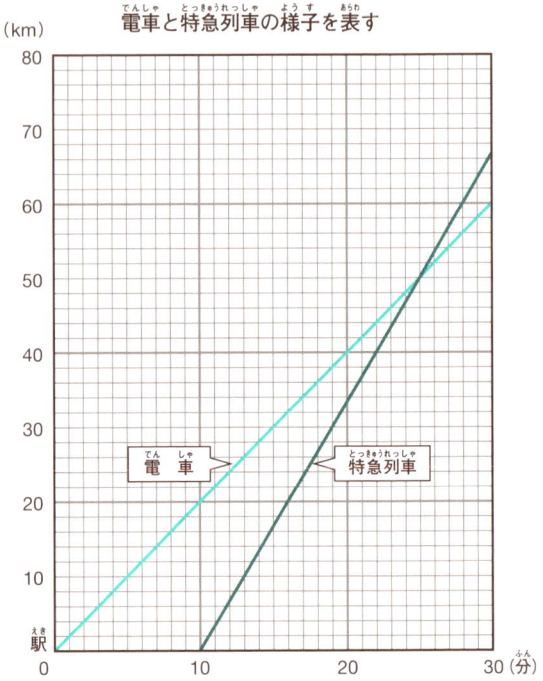

電車の様子を表す

電車と特急列車の様子を表す

### ② グラフを読み取る。

2本のグラフの交点は, 特急列車が電車に追いついたところを表す。
その交点から, グラフの横じくに直線をのばすと, 特急列車が追いついた時間がわかる。

答え　25分後

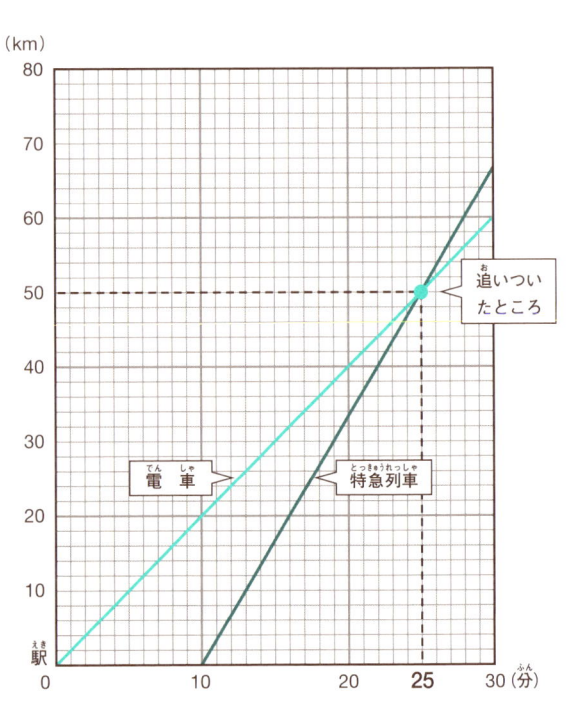

## 流水算
速さに関係する数量の関係

静水時の速さが毎時10kmの船が，川を60km下るのに4時間かかりました。この川の流れの速さは時速何kmでしょう。

### ① 問題文から場面を考える。

船の進む方向と川の流れる方向が同じ場合
（静水時の船の速さ）＋（川の流れの速さ）＝（船の進む速さ）

> 流水算の問題では，水の流れの速さが，船の速さに加わったり，船の速さを減らしたりするよ。

船の進む方向と川の流れる方向が反対の場合
（静水時の船の速さ）－（川の流れの速さ）＝（船の進む速さ）

### ② 問題文から図に表す。

船の進む速さを時速 $x$ km として図に表す。

```
0        x                        60  (km)
├────────┼────────┼────────┼────────┤
0        1                         4  (時間)
```

### ③ 図から式に表す。

60 ÷ 4 ＝ 15
この速さは，船の速さと川の流れの速さを合わせた数なので，船の静水時の速さをひく。
15 － 10 ＝ 5

答え　時速5km

問題の解き方を学ぼう

## 損益算
### 歩合を考える問題

ある商品に原価の4割の利益があるように定価をつけましたが、売れ残ったので、15％引きで売り、988円の利益を得ました。この商品の原価はいくらでしょう。

① **問題文から、図に表す。**

商品の原価を $x$ 円とする。
原価 $x$ 円に4割の利益をつけるので、定価は $1+0.4=1.4$ より
$(x \times 1.4)$ 円となる。

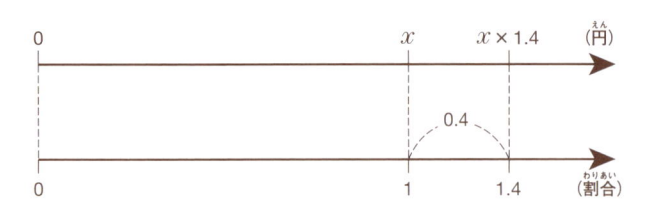

```
0                    x       x×1.4   (円)
├────────────────────┼───────┼──────→
                          0.4
0                    1      1.4     (割合)
├────────────────────┼───────┼──────→
```

定価の15％を引いたので、売り値は $1-0.15=0.85$ より
$\{(x \times 1.4) \times 0.85\}$ 円となる。この売り値は $(x+988)$ 円と等しい。

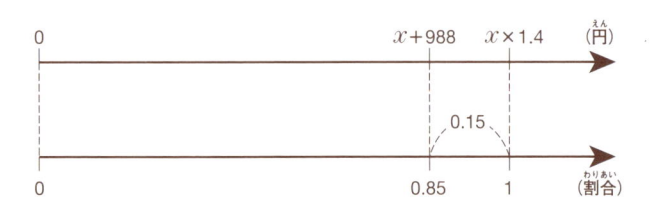

```
0                x+988  x×1.4   (円)
├────────────────┼─────┼──────→
                    0.15
0                0.85   1       (割合)
├────────────────┼─────┼──────→
```

原価、定価、売り値などの言葉の意味は覚えておこう。

② **計算して答えを求める。**

$(x \times 1.4) \times 0.85 = x + 988$
$x \times 1.19 = x + 988 \quad x = 5200$

**答え　5200円**

---

### 損益算に出てくる言葉

商品の値段は、原価、定価、売り値のように、いろいろな言い方があります。

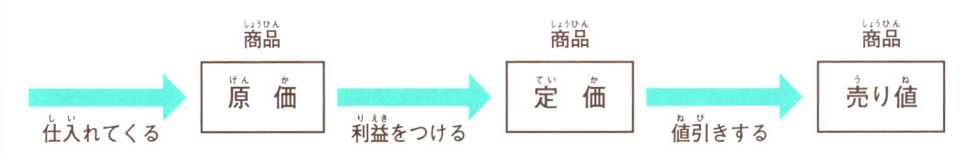

仕入れてくる → 商品【原価】→ 利益をつける → 商品【定価】→ 値引きする → 商品【売り値】

原価は、仕入れてきた金額なので、仕入れ値ともいいます。
また、売り値は値引きをしなければ、定価と同じ金額になります。

**仕事算**
仕事のスケジュールを考える問題

ある仕事をするのに，Ａさんだけで仕事をすると９日，Ｂさんだけで仕事をすると 15 日かかります。
この仕事をＡさんとＢさんの２人がいっしょにすると何日で終わるでしょう。

① **問題文から図に表す。**

仕事の量を１として，ＡさんとＢさんがそれぞれ１日でする仕事の量を表す。

Ａさんは，９日で仕事が終わるので，１日では $\frac{1}{9}$ の仕事をする。

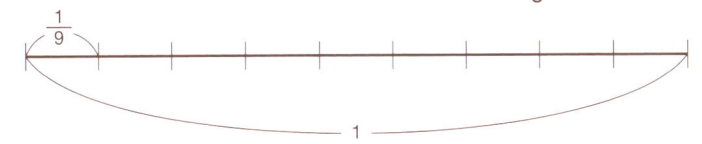

Ｂさんは，15 日で仕事が終わるので，１日では $\frac{1}{15}$ の仕事をする。

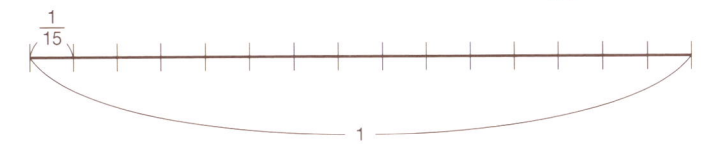

> ２人は同じ仕事をするから，仕事の割合も１で同じだね。

② **図から式を表す。**

ＡさんとＢさんの２人が１日でする仕事の量は，

$$\frac{1}{9} + \frac{1}{15} = \frac{5}{45} + \frac{3}{45} = \frac{8}{45}$$

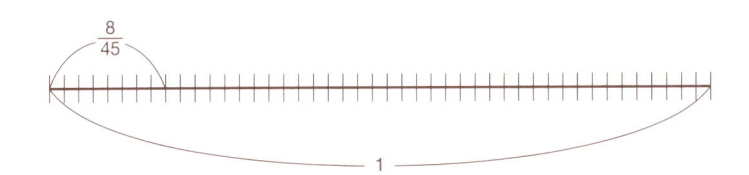

仕事が終わる日数を計算する

$45 \div 8 = 5$ あまり５

あまりの仕事 $\frac{8}{45}$ をするのに１日必要なので，日数は，

$5 + 1 = 6$

**答え　６日**

Ａさん　　Ｂさん

問題の解き方を学ぼう

### 説明① 計算を説明する問題

電卓の1のボタンから，左回りで1のボタンにもどるまで3けたの数を3つたした数を出します。同じように，右回りで3けたの数を3つたした数を出します。答えは両方とも2220になります。どうしてその答えになったのでしょう。

① 電卓で計算する。

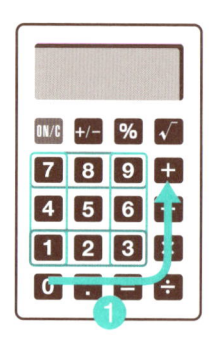

左回りで計算する
❶ 123＋369＋987＋741＝2220

右回りで計算する
❷ 147＋789＋963＋321＝2220

② 数の仕組みを調べるために，筆算になおして計算する。

```
   123          147
   369          789
   987          963
 + 741        + 321
  2220         2220
```

2つの筆算の数字を，位ごとに比べてみると，
一の位は，1，3，7，9
十の位は，2，4，6，8
百の位は，1，3，7，9
と，すべて同じ数字になっている。

答え　2つのたし方は一の位，十の位，百の位で同じ数をたしているので同じ数になる。

### 説明② 計算を説明する問題

電卓を使って，好きな3けたの数を入力します。続けて，同じ3けたの数を入力し，6けたの数をつくります。できた数を，7でわります。次に11でわります。最後に13でわると，最初に入力した数になります。どうしてその答えになったのでしょう。

① 電卓で計算する。

3けたの数を入れる：548

3けたの数をもう1回入れる：548548

7でわる：78364

11でわる：7124

13でわる：548

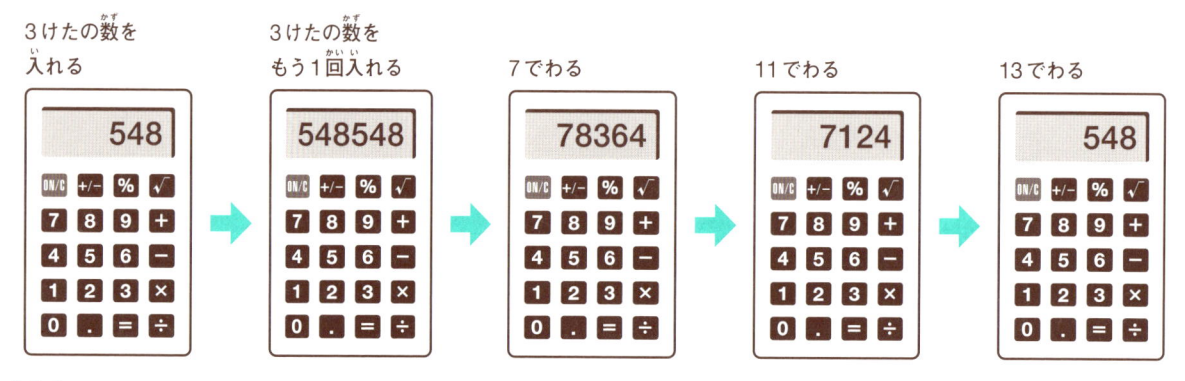

② **数の仕組みを調べる。**

わる数の7, 11, 13をかけると　　7 × 11 × 13 = 1001
548548 = 548000 + 548 = 548 × 1000 + 548 × 1 = 548 × 1001
はじめに入れた548を2回入れた数548548は，はじめの数の1001倍になっている。
1001倍の数を1001でわるので，商ははじめの数の3けたの数になる。

　　　　　　　　　　　　　　　答え　はじめの数を1001倍した数を1001でわるから。

---

**説明③**
計算を説明する問題

378は9でわりきれますか。378÷9の計算をしない方法で考えましょう。

## 問題文から図に表す。

378を位ごとに分けて図に表すと，
百の位は100が3本，十の位は10が7本，一の位はばらが8個。

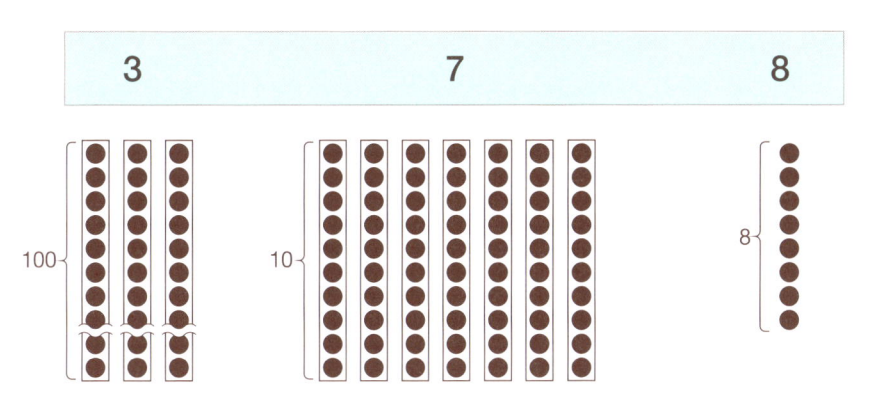

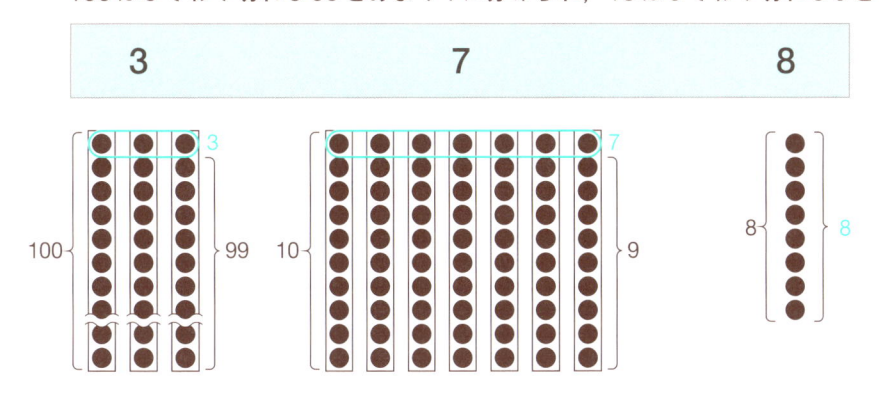

あまった3と7と8をたして9でわれば，378が9でわりきれるかがわかる。
この3と7と8は，378の百の位，十の位，一の位の数と同じなので，
わる数のそれぞれの位の数をたして9でわると，わりきれるかどうかがわかる。
3 + 7 + 8 = 18　　18 ÷ 2 = 9

　　　　　　　　　　　　　　　　　　答え　わりきれる。

問題の解き方を学ぼう

## 教科書の内容が出ているところ INDEX

教科書の内容を調べたいときは，下の表に出ているページを読んでください。
※教科書の単元名は，教育出版の単元名をのせています。

## 一年生

| 教科書の単元名 | 主な学習内容 | ページ |
|---|---|---|
| ●なかよしあつまれ | ものの数え方 | 8 |
| ①いくつかな | 10までの数 | 8 |
| ②なんばんめ | 順番の表し方 | 7, 12 |
| ③いまなんじ | 何時，何時半のよみ方 | 82 |
| ④いくつといくつ | たしたり，ひいたりして数をつくる | 24〜26 |
| ⑤ぜんぶでいくつ | たし算の意味，1けたのたし算 | 24〜25, 28 |
| ⑥のこりはいくつ | ひき算の意味（のこりをもとめる），1けたのひき算 | 25〜26, 30 |
| ⑦どれだけおおい | ひき算の意味（ちがいをもとめる），1けたのひき算 | 25〜26, 30 |
| ⑧かずをせいりして | 数を絵や図で表す | 156 |
| ⑨10より大きいかず | 20までの数 | 8〜9, 12 |
| ⑩かたちあそび | みぢかな形を調べる | 97 |
| ⑪3つのかずのたしざん，ひきざん | 3つの数のたし算・ひき算 | 24〜26 |
| ⑫たしざん | くり上がりのあるたし算 | 28〜29 |
| ⑬ひきざん | くり下がりのあるひき算 | 30〜31 |
| ⑭くらべかた | 長さ，かさ，広さの意味や比べ方 | 55 |
| ⑮大きなかず | 100までの数，100より大きい数 | 8〜11 |
| ⑯なんじなんぷん | 時刻のよみ方，時計のしくみ | 82 |
| ⑰どんなしきになるかな | 順番の数のたし算・ひき算 | 24〜26 |
| ⑱かたちづくり | 形をつくる | 121 |

## 二年生

| 教科書の単元名 | 主な学習内容 | ページ |
|---|---|---|
| ①表とグラフ | 表やグラフの表し方 | 156 |
| ②時こくと時間 | 時刻と時間，午前・午後，時間の単位（日・時・分） | 82 |
| ③たし算 | たし算の筆算のしかた | 28〜29 |
| ④ひき算 | ひき算の筆算のしかた | 30〜31 |
| ⑤長さ（1） | 長さの意味と測り方，長さの単位（cm，mm） | 54, 58〜60 |

| 教科書の単元名 | 主な学習内容 | ページ |
|---|---|---|
| ⑥100より大きい数 | 1000までの数 | 10, 12 |
| ⑦たし算とひき算 | 3けたの数のたし算・ひき算 | 28〜29, 31 |
| ⑧水のりょう | かさの意味と比べ方, かさの単位 (L, dL, mL) | 74〜75 |
| ⑨三角形と四角形 | 三角形, 四角形, 長方形, 正方形, 直角三角形 | 97〜103, 116〜117 |
| ⑩かけ算 | かけ算の意味と表し方, 九九 (2〜5の段) | 26, 32 |
| ⑪かけ算九九づくり | 九九 (6〜9の段, 1の段), 倍の考え | 32 |
| ⑫長さ (2) | 長さの単位 (m), 長さの計算 | 58〜60 |
| ⑬九九の表 | 九九表のきまり, かけ算のきまり | 32 |
| ⑭はこの形 | はこの形, 展開図の意味 | 96, 111 |
| ⑮1000より大きい数 | 10000までの数 | 9〜10 |
| ⑯図をつかって考えよう | 図や式を使って解く | 161, 164 |
| ⑰1を分けて | 分数の表し方 | 16 |

## 三年生

| 教科書の単元名 | 主な学習内容 | ページ |
|---|---|---|
| ①かけ算のきまり | 0のかけ算, かけ算のきまり, 3つの数のかけ算 | 32〜33 |
| ②たし算とひき算 | 4けたまでの数のたし算・ひき算, 計算のくふう | 29, 31 |
| ③時刻と時間 | 時刻と時間の計算, 時間の単位 (秒) やほかの単位の関係 | 82 |
| ④わり算 | わり算の意味と表し方, 倍をもとめるわり算 | 27, 34 |
| ⑤長さ | 巻き尺, 道のりと距離, 長さの単位 (km) やほかの単位の関係 | 59〜60, 90 |
| ⑥表と棒グラフ | 棒グラフと二次元表 | 154, 156 |
| ⑦あまりのあるわり算 | あまりのあるわり算, 答えのたしかめ方 | 34〜35 |
| ⑧10000より大きい数 | 千万の位までの数, 1億 | 9〜10 |
| ⑨円と球 | 円と球の意味, 円の作図 | 109, 114, 127 |
| ⑩かけ算の筆算 (1) | かけ算の筆算, 倍の計算 | 33 |
| ⑪重さ | 重さの意味と比べ方, 重さの単位 (g, kg, t) | 80, 91 |
| ⑫分数 | 分数の意味と表し方, 分数のたし算・ひき算 | 16 |
| ⑬三角形 | 二等辺三角形, 正三角形, 角の意味 | 100〜101, 116, 130〜131 |
| ⑭小数 | 小数の意味と表し方, 小数のたし算・ひき算 | 13 |
| ⑮かけ算の筆算 (2) | 3けたまでの数のかけ算の筆算 | 33 |

| 教科書の単元名 | 主な学習内容 | ページ |
|---|---|---|
| ⑯□を使った式と図 | □を使った式と図に表す | 164 |
| ⑰そろばん | そろばんのしくみと使い方 | ― |

## 四年生

| 教科書の単元名 | 主な学習内容 | ページ |
|---|---|---|
| ①大きな数 | 億や兆の数，十進位取り記数法のしくみ | 10 |
| ②わり算の筆算（1） | わり算の筆算のしかた | 34～35 |
| ③折れ線グラフ | 折れ線グラフのよみ方，かき方 | 157 |
| ④がい数 | 概数の意味と求め方（四捨五入），以上，以下，未満の意味 | 21～23 |
| ⑤わり算の筆算（2） | わり算の筆算，わり算のきまり | 34～35 |
| ⑥式と計算 | 言葉の式，( )を使った式，計算のきまりとくふう | 50 |
| ⑦がい数を使った計算 | 和・差・積・商の見積もり，切り上げと切り捨て | 22～23 |
| ⑧面積 | 面積の意味と求め方，長方形，正方形の面積 | 62～65 |
| ⑨整理のしかた | 二次元表のよみ方，かき方 | 154 |
| ⑩角 | 角の意味と表し方，分度器の使い方 | 54，84，128 |
| ⑪小数のしくみとたし算，ひき算 | $\frac{1}{10}$，$\frac{1}{100}$のよみ方，表し方，小数のたし算・ひき算 | 13，36～37 |
| ⑫垂直，平行と四角形 | 垂直，平行の意味と作図，四角形の性質と作図 | 102～105，115，117～118，126 |
| ⑬変わり方 | 伴って変わる2つの数量の関係を表や式，グラフで調べる | 164～165 |
| ⑭そろばん | そろばんの小数，大きい数の表し方，たし算・ひき算 | ― |
| ⑮小数と整数のかけ算，わり算 | 小数×整数，小数÷整数の筆算 | 38～41 |
| ⑯立体 | 直方体と立方体，展開図と見取図，位置の表し方 | 111，119～120，125 |
| ⑰分数の大きさとたし算，ひき算 | 分数の意味，同じ分母の分数のたし算・ひき算 | 16～19，42 |

## 五年生

| 教科書の単元名 | 主な学習内容 | ページ |
|---|---|---|
| ①整数と小数 | 整数と小数の十進位取り記数法 | 10，13 |
| ②体積 | 直方体と立方体の体積の意味と求め方，容積，複合図形の体積 | 74～77，79 |
| ③小数のかけ算 | 整数×小数，小数×小数の計算 | 38～39 |
| ④合同な図形 | 合同な図形の意味，合同な三角形，四角形の作図 | 121，137～139 |
| ⑤小数のわり算 | 整数÷小数，小数÷小数の計算 | 40～41 |

| 教科書の単元名 | 主な学習内容 | ページ |
|---|---|---|
| ⑥整数の性質 | 偶数,奇数の意味,倍数,約数の意味と調べ方,素数の意味 | 12, 14～15 |
| ⑦分数の大きさとたし算,ひき算 | 約分,通分のしかた,分母の異なる分数のたし算・ひき算 | 18～19 |
| ⑧平均 | 平均の意味と求め方 | 89 |
| ⑨単位量あたりの大きさ | 単位量あたりの大きさの意味と求め方,人口密度 | 86, 89 |
| ⑩わり算と分数 | わり算の答え(商)と分数,分数と小数,整数の関係 | 16, 20 |
| ⑪三角形や四角形の角 | 三角形,四角形の内角の和,多角形の意味と内角の和 | 107～108 |
| ⑫表や式を使って | 伴って変わる2つの数量の関係を表や式に表す | 152 |
| ⑬割合 | 割合の意味と求め方,百分率と歩合 | 146～148 |
| ⑭帯グラフと円グラフ | 帯グラフ,円グラフのよみ方,かき方 | 158 |
| ⑮分数と整数のかけ算,わり算 | 分数×整数,分数÷整数 | 44, 46 |
| ⑯四角形や三角形の面積 | 平行四辺形,三角形,台形,ひし形の面積,およその面積 | 66～69 |
| ⑰正多角形と円 | 正多角形の意味と作図,おうぎ形,中心角,円周率の意味 | 73, 106, 110, 136 |
| ⑱角柱と円柱 | 角柱と円柱の意味と性質,見取図と展開図の作図 | 111～113, 143 |

# 六年生

| 教科書の単元名 | 主な学習内容 | ページ |
|---|---|---|
| ①文字を使った式 | $x$を使って問題を解く,文字$a$, $b$などを使って式に表す | 164 |
| ②対称な図形 | 線対称,点対称な図形の意味と作図 | 122～123, 142 |
| ③分数のかけ算 | 分数×分数,3つの数の分数のかけ算,逆数の意味と求め方 | 45 |
| ④分数のわり算 | 分数÷分数,3つの数の分数の四則計算 | 47～49 |
| ⑤速さ | 速さの意味と求め方,時速,分速,秒速 | 87～88 |
| ⑥円の面積 | 円の面積の求め方,おうぎ形の面積 | 72～73 |
| ⑦比例と反比例 | 比例と反比例の意味,式,グラフ | 152～153 |
| ⑧角柱と円柱の体積 | 角柱,円柱の体積の求め方 | 78～79 |
| ⑨比 | 比の意味と表し方,比の値,比を簡単にする,比例配分 | 150～151 |
| ⑩拡大図と縮図 | 拡大図,縮図の意味と作図,縮尺の意味と表し方 | 124, 140～141 |
| ⑪場合の数 | 起こり得る場合の調べ方(順列,組み合わせ) | 163, 165 |
| ⑫資料の調べ方 | 平均の意味,度数分布表と柱状グラフ | 155, 159 |
| ⑬いろいろな単位 | 長さ,面積,体積,重さの単位のしくみ,メートル法のしくみ | 54, 56～57 |

> 保護者の方へ

# しくみがわかれば，算数がもっとわかる

坪田耕三（青山学院大学 特任教授）

　『算数のしくみ大事典』には，小学校6年間で学ぶ算数の中から，大切なことや役に立つことを中心に取り上げています。

　この本では，教科書で学ぶ内容を「算数の言葉を学ぼう」「大きさの表し方を学ぼう」「形の調べ方を学ぼう」「問題の解き方を学ぼう」という4つのグループに分け，さらに，数について，計算について，量について，測定について，図形について，図形の調べ方について，数量関係の調べ方について，問題の解き方について，とそれぞれに項目を立てて説明しています。

　たとえば，「数と計算」の数について，教科書でバラバラに学ぶ算数の内容を，「整数」「小数」「分数」というような項目で見ていくことで，算数の学習内容の大切なしくみといったものがわかるようになっていきます。

　また，説明の中に「同じ」や「単位」という言葉がくり返し出てきます。それらは，算数の中で最も大切な考えの1つだからです。

　たとえば，図形を調べるときには，「同じところはどこか」，「ちがうところはどこか」と見ていくことで，その図形にどのような特徴があるのかがわかっていきます。あるいは，たし算・ひき算・かけ算・わり算の4つの計算方法を「同じ」と見ることで，計算の意味を深く理解することができます。

　そして，「単位」というと長さや面積などの量の学習だけと思いがちですが，多くの子どもが苦手に感じる分母の異なる分数の計算では，分母が同じ分数は「同じ単位」の分数であり，分母がちがう分数は単位がちがうから計算できないのだとわかることで，単位を同じにして計算するんだなと納得できるのです。

　このように，教科書とは異なる視点で算数の学習内容を見ていけば，本当に大切な算数のしくみがわかり，算数の力をつけていくことができます。

事典は，一般的に「わからないところを調べる」「興味のあるところを読む」「はじめから順に読む」といった使い方ができます。この本も同じように使ってもらいたいと思います。学校の勉強でわからないことがあったら，186〜189ページの「教科書の内容が出ているところ」を見て，該当のページを読んでみてください。教科書の順番とは異なるために，習っていないことや少し難しいと感じることもあるかもしれません。その場合には，ページの前後をめくって，関連するページも読むようにお子さんにお話ししてください。そうすることで，より深く算数の内容を学んでいくことができるでしょう。

　この本には，私が小学校で40年以上算数を教えてきた中で，教え子たちが自ら発見した考えや，子どもたちがおもしろい！と目を輝かせたことをたくさん載せています。
　子ども一人一人の好奇心には，実は「学年」という区切りはありません。そのため，たとい上の学年の事柄や小学校の範囲を超えた内容でも，どんどん吸収していく時期がやってきます。それは，一見「算数が苦手」なお子さんにも突然訪れる場合もあります。
「子どもの好奇心に培う」
　お子さんがそもそも持っている好奇心に寄り添って，ぜひ『算数のしくみ大事典』をご活用いただけたらと思います。

アートディレクション・デザイン・イラストレーション
　　　　　　　　　相馬章宏（コンコルド）
イラストレーション　阿部伸二（カレラ）
撮影　　　　佐藤慎吾（新潮社写真部）
編集協力　　大橋恵美
編集・構成　池田千晶（かんげき屋）

# 算数のしくみ大事典

著者　坪田耕三

発行　2015年 6 月30日
3刷　2018年 1 月25日

発行者　佐藤隆信
発行所　株式会社新潮社
　　　　〒162-8711　東京都新宿区矢来町71
　　　　電話　編集部　03-3266-5611
　　　　　　　読者係　03-3266-5111
　　　　http://www.shinchosha.co.jp

印刷所　大日本印刷株式会社
製本所　大口製本印刷株式会社

乱丁・落丁本は、ご面倒ですが小社読者係宛にお送り下さい。
送料小社負担にてお取替えいたします。
価格はカバーに表示してあります。
©Kozo Tsubota 2015, Printed in Japan
ISBN 978-4-10-339391-7 C6541